ANALYTIC GEOMETRY

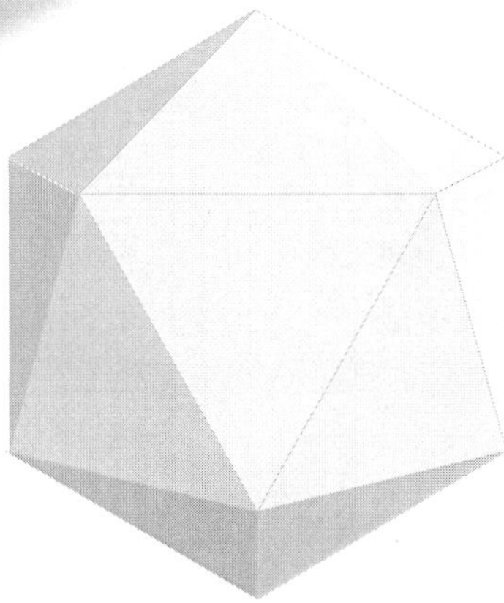

해석 기하학

이선홍 지음

KYOWOO

머리말

고대그리스 시대에 유클리드 등의 수학자들은 논리적인 방법론을 이용하여 기하학을 발전시켰는데, 후세의 많은 사람들은 당시의 업적을 수학의 시작으로 받아들인다. 17세기에, 데카르트와 페르마는 평면과 공간에 좌표를 도입하여 기하학적 문제를 대수적인 방법을 해결하는 해석기하학을 개척하였다. 해석기하학은 기하학을 비약적으로 발전시키는 역할을 한다.

이 책에서는 평면에 나타나는 직선과 이차곡선 그리고 공간에 나타나는 직선과 평면 그리고 이차곡면을 탐구한다. 이들 주제들은 고등학교까지 자주 다루어진 주제이다 보니, 대학의 전공수학을 진입하는 입문으로 적당한 주제일 것이다.

이 책은 총 여섯 개의 장으로 구성된다. 첫 장에서는 직선의 좌표를 다룬다. 먼저, 실수를 수직선에 놓인 점으로 이해하여, 실수에 정의되는 덧셈과 곱셈의 기하적인 의미를 살펴보고 또한 이를 공리론적 방법으로도 접근한다. 그리고 직선에 좌표를 도입하고, 선분을 여러 가지 형태로 분할하는 방법을 살펴본다.

두 번째 장에서는 평면에 좌표를 도입하여 평면에 나타나는 대상체를 살펴보고 좌표변환과 극좌표도 알아본다. 평면에 나타나는 직선의 방정식을 알아보고, 점과 직선 그리고 직선과 직선에 대한 여러 성질을 탐구한다.

제 3장에서는 원의 여러 가지 성질을 살펴본다. 이차곡선의 특수한 형태로서의 원은 일반적인 이차곡선의 성질을 탐구하는 시작점의 역할을 한다. 원의 지름 그리고 원에 대한 점의 극선은 일반적인 이차곡선에서도 살펴볼 수 있다. 직선과 원 그리고 원과 원에 대한 여러 가지 성질을 탐구한다.

제 4장에서는 일반적인 이차곡선인 타원, 쌍곡선, 포물선의 성질을 탐구한다. 먼저, 여러 이차곡선의 방정식에 대하여 알아보고 이차곡선을 분류한다. 그리고, 이차곡선의 접선과 점의 극선에 대한 성질을 탐구하고, 이차곡선의 지름에 대해서도 탐구한다.

제 5장에서는 공간에 좌표를 도입하고 공간에 놓여 있는 직선과 평면을 탐구한다. 이를 위하여 벡터의 덧셈과 실수배 그리고 벡터의 내적와 외적을 정의하여 이를 이용하여 공간의 대상체의 성질을 탐구한다. 공간에 나타난 직선의 방정식과 평면의 방정식의 여러 형태를 살펴본다. 또한 공간에서의 점과 직선과의 관계, 직선과 직선의 관계, 직선과 평면의 관계, 평면과 평면과의 관계 등을 탐구한다.

마지막 장에서는 공간에 놓인 이차곡면의 여러 성질을 탐구한다. 이차곡면의 중심과 이차곡면에 대한 점의 극면에 대하여 살펴보고, 이차곡면의 지름면을 탐구한다. 이차곡면의 지름면을 이용하여 이차곡면을 분류한다.

이 책의 출판을 쾌히 승낙해주신 교우사에 감사드리며, 독자 여러분의 많은 관심과 조언을 기대한다.

가좌캠퍼스에서 저자 씀

차례

제 1 장

직선의 좌표계

데카르트와 페르마는 공간에 직교좌표계를 도입하여 공간에서의 기하적인 문제에 대수적 방법론을 도입하였다. 이것은 수학을 비약적으로 발전시킨 획기적인 사건이다. 이 장에서는 직선의 좌표계에 대하여 살펴본다. 먼저, 실수를 수직선에 놓인 점으로 이해하고 실수의 덧셈과 곱셈을 직관적인 방법과 공리론적 방법으로 살펴본다. 그리고, 일반적인 직선에 실수 좌표를 도입하여, 직선의 여러 성질을 탐구한다.

1.1 수직선

실수를 이해하는 좋은 방법을 찾는 것은 오래동안 어려운 문제였다. 현재는 실수를 직선에 놓인 점으로 이해하는 것이 매우 직관적이고 바른 방법임을 알게 된다. 이 절에서는 실수를 수직선에 놓인 점으로 이해하는 방법을 알아본다. 여기서, 실수에는 덧셈과 곱셈이란 연산자가 정의되고 실수 사이에 순서관계가 존재한다.

1.1.1 덧셈의 정의

실수의 덧셈에 대한 직관적인 이해 점들을 실수와 일대일 대응시킨 직선을 **수직선**이라고 하고 $\mathbb{R}$로 나타낸다.

수직선에 놓인 점 중에서 기준이 되는 점을 고정하고 0으로 나타낸다. 수직선에 놓인 점 a를 아래의 그림과 같이 0에서 a까지의 화살표로 나타낸다.

수직선에 놓인 점 a와 b에 대하여, a와 b의 **합** $a+b$를 아래의 그림과 같이 점 a에서 출발하여 b가 나타내는 화살표만큼 이동한 점으로 정의한다. 이때, 연산 $+$를 **덧셈**이라고 한다.

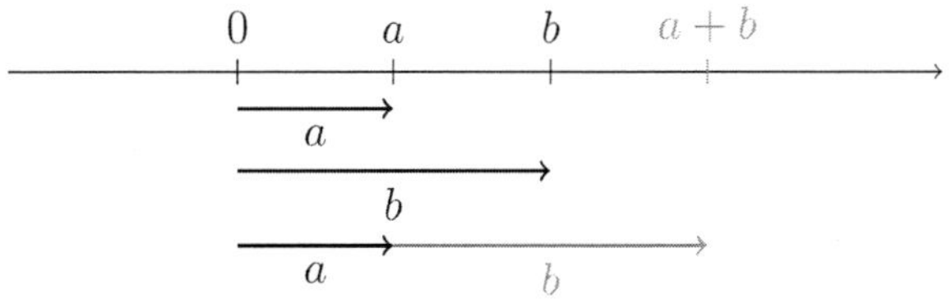

아래의 그림에서는, 실수 a가 0의 오른쪽에 놓여 있고 실수 b는 0의 왼쪽에 놓여 있을 때, $a+b$를 찾는 과정을 확인할 수 있다.

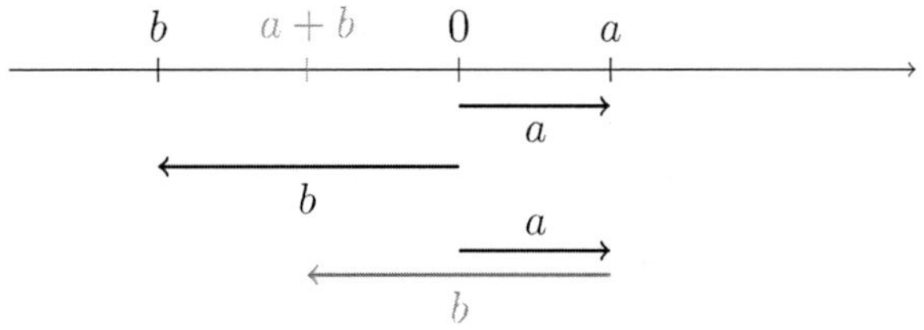

실수의 덧셈에 대한 공리론적 접근 실수를 이해하기 위하여 수직선을 도입한 앞의 직관적인 방법과 다르게, 공리론적 방법[1]으로 실수의 실체를 접근하자.

이 절에 나오는 모든 공리가 성립하는 고정된 집합을 $\mathbb{R}$로 놓고, 집합 $\mathbb{R}$의 원소를 **실수**라고 한다. 실수 전체의 집합 $\mathbb{R}$에는 **덧셈**$(+)$이란 연산자가 존재한다.

실수의 덧셈에 대한 결합법칙이 성립한다.

공리 1: 덧셈에 대한 결합법칙

실수 $a, b, c \in \mathbb{R}$에 대하여,

$$(a+b)+c = a+(b+c)$$

이다.

다음과 같이 실수의 덧셈에서 기준이 되는 실수를 정의하자.

정의 1.1: 덧셈에 대한 항등원

실수 $b \in \mathbb{R}$에 대하여,

모든 실수 $a \in \mathbb{R}$에 대하여 $a+b=a$이고 $b+a=a$이다

이면, b는 **덧셈에 대한 항등원**이라고 한다.

실수 전체의 집합 $\mathbb{R}$에는 덧셈에 대한 항등원이 존재한다.

공리 2: 덧셈에 대한 항등원의 존재성

덧셈에 대한 항등원이 $\mathbb{R}$에 존재한다.

덧셈에 대한 항등원은 유일함을 다음과 같이 확인할 수 있다.

[1] **공리**는 증명없이 받아들이는 참인 명제이다. 일반적인 지식체계에서는, 정리(참인 명제)가 참임을 증명하기 위하여 이미 참이 증명된 여러 정리들에 적절한 논리를 적용한다. 이 증명과정에서 사용된 참인 명제를 증명하기 위해서는 다시 다른 참인 명제들에 적절한 논리를 이용하여야 한다. 이렇게, 정리가 참임을 증명하는 과정에서는 연쇄적으로 앞서서 참이 증명된 명제의 증명이 필요한데, 이 과정이 무한정 계속될 수는 없다. 그러므로, 이론 전개의 시작점에서는 증명없이 참임을 인정하는 명제가 필요한데, 이와같이 증명없이 명백히 참인 명제를 공리라고 한다. 공리론적 방법은 유클리드가 수학분야에서 처음으로 도입하였다.

정리 1.1: 덧셈에 대한 항등원의 유일성

실수 $e_1, e_2 \in \mathbb{R}$에 대하여, e_1과 e_2가 덧셈에 대한 항등원이면 $e_1 = e_2$이다.

증명 실수 e_1과 e_2가 덧셈에 대한 항등원이라고 가정하자. 그러면 실수 e_2가 덧셈에 대한 항등원이므로 $e_1 = e_1 + e_2$이고, 실수 e_1이 덧셈에 대한 항등원이므로 $e_1 + e_2 = e_2$이다. 따라서,

$$e_1 = e_1 + e_2 = e_2$$

이다. □

덧셈에 대한 항등원이 유일하므로, 이것을 0으로 나타낸다.

이제 실수의 덧셈에 대한 역원을 정의하자.

정의 1.2: 덧셈에 대한 역원

실수 a와 b에 대하여,

$$a + b = 0 \quad \text{그리고} \quad b + a = 0$$

이면 b는 **덧셈에 대한** a의 **역원**이라고 한다.

모든 실수에 대하여, 실수의 덧셈에 대한 역원은 항상 존재한다.

공리 3: 덧셈에 대한 역원의 존재성

실수 a에 대하여, 덧셈에 대한 a의 역원인 실수 b가 존재한다.

실수 a의 덧셈에 대한 역원은 유일하다.

정리 1.2: 덧셈에 대한 역원의 유일성

실수 a에 대하여, 실수 b와 c가 a의 덧셈에 대한 역원이면 $b = c$이다.

증명 실수 b와 c가 덧셈에 대한 a의 역원이라고 가정하자. 그러면

$$a + c = 0 \quad \text{그리고} \quad b + a = 0$$

이므로

$$b = b + 0 = b + (a + c) = (b + a) + c = 0 + c = c$$

이다. □

실수 a의 덧셈에 대한 역원은 유일하므로 이것을 $-a$로 나타낸다.

예제 1.1. 실수 $a \in \mathbb{R}$에 대하여, $-(-a) = a$임을 보여라.

풀이 덧셈에 대한 a의 역원의 정의에 따라서

$$a + (-a) = 0 \quad \text{그리고} \quad (-a) + a = 0$$

이므로, 논리합(그리고)에 대한 교환법칙에 따라서

$$(-a) + a = 0 \quad \text{그리고} \quad a + (-a) = 0$$

이다. 따라서, a는 덧셈에 대한 $-a$의 역원이다. □

덧셈에 대한 공리를 적용하여 다음과 같이 방정식을 풀 수 있다.

예제 1.2. 덧셈에 대한 공리를 적용하여 방정식 $x + 5 = 2$를 풀어라.

풀이 방정식의 양변에 5의 역원을 더하면 방정식 $x + 5 = 0$은 방정식

$$(x + 5) + (-5) = 2 + (-5)$$

와 동치이다.[2] 덧셈에 대한 결합법칙에 따라서, 위의 방정식은 방정식

$$x + (5 + (-5)) = -3$$

와 동치이다. -5가 5의 덧셈에 대한 역원이므로 위의 방정식은 방정식

$$x + 0 = -3$$

와 동치이다. 실수 0이 덧셈에 대한 항등원이므로, $x = -3$이다. □

[2]두 방정식에 대하여, 각각의 방정식의 근의 집합이 서로 같으면 두 방정식은 동치라고 한다.

실수의 덧셈에 대한 교환법칙이 성립한다.

공리 4: 덧셈에 대한 교환법칙

실수 $a, b \in \mathbb{R}$에 대하여,

$$a + b = b + a$$

이다.

1.1.2 곱셈의 정의

실수의 곱셈에 대한 직관적인 이해 수직선에 놓인 점 a와 b에 대하여, a와 b의 **곱** $a \cdot b$를 아래와 같은 수직선에 놓인 점으로 정의한다. 이때, 연산 $\cdot$을 **곱셈**이라고 한다.

먼저, 0의 오른쪽 방향에 놓인 수직선의 점을 고정하여 1로 나타낸다. 수직선에 실수 0과 1 그리고 a와 b가 아래의 그림과 같이 놓여 있다.

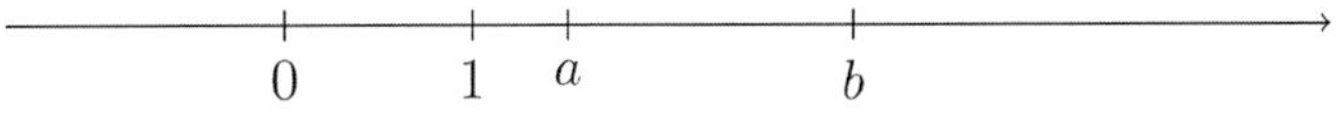

(가) 점 0에서 수직선(수 직선)에 수직이고 위로 향하는 수직선(수직 선)을 그리고, 수직선(수직 선)에 1과 b를 표시한다.

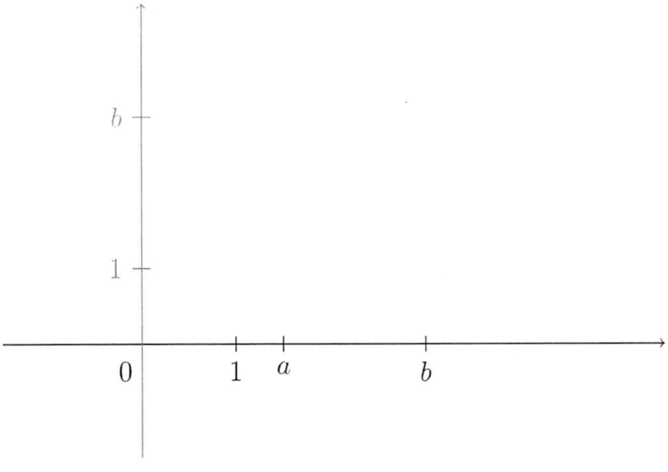

(나) 수직선(수직 선)에 놓인 1에서 수직선(수 직선)에 놓인 a까지의 선분을 그린다. 수직선(수직 선)에 놓인 b를 지나고 앞에서 그린 선분에 평행한 직선을 그린다.

위의 직선과 수직선(수 직선)이 만나는 점을 $a \cdot b$로 정의한다. 만약 $a = 0$이면 $a \cdot b = 0$이고, 만약 $a \neq 0$이면 비례식

$$1 : b = a : a \cdot b$$

에 따라서 위의 정의 $a \cdot b$는 타당하다.

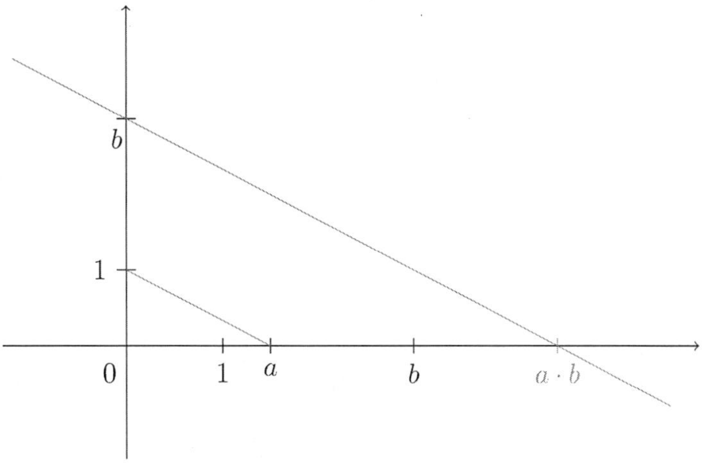

곱 $a \cdot b$를 간단히 ab로 나타내기도 한다.

실수의 곱셈에 대한 공리론적 접근 실수의 덧셈에서와 같이, 수직선을 이용하여 실수의 곱셈을 정의하는 직관적인 방법과 다르게, 공리론적 방법으로 실수의 곱셈에 접근하자.

실수 전체의 집합 $\mathbb{R}$에는 아래의 공리가 성립하는 **곱셈**$(\cdot)$이란 연산자가 존재한다.

실수의 곱셈에 대한 결합법칙이 성립한다.

공리 5: 곱셈에 대한 결합법칙

실수 $a, b, c \in \mathbb{R}$에 대하여,

$$(ab)c = a(bc)$$

이다.

곱셈에 대하여 기준이 되는 실수를 다음과 같이 정의한다.

정의 1.3: 곱셈에 대한 항등원

실수 b에 대하여,

모든 실수 a에 대하여 $ab = a$이고 $ba = a$이다

이면 b는 **곱셈에 대한 항등원**이라고 한다.

0이 아닌 실수 중에서 곱셈에 대한 항등원이 존재한다.

공리 6: 곱셈에 대한 항등원의 존재성

곱셈에 대한 항등원이 집합 $\mathbb{R} - \{0\}$에 존재한다.

덧셈에 대한 항등원이 유일함과 마찬가지로, 곱셈에 대한 항등원도 유일하다.

정리 1.3: 곱셈에 대한 항등원의 유일성

실수 $e_1, e_2 \in \mathbb{R}$에 대하여, e_1과 e_2가 곱셈에 대한 항등원이면 $e_1 = e_2$이다.

풀이 실수 e_1과 e_2가 곱셈에 대한 항등원이라고 가정하자. 실수 e_1이 곱셈에 대한 항등원이므로 $e_2 = e_2 \cdot e_1$이고 e_2가 곱셈에 대한 항등원이므로 $e_2 \cdot e_1 = e_1$이므로,

$$e_2 = e_2 \cdot e_1 = e_1$$

이다. □

곱셈에 대한 항등원이 유일하므로 이것을 1로 나타낸다. 공리 2와 공리 6에 따라서, 실수 전체의 집합 $\mathbb{R}$에는 서로 다른 원소 0과 1이 존재한다.

곱셈에 대한 실수의 역원을 다음과 같이 정의한다.

정의 1.4: 곱셈에 대한 역원

실수 a와 b에 대하여,

$$ab = 1 \quad \text{그리고} \quad ba = 1$$

이면, b는 **곱셈에 대한** a의 **역원**이라고 한다.

0이 아닌 실수의 곱셈에 대한 역원은 항상 존재한다.

공리 7: 곱셈에 대한 역원의 존재성

실수 a에 대하여, $a \neq 0$이면 a의 곱셈에 대한 역원 $b \in \mathbb{R}$가 존재한다.

0이 아닌 실수 a의 곱셈에 대한 역원은 유일하다.

정리 1.4: 곱셈에 대한 역원의 유일성

실수 a에 대하여, 실수 b와 c가 a의 곱셈에 대한 역원이면 $b = c$이다.

풀이 실수 b와 c가 a의 곱셈에 대한 역원이면, $ac = 1$ 그리고 $ba = 1$이므로

$$b = b \cdot 1 = b(ac) = (ba)c = 1 \cdot c = c$$

이다. □

0이 아닌 실수 a의 곱셈에 대한 역원은 유일하므로, 이것을 a^{-1}로 나타낸다.

실수 전체의 집합에서 곱셈에 대한 교환법칙이 성립한다.

공리 8: 곱셈에 대한 교환법칙

실수 a, b에 대하여,

$$ab = ba$$

이다.

마지막으로 등장하는 다음 공리는 덧셈과 곱셈이 연달아 나올 때 적용된다.

공리 9: 덧셈과 곱셈에 대한 분배법칙

실수 a, b, c에 대하여,

$$a(b + c) = ab + ac \quad \text{그리고} \quad (b + c)a = ba + ca$$

이다.

지금까지 실수의 덧셈에 대한 네 가지의 공리와 곱셈에 대한 네 가지의 공리 그리고 덧셈과 곱셈이 연달아 계산되는 경우에 대한 하나의 공리 등, 총 아홉 개의 공리를 살펴 보았다. 이들 공리를 적용하여 실수의 덧셈과 곱셈에 대한 정리를 증명해 나갈 수 있다.

예제 1.3. 실수 a에 대하여, $0 \cdot a = 0$임을 보여라.

풀이 실수 0은 덧셈에 대한 항등원이므로

$$0 \cdot a = (0+0) \cdot a = 0 \cdot a + 0 \cdot a$$

이다. 따라서,

$$\begin{aligned} 0 \cdot a &= 0 \cdot a + 0 \\ &= 0 \cdot a + (0 \cdot a + (-0 \cdot a)) \\ &= (0 \cdot a + 0 \cdot a) + (-0 \cdot a) \\ &= 0 \cdot a + (-0 \cdot a) \\ &= 0 \end{aligned}$$

이다. □

임의의 실수 a에 대하여 $0 \cdot a = 0$이므로, 0의 곱셈에 대한 역원은 존재하지 않는다. 실수 b가 곱셈에 대한 a의 역원이면 $b \neq 0$이다. 왜냐하면, $b = 0$이라고 가정하면 $ab = a \cdot 0 = 0 \neq 1$이므로 b가 a의 곱셈에 대한 역원이 아니기 때문이다.

예제 1.4. 실수 a와 b에 대하여, $a(-b) = -(ab)$임을 보여라.

풀이 실수 0이 덧셈에 대한 항등원이므로

$$a(-b) = a(-b) + 0$$

이다. 이 등식의 오른쪽변에 $0 = ab + (-(ab))$를 적용하면

$$a(-b) = a(-b) + (ab + (-(ab)))$$

이다. 등식의 오른쪽변에 덧셈에 대한 결합법칙을 적용하면

$$a(-b) = (a(-b) + ab) + (-(ab))$$

이다. 이 등식의 오른쪽변에서

$$a(-b) + ab = a((-b) + b) = a \cdot 0 = 0$$

이므로

$$a(-b) = 0 + (-(ab)) = -(ab)$$

이다. □

1.1.3 순서관계

실수의 순서에 대한 직관적인 이해 실수 a와 b에 대하여, 수직선에서 a가 b의 왼쪽에 놓여 있으면 a는 b보다 **작다**라고 하고

$$a < b$$

로 나타내고, a가 b와 같은 위치에 놓여 있으면 a는 b와 **같다**라고 하고

$$a = b$$

로 나타내며, a가 b의 오른쪽에 놓여 있으면 a는 b보다 **크다**라고 하며

$$a > b$$

로 나타낸다. 또한, $a < b$ 또는 $a = b$이면 a는 b보다 **작거나 같다**라고 하며 $a \leq b$로 나타내고, $a > b$ 또는 $a = b$이면 a는 b보다 **크거나 같다**라고 하며 $a \geq b$로 나타낸다.

순서관계의 정의에 따라서, $a < b$는 $b > a$와 논리적으로 동치이고 $a \leq b$는 $b \geq a$와 논리적으로 동치임을 알 수 있다.

예제 1.5. 실수 a, b, c, d가 수직선에 아래의 그림과 같이 놓여 있을 때, a, b, c, d 사이의 순서관계를 나타내어라.

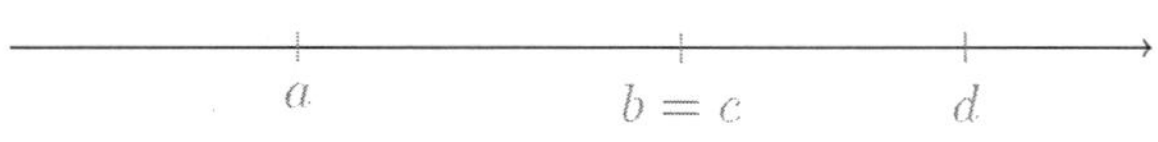

풀이 위의 그림에서, a는 b, c, d의 왼쪽에 놓여 있으므로

$$a < b, \quad a < c, \quad a < d$$

이다. 또한, b와 c는 같은 위치에 놓여 있고 d의 왼쪽에 놓여 있으므로

$$b = c, \quad b < d, \quad c < d$$

이다. □

실수의 순서에 대한 공리론적 접근 수직선에 놓인 실수 사이의 순서관계를 직관적으로 정의하는 방법과 다르게, 실수 전체의 집합 $\mathbb{R}$에 정의된 순서관계 $<$를 공리론적 방법으로 접근하여 보자.

실수 전체의 집합에는 순서관계 $<$가 존재하고, 아래의 공리가 성립한다.

공리 10: 실수의 삼분법

실수 a에 대하여

$$a < 0, \quad a = 0, \quad 0 < a$$

중에서 정확히 한 가지만 성립한다.

실수의 삼분법에 따라서, 모든 실수를 다음과 같이 세 가지로 분류할 수 있다.

정의 1.5: 양의 실수와 음의 실수

실수 a에 대하여, $0 < a$이면 a는 **양의 실수** 또는 **양수**라고 하고, $a < 0$이면 a는 **음의 실수** 또는 **음수**라고 한다.

실수 a와 b에 대하여, $a < b$이면 부등식의 양변에 같은 수를 더해도 부등식은 유지된다.

공리 11: 평행이동에 대한 순서관계의 불변성

실수 a, b, c에 대하여, $a < b$이면 $a + c < b + c$이다.

실수에 대한 삼분법은 다음과 같이 일반화할 수 있다.

정리 1.5: 일반화된 실수의 삼분법

실수 a와 b에 대하여

$$a < b, \quad a = b, \quad b < a$$

중에서 정확히 한 가지만 성립한다.

풀이 공리 10에 따라서

$$b - a < 0, \quad 0 = b - a, \quad 0 < b - a$$

중에서 정확히 한 가지만 성립한다. 그런데, $0 = b - a$는 $a = b$이기 위한 필요충분조건이고, 공리 11에 따라서 $b - a < 0$은 $b < a$이기 위한 필요충분조건이며 $0 < b - a$는 $a < b$이기 위한 필요충분조건이다. 따라서

$$a < b, \quad a = b, \quad b < a$$

중에서 정확히 한 가지만 성립한다. □

양의 실수와 양의 실수의 합은 양의 실수이다.

공리 12: 순서와 덧셈

실수 a, b에 대하여, $0 < a$이고 $0 < b$이면 $0 < a + b$이다.

공리 12에 따라서, 순서관계에서 중요한 성질인 추이성이 성립한다.

정리 1.6: 실수의 순서에 대한 추이성

실수 a, b, c에 대하여, $a < b$이고 $b < c$이면 $a < c$이다.

풀이 $a < b$이고 $b < c$라고 가정하자. 그러면, 공리 11에 따라서

$$0 < b - a \quad \text{그리고} \quad 0 < c - b$$

이고, 여기에 공리 12를 적용하면

$$0 < (b - a) + (c - b) = c - a$$

이다. 따라서, 공리 11에 따라서 $a < c$이다. □

위의 순서와 덧셈에 대한 공리에서와 같은 방식으로, 양의 실수와 양이 실수의 곱은 양의 실수이다.

공리 13: 순서와 곱셈

실수 a, b에 대하여, $0 < a$이고 $0 < b$이면 $0 < ab$이다.

예제 1.6. 실수 a와 b에 대하여, $0 < a$이고 $b < 0$이면 $ab < 0$임을 보여라.

풀이 실수 a와 b에 대하여, $0 < a$이고 $b < 0$라고 가정하자. 그러면,

$$0 = b + (-b) < 0 + (-b) = -b$$

이므로 $0 < a(-b) = -(ab)$이다. 따라서, $ab < -(ab) + ab = 0$이다. □

1.1.4 완비공리

유리수 전체의 집합 $\mathbb{Q}$에서 앞에 나온 실수에 대한 모든 공리가 성립한다. 유리수 전체의 집합 $\mathbb{Q}$는 실수 전체의 집합 $\mathbb{R}$의 진부분집합이므로, 실수 전체의 집합을 공리론적 방법으로 규정하기 위하여서는 더 많은 공리가 필요함을 알 수 있다. 이때 필요한 공리는 수직선을 유리수 전체의 집합 $\mathbb{Q}$로 채울 때 수직선에서 남는 영역을 실수로 채우는 역할을 해야 한다.

먼저 몇 가지 용어를 살펴보자.

정의 1.6: 집합의 상계와 위로 유계성

실수 전체의 집합 $\mathbb{R}$의 부분집합 S와 실수 b에 대하여,

$$\text{모든 원소 } x \in S\text{에 대하여 } x \le b\text{이다}$$

이면 b는 집합 S의 **상계**라고 하고 S는 b에 따라 **위로 유계**라고 한다.

예제 1.7. 실수 전체의 집합 $\mathbb{R}$에서, 공집합 $\emptyset$이 위로 유계인지 아닌지를 판정하라.

풀이 공집합 $\emptyset$와 임의의 실수 b에 대하여, '모든 원소 $x \in \emptyset$에 대하여 $x \leq b$이다'가 참이므로, 공집합 $\emptyset$은 b에 따라 위로 유계이다. □

예제 1.8. 집합 $A = \{x \in \mathbb{R} \mid x^2 \leq 2\}$에 대하여, 3은 집합 A의 상계임을 보여라.

풀이 실수 x에 대하여, $3 < x$이면 $9 < x^2$이므로 $x \notin A$이다. 따라서, 모든 실수 $x \in A$에 대하여, $x \leq 3$이므로 3은 집합 A의 상계이다. □

집합 S가 위로 유계일 때, S의 상계 중에서 가장 작은 상계를 정의할 수 있다.

정의 1.7: 집합의 상한

실수 전체의 집합 $\mathbb{R}$의 부분집합 S와 실수 b에 대하여,

(가) b는 집합 S의 상계이고;

(나) 실수 x에 대하여, x가 집합 S의 상계이면 $b \leq x$이다

이면, b를 S의 **상한**[a]이라고 하고 $b = \sup S$로 나타낸다.

[a]상한을 **최소상계**라고도 한다.

실수 전체의 집합 $\mathbb{R}$의 부분집합 S가 공집합이거나 위로 유계가 아니면 S의 상한인 실수는 존재하지 않는다. 그런데, 확장된 수직선 $\mathbb{R}_\infty = \{-\infty\} \cup \mathbb{R} \cup \{+\infty\}$에서는 부분집합 S의 상한이 항상 존재한다.

먼저 집합 S가 공집합이 아니면서 위로 유계가 아니면

$$\text{모든 } x \in \mathbb{R}\text{에 대하여, } x < y\text{인 실수 } y\text{가 } S\text{에 존재한다}$$

이므로 $\sup S = +\infty$로 놓는 것이 자연스럽다. 만약 $S = \emptyset$이면, 임의의 실수 b에 대하여

$$\text{모든 } x \in S\text{에 대하여, } x \leq b\text{이다}$$

이므로 b는 S의 상계이다. 따라서, $\sup S = -\infty$로 놓는 것이 자연스럽다.

만약 실수 b에 대하여, $b \in S$이고 b가 S의 상계이면 b는 S의 원소 중에서 최댓값인데 이것을

$$b = \max S$$

로 나타낸다. 확장된 수직선 $\mathbb{R}_\infty$에서, 집합 S에 대하여 $\max S$는 존재할 수도 있고 그렇지 않을 수도 있지만 $\sup S$는 항상 존재한다.

보기 1.1. 집합 $A = \{x \in \mathbb{R} : 0 \leq x < 1\}$에 대하여, 실수 b가 1보다 크거나 같으면 b는 A의 상계이고, 실수 c가 1보다 작으면 c는 A의 상계가 아니다. 따라서 1이 A의 상한이다.

이제 실수에 대한 마지막 공리인 완비공리에 대하여 알아보자.

공리 14: 실수의 완비성

실수 전체의 집합 $\mathbb{R}$의 부분집합 S에 대하여, S가 공집합이 아니고 위로 유계이면 S의 상한이 $\mathbb{R}$에 존재한다.

보기 1.2. 유리수 전체의 집합 $\mathbb{Q}$의 부분집합 $A = \{x \in \mathbb{Q} : x^2 < 2\}$에 대하여, A의 상한은 $\sqrt{2}$이다. 여기서 A의 상한 $\sqrt{2}$는 $\mathbb{Q}$에 속하지 않는다. 즉, 집합 $\mathbb{Q}$에서는 완비공리가 성립하지 않는다.

집합에 대한 상계와 상한에 대칭되는 개념으로 하계와 하한을 정의할 수 있다.

정의 1.8: 집합의 하계와 아래로 유계성

실수 전체의 집합 $\mathbb{R}$의 부분집합 S와 실수 c에 대하여

$$\text{모든 원소 } x \in S\text{에 대하여 } c \leq x\text{이다}$$

이면, c는 집합 S의 **하계**라고 하고 S는 c에 따라 **아래로 유계**라고 한다.

예제 1.9. 실수 전체의 집합 $\mathbb{R}$에서, 공집합 $\emptyset$이 아래로 유계인지 아닌지를 판정하여라.

풀이 공집합 $\emptyset$와 임의의 실수 c에 대하여, '모든 원소 $x \in \emptyset$에 대하여 $c \leq x$이다'가 참이므로, 공집합 $\emptyset$은 아래로 유계이다. □

예제 1.10. 집합 $A = \{x \in \mathbb{R} \,|\, x^2 \leq 2\}$에 대하여, -3은 집합 A의 하계임을 보여라.

풀이 실수 x에 대하여, $x < -3$이면 $9 < x^2$이므로 $x \notin A$이다. 따라서, 모든 실수 $x \in A$에 대하여, $-3 \leq x$이므로 -3은 집합 A의 하계이다. □

정의 1.9: 집합의 하한

실수 전체의 집합 $\mathbb{R}$의 부분집합 S와 실수 c에 대하여,

(가) c는 집합 S의 하계이고;

(나) 실수 x에 대하여, x가 집합 S의 하계이면 $x \leq c$이다

이면 c를 집합 S의 **하한**[a]이라고 하고

$$c = \inf S$$

로 나타낸다.

[a]하한을 **최대하계**라고도 한다.

따름정리 1.7: 실수의 완비성

실수 전체의 집합 $\mathbb{R}$의 부분집합 S에 대하여, S가 공집합이 아니고 아래로 유계이면 S의 하한이 $\mathbb{R}$에 존재한다.

실수 전체의 집합 $\mathbb{R}$의 부분집합 S가 공집합이거나 아래로 유계가 아니면 S의 하한인 실수는 존재하지 않는다. 그런데, 확장된 수직선 $\mathbb{R}_\infty = \{-\infty\} \cup \mathbb{R} \cup \{+\infty\}$에서는 부분집합 S의 하한이 존재한다.

먼저 집합 S가 공집합이 아니면서 아래로 유계가 아니면

$$\text{모든 } x \in \mathbb{R}\text{에 대하여, } y < x\text{인 } y\text{가 집합 } S\text{에 존재한다}$$

이므로 $\inf S = -\infty$로 놓는 것이 자연스럽다. 만약 $S = \emptyset$이면, 임의의 실수 b에 대하여

$$\text{모든 } x \in S\text{에 대하여, } x \geq b\text{이다}$$

이므로 b는 S의 하계이다. 따라서, $\sup S = +\infty$로 놓는 것이 자연스럽다.

만약 실수 b에 대하여, $b \in S$이고 b가 S의 하계이면 b는 S의 원소 중에서 최솟값인데 이것을

$$b = \min S$$

로 나타낸다. 확장된 수직선 $\mathbb{R}_\infty$에서, S에 대하여 $\min S$는 존재할 수도 있고 그렇지 않을 수도 있지만 $\inf S$는 항상 존재한다.

연습문제 1.1

1. 아래의 그림에서, $a+b$를 구하는 과정을 그림으로 나타내고 $a+b$의 위치를 나타내라.

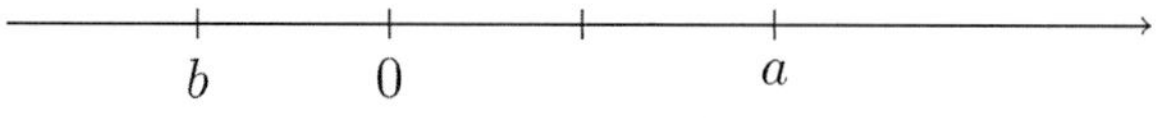

2. 아래의 그림에서, ab를 구하는 과정을 그림으로 나타내고 ab의 위치를 나타내라.

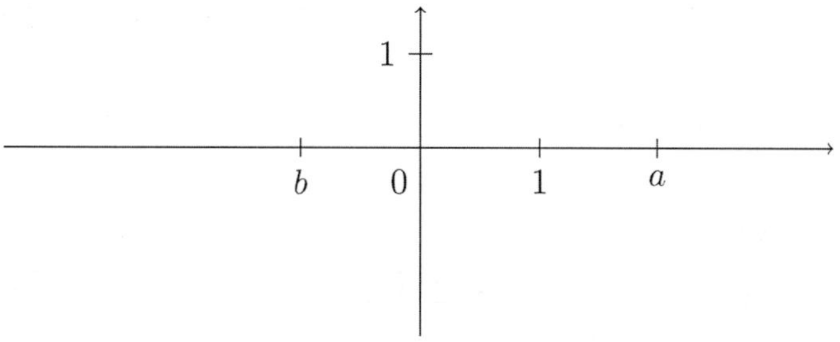

3. 실수 a에 대하여, $a+a=a$이면 $a=0$임을 보여라.

4. 실수 a에 대하여, $a \neq 0$이면
$$(a^{-1})^{-1}=1$$
임을 보여라.

5. 실수 a와 b에 대하여,
$$(-a)b=-(ab)$$
임을 보여라.

6. 실수 중에서 $a \cdot a = a$가 성립하는 모든 실수 a를 구하여라.

7. 실수 a와 b에 대하여, $a<0$이고 $b<0$이면 $0<ab$임을 보여라.

8. $0<1$임을 보여라.

1.2 직선의 좌표

1.2.1 직선의 좌표계

직선 ℓ에 정의되는 **좌표계**는 직선에 놓인 점에 실수인 **좌표**를 지정해주는 방법체계이다.

직선 ℓ에 다음과 같이 좌표계를 정의한다.

(가) 직선 ℓ에 놓인 점 중에서 기준인 점 O를 고정하고 이를 **원점**이라고 하며 점 O의 좌표를 0으로 놓는다. 일반적으로 직선을 평행선으로 그린다.

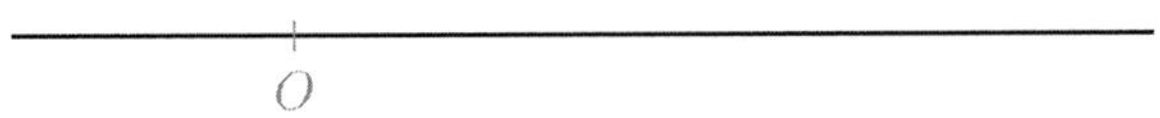

(나) 직선에서 한 방향을 정하여 이를 **양의 방향**이라고 하고, 다른 방향을 **음의 방향**이라고 한다. 양의 방향을 가리키는 방향으로 직선의 끝에 화살표를 그린다. 일반적으로 평행선으로 그려진 직선에서 오른쪽 방향을 양의 방향으로 정한다.

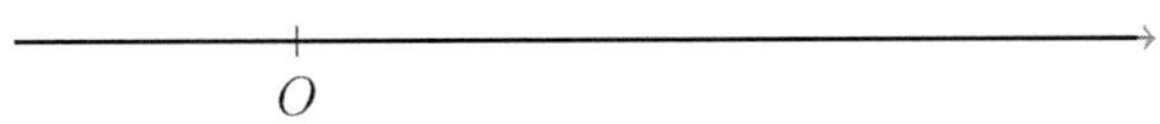

(다) 원점 O를 중심으로 양의 방향에 놓인 한 점 E를 고정하여 이 점을 **단위점**이라고 하고 점 E의 좌표를 1로 놓는다.

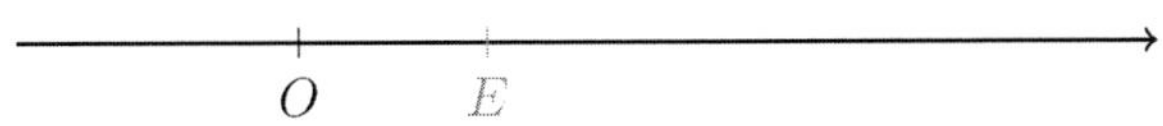

(라) 직선 ℓ에 놓인 점 P에 대하여, 선분 $\overline{OP}$의 길이와 선분 $\overline{OE}$의 길이의 비가 $a : b$일 때, 점 P의 좌표를

$$\begin{cases} \dfrac{a}{b} & (P\text{가 원점 } O\text{를 중심으로 양의 방향에 놓여 있을 때}), \\ -\dfrac{a}{b} & (P\text{가 원점 } O\text{를 중심으로 음의 방향에 놓여 있을 때}) \end{cases}$$

로 놓는다. 아래의 그림에서 점 P의 좌표는 3이다.

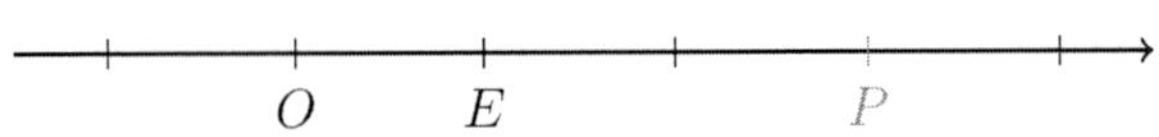

정의 1.10: 좌표가 주어진 점

직선 ℓ에서 좌표가 x인 점 P를 $P(x)$로 나타낸다.

예제 1.11. 아래의 그림에서, 점 E의 좌표가 1일 때 점 A, B, C의 좌표를 구하여라.

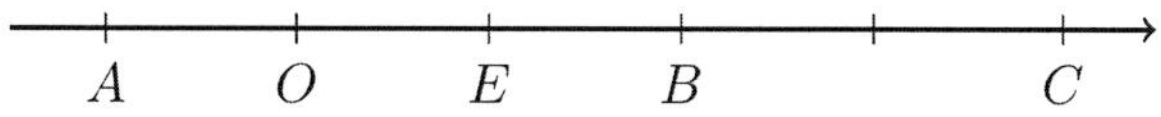

풀이 선분 $\overline{OA}$의 길이와 선분 $\overline{OE}$의 길이의 비가 $1:1$이고 점 A가 원점 O를 중심으로 음의 방향에 놓여 있으므로 점 A의 좌표는 -1이다.

선분 $\overline{OB}$의 길이와 선분 $\overline{OE}$의 길이의 비가 $2:1$이고 점 B가 원점 O를 중심으로 양의 방향에 놓여 있으므로 점 B의 좌표는 2이다.

선분 $\overline{OC}$의 길이와 선분 $\overline{OE}$의 길이의 비 $4 : 1$이고 점 C가 원점 O를 중심으로 양의 방향에 놓여 있으므로 점 C의 좌표는 4이다. □

예제 1.12. 아래의 그림에서, 점 E의 좌표가 1일 때 점 $A(2), B(4), C(-2)$를 나타내라.

풀이 점 A, B, C의 좌표가 각각 2, 4, -2이므로,

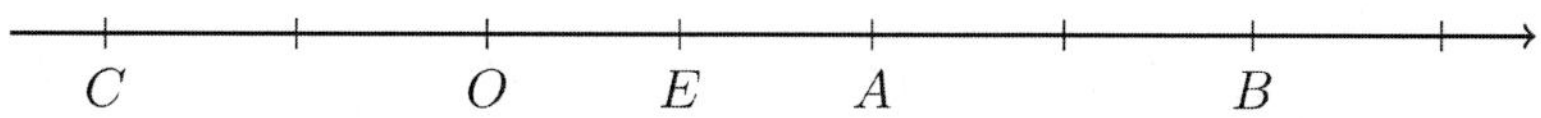

와 같이 A, B, C를 나타낼 수 있다. □

1.2.2 유향선분

실수 a와 b가 서로 다를 때, 임의의 실수 x에 대하여

$$x = a + t(b - a)$$

인 실수 t는

$$t = \frac{x-a}{b-a}$$

로 유일하게 결정된다. 그림 1.1에서와 같이, 실수 t는 실수 a와 b에 대한 실수 x의 상대적인 위치를 나타낸다고 볼 수 있다.

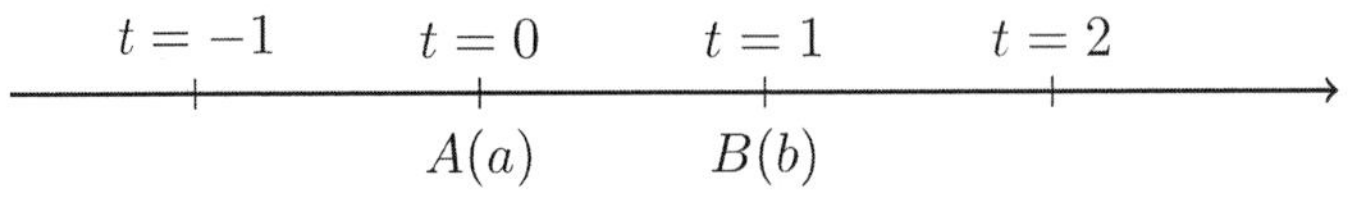

그림 1.1 점 A와 B에 대한 점의 상대적 위치

$a \neq b$일 때 직선 ℓ에 놓인 점 $A(a)$와 $B(b)$에 대하여, 점 $P(x)$의 좌표 x를

$$x = a + t(b-a)$$

로 나타내자. 이때, 점 P가 A와 일치하면 $t=0$이며 점 P가 B와 일치하면 $t=1$이다. 또한 P가 선분 $\overline{AB}$에 놓여 있으면 $0 \leq t \leq 1$이므로 선분 $\overline{AB}$를

$$\overline{AB} = \{P(x) \in \ell \mid x = a + t(b-a),\ 0 \leq t \leq 1\}$$

로 나타낼 수 있다.

방향이 정의된 선분을 다음과 같이 정의한다.

정의 1.11: 유향선분

직선 ℓ에 놓인 점 $A(a)$와 $B(b)$에 대하여, $a \neq b$일 때 선분 $\overline{AB}$와 함께 중심 A에서 B로의 방향을 A에서 B까지의 **유향선분**이라고 하고 $\overrightarrow{AB}$로 나타낸다. $a = b$일 때는, 중심 A에서 B로의 방향이 존재하지 않으므로 유향선분 $\overrightarrow{AB}$는 집합 $\{A\}$를 나타낸다. 이때, 점 A와 B를 각각 유향선분 $\overrightarrow{AB}$의 **시작점**과 **끝점**이라고 한다.

그림 1.2에서, 유향선분 $\overrightarrow{AB}$의 방향은 직선 ℓ의 방향과 같지만 유향선분 $\overrightarrow{CD}$의 방향은 직선 ℓ의 방향과 다르다. 즉, 유향선분의 방향은 직선의 방향과 다를 수 있다.

유향선분에 대한 길이와 유향길이를 다음과 같이 정의한다.

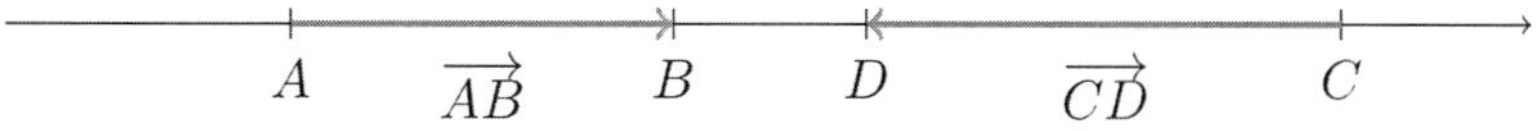

그림 1.2 유향선분

정의 1.12: 유향선분의 길이와 유향길이

직선 ℓ에 놓인 점 $A(a)$와 $B(b)$에 대하여, 유향선분 $\overrightarrow{AB}$의 **길이** $\overline{AB}$를

$$\overline{AB} = |b-a|$$

로 정의하고, 유향선분 $\overrightarrow{AB}$의 **유향길이** $\overrightarrow{AB}$를

$$\overrightarrow{AB} = b-a$$

로 정의한다.

여기서 선분 $\overline{AB}$와 유향선분 $\overrightarrow{AB}$의 길이 $\overline{AB}$를, 그리고 유향선분 $\overrightarrow{AB}$와 이 유향선분의 유향길이 $\overrightarrow{AB}$를 편의상 같은 기호로 나타냄에 주의하자.

예제 1.13. 직선 ℓ에 놓인 다음의 점 A와 B에 대하여, 유향선분 $\overrightarrow{AB}$의 길이와 유향길이를 구하여라.

(가) $A(2)$, $B(4)$ (나) $A(3)$, $B(-1)$

풀이 (가) 점 $A(2)$와 $B(4)$에 대하여, 유향선분 $\overrightarrow{AB}$의 길이는

$$\overline{AB} = |4-2| = 2$$

이고 유향길이는

$$\overrightarrow{AB} = 4-2 = 2$$

이다.

(나) 점 $A(3)$와 $B(-1)$에 대하여, 유향선분 $\overrightarrow{AB}$의 길이는

$$\overline{AB} = |(-1)-3| = 4$$

이고 유향길이는

$$\overrightarrow{AB} = (-1) - 3 = -4$$

이다. □

정의에 따라서, 유향선분의 길이는 항상 0보다 크거나 같지만 유향길이는 음수일 수도 있다. 유향선분의 길이와 유향길이 사이에는 다음의 관계가 있다.

정리 1.8: 유향선분의 길이와 유향길이와의 관계

직선 ℓ에 놓인 점 $A(a)$와 $B(b)$에 대하여,

$$\overrightarrow{AB} = \begin{cases} \overline{AB} & (a \le b \text{ 일 때}), \\ -\overline{AB} & (b < a \text{ 일 때}) \end{cases}$$

이다.

증명 만약 $a \le b$이면 $b - a = |b - a|$이므로

$$\overrightarrow{AB} = b - a = |b - a| = \overline{AB}$$

이다. 그리고, 만약 $b < a$이면 $b - a = -|b - a|$이므로

$$\overrightarrow{AB} = b - a = -|b - a| = -\overline{AB}$$

이다. □

유향선분의 유향길이에 대하여 다음이 성립한다.

정리 1.9: 유향길이의 성질

직선 ℓ에 놓인 점 A, B, C에 대하여,

(가) $\overrightarrow{AB} = -\overrightarrow{BA}$,

(나) $\overrightarrow{AB} + \overrightarrow{BC} = \overrightarrow{AC}$

이다.

증명 점 A, B, C의 좌표를 각각 a, b, c로 놓으면,

(가) $\overrightarrow{AB} = b - a = -(a - b) = -\overrightarrow{BA}$

이고

(나) $\overrightarrow{AB} + \overrightarrow{BC} = (b - a) + (c - b) = c - a = \overrightarrow{AC}$

이다. □

예제 1.14. 직선 ℓ에 놓인 점 $A(2), B(5), C(3)$에 대하여, 유향길이 $\overrightarrow{AB}$, $\overrightarrow{BC}$, $\overrightarrow{AC}$를 구하고,

$$\overrightarrow{AB} + \overrightarrow{BC} = \overrightarrow{AC}$$

임을 확인하여라.

풀이 점 $A(2)$, $B(5)$, $C(3)$에 대하여,

$$\overrightarrow{AB} = 5 - 2 = 3, \quad \overrightarrow{BC} = 3 - 5 = -2$$

이고

$$\overrightarrow{AC} = 3 - 2 = 1$$

이므로,

$$\overrightarrow{AB} + \overrightarrow{BC} = 3 + (-2) = 1 = \overrightarrow{AC}$$

이다. □

1.2.3 분할점

직선 ℓ에 놓인 서로 다른 두 점 A와 B에 대하여, 직선에 놓인 점 P를 두 점 A와 B의 좌표를 이용하여 나타내는 방법을 생각하자.

정의 1.13: 직선에 놓인 두 점의 분할점

직선 ℓ에 놓인 서로 다른 두 점 A와 B에 대하여, 직선 ℓ에 놓인 점 P는 점 A와 B를 $\overrightarrow{AP} : \overrightarrow{PB}$**로 나눈다**고 한다. 이때, 점 P를 점 A와 B의 $\overrightarrow{AP} : \overrightarrow{PB}$ **분할점**이라고 한다.

예제 1.15. 직선 ℓ에 놓인 점 $A(1)$와 $B(5)$에 대하여, 아래의 그림에 나타난 다음의 점이 각각 A와 B의 무슨 비의 분할점인지 밝혀라.

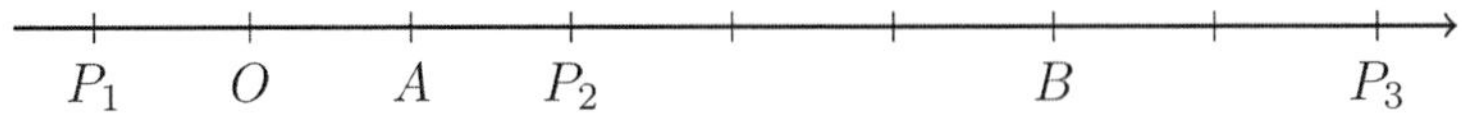

(가) $P_1(-1)$　　(나) $P_2(2)$　　(다) $P_3(7)$

풀이 (가) 점 $P_1(-1)$에 대하여,

$$\overrightarrow{AP_1} = (-1) - 1 = -2, \qquad \overrightarrow{P_1B} = 5 - (-1) = 6$$

이고 비례식 $-2 : 6 = -1 : 3$이 성립하므로 점 P_1은 A와 B의 $-1 : 3$ 분할점이다.

(나) 점 $P_2(2)$에 대하여,

$$\overrightarrow{AP_2} = 2 - 1 = 1, \qquad \overrightarrow{P_2B} = 5 - 2 = 3$$

이므로 점 P_2는 A와 B의 $1 : 3$ 분할점이다.

(다) 점 $P_3(7)$에 대하여,

$$\overrightarrow{AP_3} = 7 - 1 = 6, \qquad \overrightarrow{P_3B} = 5 - 7 = -2$$

이고 비례식 $6 : -2 = 3 : -1$이 성립하므로 점 P_3은 A와 B의 $3 : -1$ 분할점이다. □

예제 1.16. 직선 ℓ에 놓인 점 $B(1)$와 $A(5)$에 대하여, 아래의 그림에 나타난 다음의 점이 각각 A와 B의 무슨 비의 분할점인지 밝혀라.

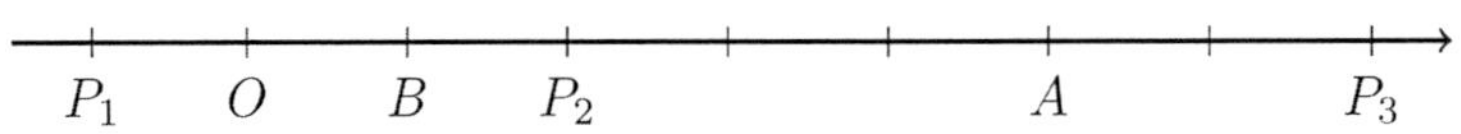

(가) $P_1(-1)$　　(나) $P_2(2)$　　(다) $P_3(7)$

풀이 (가) 점 $P_1(-1)$에 대하여,

$$\overrightarrow{AP_1} = (-1) - 5 = -6, \qquad \overrightarrow{P_1B} = 1 - (-1) = 2$$

이고 비례식 $-6 : 2 = -3 : 1$이 성립하므로 점 P_1은 A와 B의 $-3 : 1$ 분할점이다.

(나) 점 $P_2(2)$에 대하여,

$$\overrightarrow{AP_2} = 2 - 5 = -3, \qquad \overrightarrow{P_2B} = 1 - 2 = -1$$

이므로 점 P_2는 A와 B의 $-3 : -1$ 분할점이다.

(다) 점 $P_3(7)$에 대하여,

$$\overrightarrow{AP_3} = 7 - 5 = 2, \qquad \overrightarrow{P_3B} = 1 - 7 = -6$$

이고 비례식 $2 : -6 = 1 : -3$이 성립하므로 점 P_3은 A와 B의 $1 : -3$ 분할점이다. □

먼저, 분할점에 대한 기본적인 성질을 살펴보자.

정리 1.10: 분할점의 기본적인 성질

직선 ℓ에 놓인 서로 다른 두 점 $A(a)$와 $B(b)$에 대하여, 직선 ℓ에 놓인 점 $P(x)$가 점 A와 B의 $m : n$ 분할점이면 다음이 성립한다.

(가) 만약 $m = 0$이면 점 P는 A와 일치하고, 만약 $n = 0$이면 점 P는 B와 일치한다.

(나) $m \neq 0$ 또는 $n \neq 0$.

(다) $m + n \neq 0$.

증명 (가) 점 A, B, C의 좌표를 각각 a, b, x로 놓자. 만약 $m = 0$이면, $x - a = 0$이므로 $x = a$이다. 또한 만약 $n = 0$이면, $b - x = 0$이므로 $x = b$이다.

(나) 귀류법을 적용하기 위하여, $m = 0$이고 $n = 0$라고 가정하자. 그러면, (가)에 의하여 $x = a$이고 $x = b$이므로 $a = b$이다. 이것은 A와 B가 서로 다른 점이라는 것에 모순이다. 따라서 귀류법에 따라서, $m \neq 0$ 또는 $n \neq 0$이다.

(다) 귀류법을 적용하기 위하여, $m + n = 0$라고 가정하자. 만약 $m = 0$이면 $m + n = 0$이므로 $n = 0$인데, 이것은 (나)에 모순이다. 따라서 $m \neq 0$이고 $n = -m \neq 0$이다. 이제 P가 A와 B의 $m : n$ 분할점이므로

$$x - a : b - x = m : n = m : -m$$

즉, $-(x - a)m = (b - x)m$이다. 여기서 $m \neq 0$이므로 $-(x - a) = b - x$, 즉 $a = b$인데 이것은 A와 B가 서로 다른 점이라는 것에 모순이다. 귀류법에 따라서 $m+n \neq 0$

이다. □

점 A와 B의 좌표를 이용하여 A와 B의 $m:n$ 분할점 P의 좌표를 구하자.

정리 1.11: 분할점의 좌표

직선 ℓ에 놓인 서로 다른 점 $A(a)$와 $B(b)$에 대하여, 점 $P(x)$가 A와 B의 $m:n$ 분할점이면

$$x = \frac{na+mb}{m+n}$$

이다.

증명 점 $P(x)$는 $A(a)$와 $B(b)$의 $m:n$ 분할점이므로

$$(x-a):(b-x) = m:n$$

즉

$$(x-a)n = (b-x)m$$

이다. $m+n \neq 0$이므로

$$x = \frac{na+mb}{m+n}$$

이다. □

정리 1.11에서, $(x-a):(b-x) = m:n$이므로,

$$(x-a):(b-a) = m:m+n$$

이다. 따라서,

$$(m+n)(x-a) = m(b-a)$$

이므로,

$$\boxed{x = a + \frac{m}{m+n}(b-a)}$$

이다.

예제 1.17. 직선 ℓ에 놓인 점 $A(1)$와 $B(5)$에 대하여, 다음 점의 좌표를 구하여라.

(가) A와 B의 $-1:2$ 분할점 $P_1(x_1)$

(나) A와 B의 $1:3$ 분할점 $P_2(x_2)$

(다) A와 B의 $2:-1$ 분할점 $P_3(x_3)$

증명 (가) $A(1)$와 $B(5)$의 $-1:2$ 분할점 $P_1(x_1)$의 좌표는

$$x_1 = \frac{2\cdot 1 + (-1)\cdot 5}{(-1)+2} = -3$$

이다.

(나) $A(1)$와 $B(5)$의 $1:3$ 분할점 $P_2(x_2)$의 좌표는

$$x_2 = \frac{3\cdot 1 + 1\cdot 5}{1+3} = 2$$

이다.

(다) $A(1)$와 $B(5)$의 $2:-1$ 분할점 $P_3(x_3)$의 좌표는

$$x_3 = \frac{(-1)\cdot 1 + 2\cdot 5}{2+(-1)} = 9$$

이다. □

예제 1.18. 직선 ℓ에 놓인 점 $A(5)$와 $B(1)$에 대하여, 다음 점의 좌표를 구하여라.

(가) A와 B의 $1:-2$ 분할점 $P_1(x_1)$

(나) A와 B의 $-1:-3$ 분할점 $P_2(x_2)$

(다) A와 B의 $-2:1$ 분할점 $P_3(x_3)$

증명 (가) $A(5)$와 $B(1)$의 $1:-2$ 분할점 $P_1(x_1)$의 좌표는

$$x_1 = \frac{(-2)\cdot 5 + 1\cdot 1}{1+(-2)} = 9$$

이다.

(나) $A(5)$와 $B(1)$의 $-1:-3$ 분할점 $P_2(x_2)$의 좌표는

$$x_2 = \frac{(-3)\cdot 5 + (-1)\cdot 1}{(-1)+(-3)} = 4$$

이다.

(다) $A(5)$와 $B(1)$의 $-2:1$ 분할점 $P_3(x_3)$의 좌표는

$$x_3 = \frac{1\cdot 5 + (-2)\cdot 1}{(-2)+1} = -3$$

이다. □

점 P가 A와 B의 중점이면 P는 A와 B의 $1:1$ 분할점이므로, 다음이 성립한다.

따름정리 1.12: 중점의 좌표

직선 ℓ에 놓인 서로 다른 점 $A(a)$와 $B(b)$에 대하여, 점 $P(x)$가 유향선분 $\overrightarrow{AB}$의 중점이면

$$x = \frac{a+b}{2}$$

이다.

예제 1.19. 직선 ℓ에 놓인 서로 다른 점 A, B, C, D에 대하여,

$$\overrightarrow{AC}\cdot\overrightarrow{AD} = \overrightarrow{BC}\cdot\overrightarrow{BD}$$

이면, 유향선분 $\overrightarrow{AB}$의 중점과 유향선분 $\overrightarrow{CD}$의 중점은 일치함을 보여라.

풀이 점 A, B, C, D의 좌표를 각각 a, b, c, d라고 놓으면, 가정에 따라서

$$(c-a)(d-a) = (c-b)(d-b)$$

이므로

$$a^2 - b^2 = (a-b)(c+d)$$

이다. 여기서 $a-b \neq 0$이므로, $a+b=c+d$ 즉,

$$\frac{a+b}{2}=\frac{c+d}{2}$$

이다. 따라서, 유향선분 $\overrightarrow{AB}$의 중점과 유향선분 $\overrightarrow{CD}$의 중점은 일치한다. □

1.2.4 내분점과 외분점

직선 ℓ에 놓인 서로 다른 점 $A(a)$와 $B(b)$에 대하여, 점 $P(x)$가 A와 B의 $m:n$ 분할점일 때, 다음이 성립한다.

(가) 만약에 $m \cdot n = 0$이면, 점 P는 A와 일치하거나 B와 일치한다.

(나) 만약에 $0 < m \cdot n$이면, 점 P는 점 A와 B 사이에 놓여 있다.

(다) 만약에 $m \cdot n < 0$이면, 점 P는 선분 $\overline{AB}$에 놓여 있지 않다.

따라서, $m \cdot n \neq 0$일 때, 점 A와 B의 $m:n$ 분할점을 다음과 같이 분류하자.

정의 1.14: 내분점과 외분점

직선 ℓ에 놓인 서로 다른 점 A와 B에 대하여, 점 P가 A와 B의 $m:n$ 분할점일 때, 다음을 정의한다.

(가) 만약에 $0 < m \cdot n$이면, 점 P를 A와 B의 $|m|:|n|$ **내분점**이라고 한다.

(나) 만약에 $m \cdot n < 0$이면, 점 P를 A와 B의 $|m|:|n|$ **외분점**이라고 한다.

점 P가 $A(a)$와 $B(b)$의 $m:n$ 내분점이면, 다음을 알 수 있다.

(가) 만약 $a < b$이면, 아래의 그림과 같이 점 P는 A와 B의 $m:n$ 분할점이다.

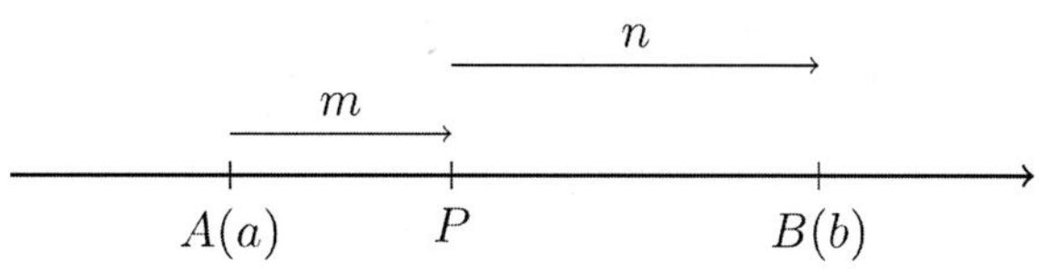

(나) 만약 $b < a$이면, 아래의 그림과 같이 점 P는 A와 B의 $-m:-n$ 분할점이다.

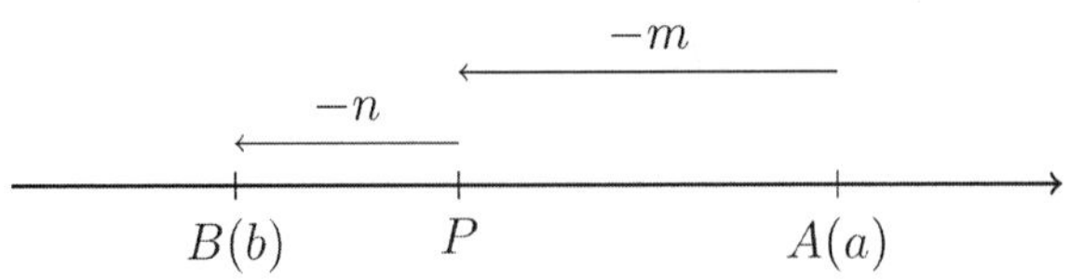

점 P가 $A(a)$와 $B(b)$의 $m:n$ 외분점이면, 다음을 알 수 있다.

(가) 만약 $a<b$이고 $m<n$이면, 아래의 그림과 같이 점 P는 A와 B의 $-m:n$ 분할점이다.

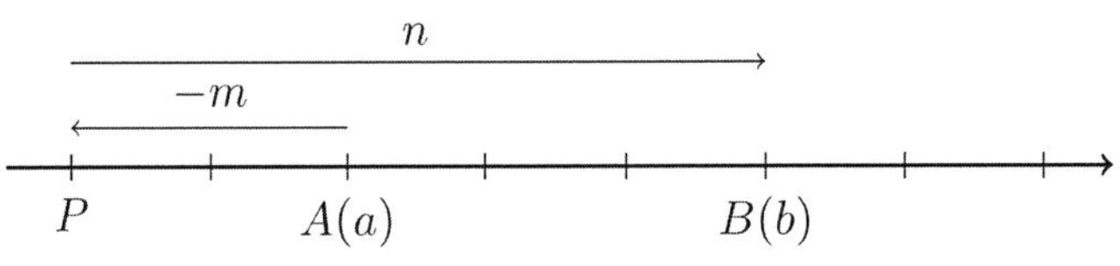

(나) 만약 $a<b$이고 $n<m$이면, 아래의 그림과 같이 점 P는 A와 B의 $m:-n$ 분할점이다.

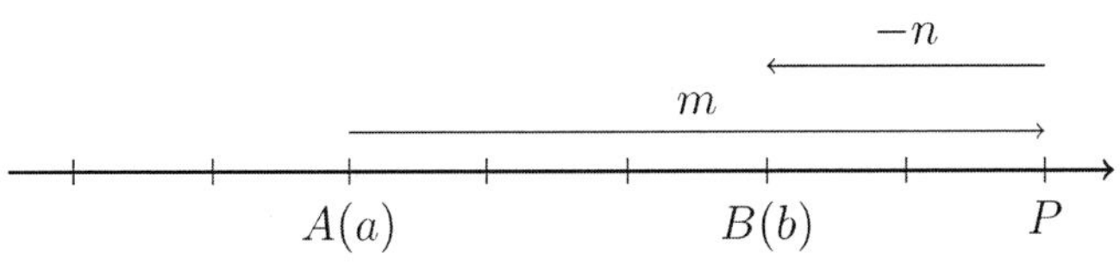

(다) 만약 $b<a$이고 $m<n$이면, 아래의 그림과 같이 점 P는 A와 B의 $m:-n$ 분할점이다.

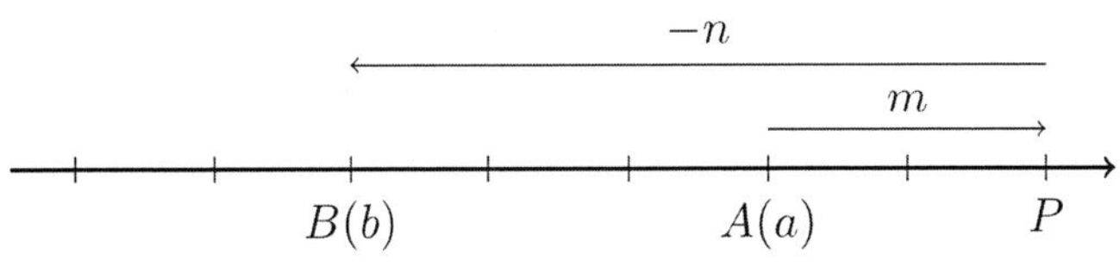

(라) 만약 $b<a$이고 $n<m$이면, 아래의 그림과 같이 점 P는 A와 B의 $-m:n$ 분할점이다.

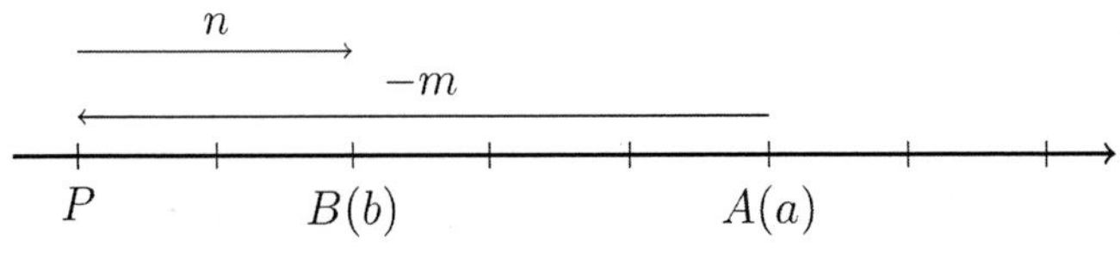

예제 1.20. 직선 ℓ에 놓인 점 $A(1)$와 $B(4)$에 대하여, 다음 점의 좌표를 구하여라.
(가) 점 A와 B의 $1:2$ 내분점 P_1 (나) 점 A와 B의 $1:2$ 외분점 P_2
(다) 점 A와 B의 $2:1$ 외분점 P_3

풀이 (가) 점 P_1은 $A(1)$와 $B(4)$의 $1:2$ 내분점이므로 점 P_1은 A와 B의 $1:2$ 분할점이다. 따라서 P_1의 좌표는

$$x = \frac{2\cdot 1 + 1\cdot 4}{1+2} = 2$$

이다.

(나) 점 P_2는 $A(1)$와 $B(4)$의 $1:2$ 외분점이므로 점 P_2는 A와 B의 $-1:2$ 분할점이다. 따라서 P_2의 좌표는

$$x = \frac{2\cdot 1 + (-1)\cdot 4}{(-1)+2} = -2$$

이다.

(다) 점 P_3은 $A(1)$와 $B(4)$의 $2:1$ 외분점이므로 점 P_3은 A와 B의 $2:-1$ 분할점이다. 따라서 P_3의 좌표는

$$x = \frac{(-1)\cdot 1 + 2\cdot 4}{2+(-1)} = 7$$

이다. □

1.2.5 조화점렬

직선 ℓ에 놓인 서로 다른 점 A와 B에 대하여, A와 B의 $m:n$ 내분점과 $m:n$ 외분점에 대하여 다음을 정의하자.

정의 1.15: 조화롭게 나눈다와 조화점렬

직선 ℓ에 놓인 서로 다른 네 점 A, B, C, D에 대하여, C가 A와 B의 $m:n$ 내분점이고 D가 A와 B를 $m:n$ 외분점이거나 또는 C가 A와 B의 $m:n$ 외분점이고 D가 A와 B를 $m:n$ 내분점이면, 점 C와 D는 점 A와 B를 **조화롭게 나눈다**고 하고 $A, B; C, D$로 나타낸다. 이때, A, B, C, D는 **조화점렬**이라고 한다.

예제 1.21. 직선 ℓ에 놓인 점 $A(1)$, $B(4)$, $C(2)$, $D(-2)$에 대하여, $A, B; C, D$임을 보여라.

풀이 점 $C(2)$는 A와 B의 $1:2$ 내분점이고 점 $D(-2)$는 A와 B의 $1:2$ 외분점이므로, $A, B; C, D$이다. □

조화점렬에는 다음과 같은 대칭성질이 있다.

정리 1.13: 조화점렬의 대칭성

직선 ℓ에 놓인 서로 다른 네 점 A, B, C, D에 대하여, $A, B; C, D$이면 $C, D; A, B$이다.

증명 $A, B; C, D$라고 가정하자. 그러면,

$$\frac{\overrightarrow{AC}}{\overrightarrow{CB}} = -\frac{\overrightarrow{AD}}{\overrightarrow{DB}}$$

이다. 따라서,

$$\frac{\overrightarrow{CA}}{\overrightarrow{AD}} = \frac{-\overrightarrow{AC}}{\overrightarrow{AD}} = \frac{\overrightarrow{CB}}{\overrightarrow{DB}} = -\frac{\overrightarrow{CB}}{\overrightarrow{BD}}$$

이므로, $C, D; A, B$이다. □

예제 1.22. 직선 ℓ에 놓인 $A(0), B(4), C(1)$에 대하여, 다음 물음에 답하여라.

(가) $A, B; C, D$인 점 D의 좌표를 구하여라.

(나) (가)에서 D에 대하여, $C, D; A, B$임을 확인하여라.

풀이 (가) 점 C가 A와 B의 $1:3$ 내분점이고 $A, B; C, D$이므로, 점 D는 A와 B의 $1:3$ 외분점, 즉 $-1:3$ 분할점이어야 한다. 따라서, D의 좌표는

$$\frac{3 \cdot 0 + (-1) \cdot 4}{(-1) + 3} = -2$$

이다.

(나) 점 $A(0), C(1), D(-2)$에 대하여,

$$\overrightarrow{CA} = 0 - 1 = -1, \qquad \overrightarrow{AD} = (-2) - 0 = -2$$

이므로 점 A는 C와 D의 $1:2$ 내분점이다. 점 $B(4), C(1), D(-2)$에 대하

$$\overrightarrow{CB} = 4 - 1 = 3, \qquad \overrightarrow{BD} = (-2) - 4 = -6$$

이므로 점 B는 C와 D의 $1:2$ 외분점이다. 따라서, $C, D; A, B$이다. □

조화점렬 A, B, C, D에서 다음과 같은 조화수열을 찾을 수 있다.

정리 1.14: 조화점렬과 조화수열

직선 ℓ에 놓인 서로 다른 네 점 A, B, C, D에 대하여, $A, B; C, D$이면

$$\frac{1}{\overrightarrow{AC}} + \frac{1}{\overrightarrow{AD}} = \frac{2}{\overrightarrow{AB}}$$

즉, $\overrightarrow{AC}, \overrightarrow{AB}, \overrightarrow{AD}$는 조화수열이다.

풀이 점 C가 A와 B의 $m:n$ 내분점이고 점 D가 A와 B의 $m:n$ 외분점이라고 가정하자. 점 C가 A와 B의 $m:n$ 내분점이므로

$$\frac{\overrightarrow{AC}}{\overrightarrow{AB}} = \frac{m}{m+n}$$

이고, 점 D가 A와 B의 $m:n$ 외분점이므로

$$\begin{aligned}\frac{\overrightarrow{AD}}{\overrightarrow{AB}} &= \begin{cases} \dfrac{-m}{-m+n} = \dfrac{m}{m-n}, & m < n\text{일 때,} \\ \dfrac{m}{m-n} = \dfrac{-m}{-m+n}, & n < m\text{일 때} \end{cases} \\ &= \frac{m}{m-n}\end{aligned}$$

이다. 따라서,

$$\frac{1}{\overrightarrow{AC}} + \frac{1}{\overrightarrow{AD}} = \frac{1}{\overrightarrow{AB}}\left(\frac{m+n}{m} + \frac{m-n}{m}\right) = \frac{2}{\overrightarrow{AB}}$$

이다. □

1.2.6 좌표계의 변환

직선 ℓ에 원점 O와 단위점 E에 의하여 정의된 좌표계를 x-좌표계라고 하고, 새로운 점 O'와 E'을 각각 원점과 단위점으로 하는 새로운 좌표계를 x'-좌표계라고 하자. 이때, x-좌표계와 x'-좌표계의 관계를 찾아 보자.

정리 1.15: 직선에서의 좌표변환

직선 ℓ에 놓인 점 P, O', E'의 x-좌표가 각각 x, e_0, e_1이고, 점 O'와 E'을 각각 원점과 단위점으로 하는 점 P의 x'-좌표가 x'이면,

$$x' = \frac{x - e_0}{e_1 - e_0}$$

이다.

증명 유향선분 $\overrightarrow{O'P}$와 $\overrightarrow{O'E'}$에 대하여,

$$\overrightarrow{O'P} = x - e_0, \quad \overrightarrow{O'E'} = e_1 - e_0$$

이므로, 좌표의 정의에 의하여

$$x' = \frac{\overrightarrow{O'P}}{\overrightarrow{O'E'}} = \frac{x - e_0}{e_1 - e_0}$$

이다. □

예제 1.23. 직선 ℓ에 놓인 점 A와 B의 x-좌표가 각각 2와 4일 때, A를 원점으로 하고 B를 단위점으로 하는 새로운 좌표계를 x'-좌표계라고 할 때, x좌표가 주어진 다음의 점들의 x'-좌표를 구하여라.

(가) $P_1(0)$ (나) $P_2(3)$ (다) $P_3(6)$

풀이 (가) $\dfrac{\overrightarrow{AP_1}}{\overrightarrow{AB}} = \dfrac{0-2}{4-2} = -1.$ (나) $\dfrac{\overrightarrow{AP_2}}{\overrightarrow{AB}} = \dfrac{3-2}{4-2} = 0.5.$

(다) $\dfrac{\overrightarrow{AP_3}}{\overrightarrow{AB}} = \dfrac{6-2}{4-2} = 2.$ □

연습문제 1.2

1. 아래의 그림에서, 점 O와 E가 각각 좌표계의 원점과 단위점일 때, 점 A, B, C의 좌표를 구하여라.

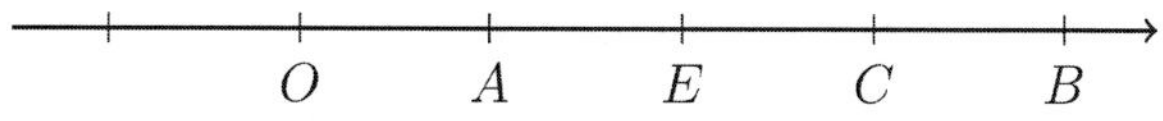

2. 직선 ℓ에 놓인 다음의 점 A와 B에 대하여, 유향선분 $\overrightarrow{AB}$의 길이와 유향길이를 구하여라.

(가) $A(1)$, $B(4)$ (나) $A(4)$, $B(-1)$

3. 직선 ℓ에 놓인 점 A, B, C, D에 대하여, 등식

$$\overrightarrow{AB} \cdot \overrightarrow{CD} + \overrightarrow{AC} \cdot \overrightarrow{DB} + \overrightarrow{AD} \cdot \overrightarrow{BC} = 0$$

이 성립함을 보여라.

4. 직선 ℓ에 놓인 점 $A(1)$와 $B(4)$에 대하여, 아래의 그림에 나타난 다음의 점들이 각각 A와 B의 무슨 비의 분할점인지 밝혀라.

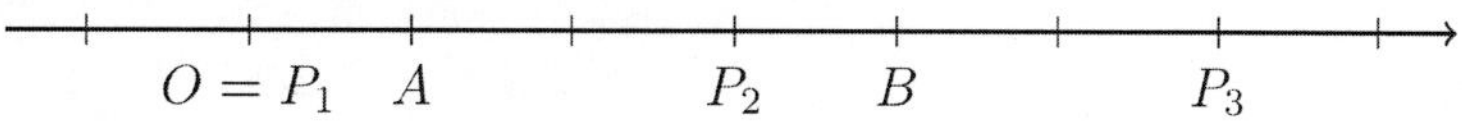

(가) $P_1(0)$ (나) $P_2(3)$ (다) $P_3(6)$

5. 직선 ℓ에 놓인 점 $A(2)$와 $B(5)$에 대하여, 다음 점의 좌표를 구하여라.

(가) A와 B의 $1:2$ 분할점 $P_1(x_1)$

(나) A와 B의 $-2:3$ 분할점 $P_2(x_2)$

(다) A와 B의 $2:-1$ 분할점 $P_3(x_3)$

6. 직선 ℓ에 놓인 점 $A(-1)$와 $B(3)$에 대하여, 다음 점의 좌표를 구하여라.

(가) 점 A와 B의 $3:1$ 내분점 P_1

(나) 점 A와 B의 $3:1$ 외분점 P_2

(다) 점 A와 B의 $1:3$ 외분점 P_3

7. 직선 ℓ에 놓인 $A(1), B(4), C(3)$에 대하여, $A, B; C, D$인 점 D의 좌표를 구하여라.

8. 직선 ℓ에 놓인 서로 다른 점 A, B, C, D에 대하여, 점 A와 B가 점 C와 D를 조화롭게 나누고 점 M이 점 A와 B의 중점이면

$$\left(\overrightarrow{MA}\right)^2 = \overrightarrow{MC} \cdot \overrightarrow{MD}$$

임을 보여라.

9. 직선 ℓ에 놓인 점 A와 B의 x-좌표가 각각 -1와 2일 때, A를 원점으로 하고 B를 단위점으로 하는 새로운 좌표계를 x'-좌표계라고 할 때, x-좌표가 주어진 다음의 점의 x'-좌표를 구하여라.

(가) $P_1(0)$ (나) $P_2(5)$ (다) $P_3(-3)$

제 2 장

평면의 좌표계

이 장에서는 평면에 좌표계를 도입하여 평면에 나타난 대상체를 탐구한다. 평면에 놓인 직선에 방향을 고정하여 유향선분의 분할을 탐구한다. 또한 여러 상황에서의 직선의 방정식을 탐구하고 점과 직선 사이의 관계와 직선과 직선 사이의 관계를 탐구한다.

2.1 평면의 좌표

2.1.1 직교좌표계

평면에 다음과 같이 **직교좌표계**[1]를 도입한다.

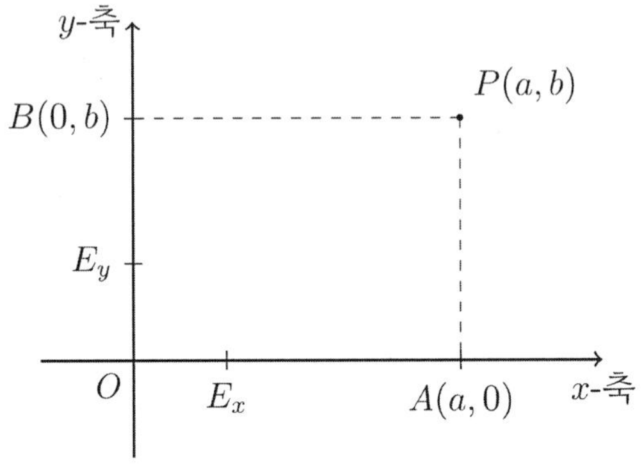

그림 2.1 직교좌표계

(가) 오른쪽 방향이 양의 방향인 수평선인 유향직선에 원점 O와 단위점 E_x에 각각 0과 1의 좌표값을 지정하는 직선의 좌표를 x**-좌표**라고 한다. 이때의 유향직선을 x**-축** 또는 **가로축**이라고 한다.

(나) 원점 O를 중심으로 가로축을 $\pi/2$ 라디안만큼 회전시킨 직선을 y**-축** 또는 **세로축**이라고 한다. 이때, 단위점 E_x가 회전하여 도달한 점을 E_y로 놓는다. 세로축에서 원점 O와 단위점 E_y에 각각 0과 1의 좌표값을 지정하는 직선의 좌표를 y**-좌표**라고 한다. 세로축에서는 위쪽 방향이 양의 방향이다. x-축과 y-축은 **좌표축**이라고 한다.

(다) 평면에 놓인 점 P에 대하여, P에서 가로축에 내린 수선의 발의 x-좌표가 a이고 P에서 세로축에 내린 수선의 발의 y-좌표가 b이면 순서쌍 (a, b)를 점 P의 **좌표**라고 한다.

좌표가 주어진 점을 다음과 같이 정의하자.

[1] 직교좌표계를 **데카르트 좌표계**라고도 한다.

정의 2.1: 평면에서 좌표가 주어진 점

평면에서 좌표가 (a, b)인 점 P를 $P(a, b)$로 나타낸다.

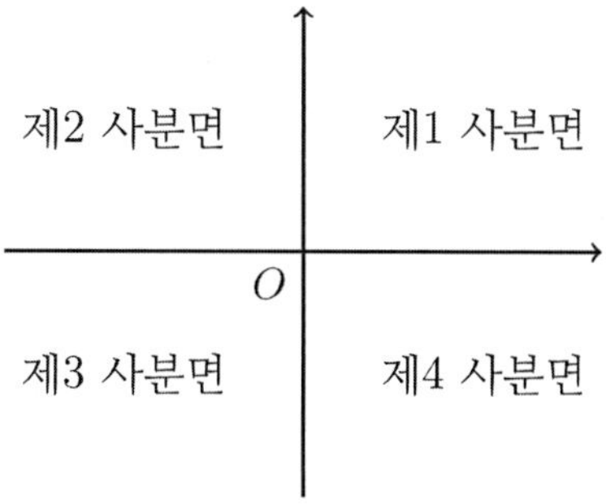

그림 2.2 사분면

좌표축을 제외한 평면의 점들을 그림 2.2와 같이 분류한다.

(가) $0 < a$와 $0 < b$인 모든 점 $P(a, b)$의 집합을 **제1 사분면**이라고 한다.

(나) $a < 0$와 $0 < b$인 모든 점 $P(a, b)$의 집합을 **제2 사분면**이라고 한다.

(다) $a < 0$와 $b < 0$인 모든 점 $P(a, b)$의 집합을 **제3 사분면**이라고 한다.

(라) $0 < a$와 $b < 0$인 모든 점 $P(a, b)$의 집합을 **제4 사분면**이라고 한다.

2.1.2 두 점 사이의 거리

평면에 놓인 점 $P_1(x_1, y_1)$과 $P_2(x_2, y_2)$에 대하여, 다음과 같이 P_1과 P_2 사이의 거리를 정의할 수 있다.

(가) 만약 $y_1 = y_2$이면 선분 $\overline{P_1P_2}$는 x-축과 평행하므로, 점 P_1과 P_2 사이의 거리를 $|x_2 - x_1|$로 정의하는 것이 자연스럽다.

(나) 만약 $x_1 = x_2$이면 선분 $\overline{P_1P_2}$는 y-축과 평행하므로, 점 P_1과 P_2 사이의 거리를 $|y_2 - y_1|$로 정의하는 것이 자연스럽다.

(다) 만약 $x_1 \neq x_2$이고 $y_1 \neq y_2$이면, 좌표가 (x_2, y_1)인 점을 Q로 놓자. 그러면, 그림 2.3과 같이 점 P_1, P_2, Q는 직각삼각형의 꼭지점을 이룬다. 여기서 (가)에 따라서 점 P_1과 Q 사이의 거리는 $|x_2 - x_1|$이고 (나)에 따라서 점 Q와 P_2 사이의 거리는 $|y_2 - y_1|$이므로, 피타고라스의 법칙에 따라서 점 P_1과 P_2 사이의 거리를

$$\sqrt{(x_2 - x_1)^2 + (y_2 - y_1)^2}$$

으로 정의하는 것이 자연스럽다.

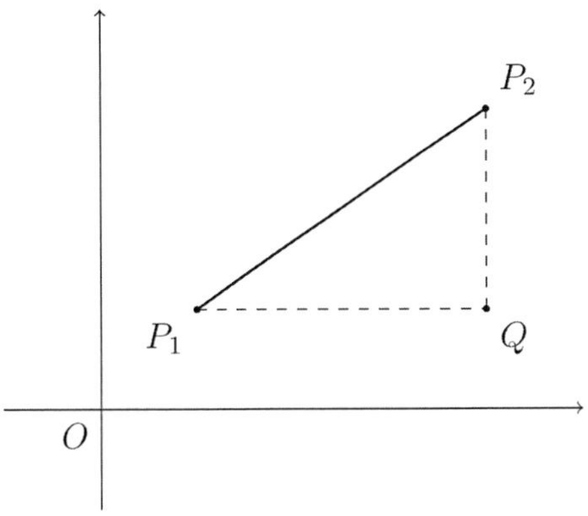

그림 2.3 두 점 사이의 거리

평면에 놓인 두 점 사이의 거리를 다음과 같이 정의한다.

정의 2.2: 두 점 사이의 거리

평면에 놓인 점 $P_1(x_1, y_1)$과 $P_2(x_2, y_2)$에 대하여,

$$\sqrt{(x_2 - x_1)^2 + (y_2 - y_1)^2}$$

를 점 P_1과 P_2 사이의 **거리**라고 하고 $\overline{P_1P_2}$로 나타낸다.

예제 2.1. 다음의 두 점 사이의 거리를 구하여라.

(가) $P_1(2,-1)$과 $P_2(5,3)$ (나) $P_1(1,2)$과 $P_2(4,8)$

풀이 (가) 두 점 $P_1(2,-1)$과 $P_2(5,3)$ 사이의 거리는

$$\sqrt{(5-2)^2+(3-(-1))^2}=\sqrt{9+16}=5$$

이다.

(나) 두 점 $P(1,2)$과 $P_2(4,8)$ 사이의 거리는

$$\sqrt{(4-1)^2+(8-2)^2}=\sqrt{9+36}=3\sqrt{5}$$

이다. □

예제 2.2. 점 $A(1,-2), B(4,9), C(8,7)$는 이등변삼각형의 꼭지점임을 보여라.

풀이 변 $\overline{AB}$, $\overline{BC}$, $\overline{CA}$의 길이가 각각

$$\begin{aligned}\overline{AB}&=\sqrt{3^2+11^2}=\sqrt{130},\\ \overline{BC}&=\sqrt{4^2+2^2}=\sqrt{20},\\ \overline{CA}&=\sqrt{7^2+9^2}=\sqrt{130}\end{aligned}$$

이므로, $\overline{AB}=\overline{CA}$이다. 따라서 $\triangle ABC$는 이등변삼각형이다. □

직교좌표계를 사용하면, 다음과 같이 기하적인 문제를 대수적인 방법을 사용하여 비교적 간단하게 풀 수 있다.

예제 2.3 (파푸스의 정리)**.** $\triangle ABC$에 대하여, 변 $\overline{BC}$의 중점을 M으로 놓으면

$$\overline{AB}^2+\overline{AC}^2=2\left(\overline{AM}^2+\overline{BM}^2\right)$$

임을 보여라.

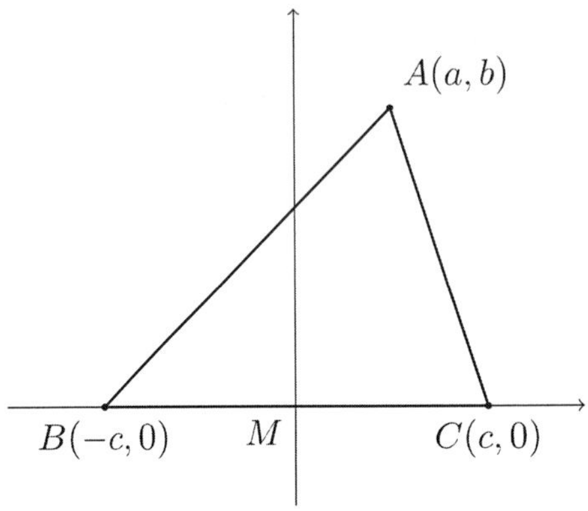

그림 2.4 파푸스의 정리

풀이 그림 2.4와 같이, 점 A, B, C의 좌표를 각각

$$(a, b), \quad (-c, 0), \quad (c, 0)$$

으로 놓자. 여기서 a는 임의의 실수이고 b와 c는 양의 실수이다. 그러면 점 M의 좌표는 $(0, 0)$이므로

$$\overline{AB}^2 + \overline{AC}^2 = (a+c)^2 + b^2 + (a-c)^2 + b^2 = 2(a^2 + b^2 + c^2)$$

이고

$$2(\overline{AM}^2 + \overline{BM}^2) = 2(a^2 + b^2 + c^2)$$

이므로,

$$\overline{AB}^2 + \overline{AC}^2 = 2\left(\overline{AM}^2 + \overline{BM}^2\right)$$

이다. □

> **예제 2.4.** 점 $A(4, 6)$, $B(-3, 5)$, $C(5, -1)$로부터 같은 거리에 놓은 점을 구하여라.

풀이 구하는 점을 $P(x, y)$로 놓자. $\overline{PA} = \overline{PB}$이므로,

$$\sqrt{(x-4)^2 + (y-6)^2} = \sqrt{(x+3)^2 + (y-5)^2}$$

이고 이를 제곱하여 정리하면

$$14x + 2y = 18 \tag{2.1}$$

이다. 또한 $\overline{PA} = \overline{PC}$이므로,

$$\sqrt{(x-4)^2 + (y-6)^2} = \sqrt{(x-5)^2 + (y+1)^2}$$

이고 이를 제곱하여 정리하면

$$2x - 14y = -26 \tag{2.2}$$

이다. 식 (2.1)에서 식 (2.2)의 7배를 빼면 $100y = 200$이므로

$$y = 2$$

이다. 이것을 식 (2.1)에 대입하여 정리하면

$$x = 1$$

이다. 따라서 구하는 점은 $P(1, 2)$이다. □

2.1.3 유향직선과 유향선분

유향직선 평면에 놓인 직선 ℓ에는 두 개의 방향이 존재한다. 이 중에서 하나의 방향을 정하여 양의 방향이라고 하고 다른 방향을 음의 방향이라고 할 수 있다.

정의 2.3: 유향직선

평면에 놓인 양의 방향이 정해진 직선은 **유향직선**이라고 한다.

평면에 놓인 서로 다른 점 $A(x_1, y_1)$와 $B(x_2, y_2)$와 점 A와 B를 지나는 직선에 놓인 점 $P(x, y)$에 대하여

$$\begin{cases} x = x_1 + t(x_2 - x_1), \\ y = y_1 + t(y_2 - y_1) \end{cases}$$

인 실수 t가 존재한다. 이때, 점 P가 A와 일치하면 $t = 0$이며 점 P가 B와 일치하면

$t = 1$이다. 또한 P가 선분 $\overline{AB}$에 놓여 있으면 $0 \le t \le 1$이므로 선분 $\overline{AB}$를

$$\overline{AB} = \{P(x,y) \mid x = x_1 + t(x_2 - x_1),\ y = y_1 + t(y_2 - y_1),\ 0 \le t \le 1\}$$

로 나타낼 수 있다.

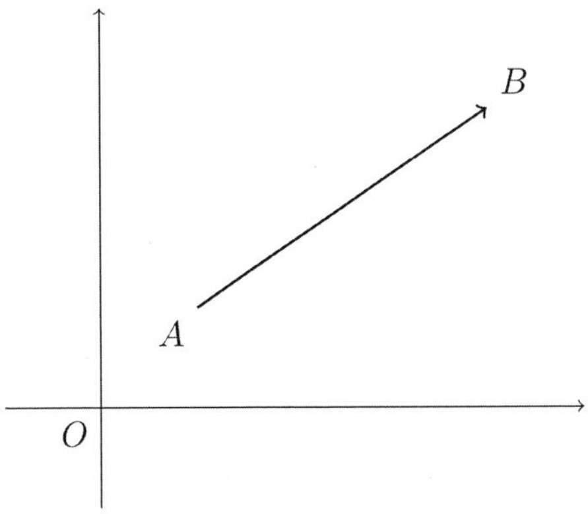

그림 2.5 유향선분

유향선분 방향이 주어진 선분을 다음과 같이 정의한다.

정의 2.4: 유향선분

평면에 놓인 점 A와 B에 대하여, 점 A가 B와 일치하지 않으면 선분 $\overline{AB}$와 함께 중심 A에서 B로의 방향을 A에서 B까지의 **유향선분**이라고 하고 $\overrightarrow{AB}$로 나타낸다. 점 A가 B와 일치하면, 중심 A에서 B로의 방향이 존재하지 않으므로 유향선분 $\overrightarrow{AB}$는 집합 $\{A\}$를 나타낸다. 이때, 점 A와 B를 각각 유향선분 $\overrightarrow{AB}$의 **시작점**과 **끝점**이라고 한다.

유향직선 ℓ에 서로 다른 점 A와 B가 놓여 있을 때, 유향직선의 양의 방향과 유향선분 $\overrightarrow{AB}$의 양의 방향이 같으면 유향직선 ℓ을

유향직선 $\overleftrightarrow{AB}$

로도 나타낸다.

유향선분의 길이와 유향길이를 다음과 같이 정의한다.

정의 2.5: 유향선분의 길이와 유향길이

평면에 놓인 점 $A(x_1, y_1)$와 $B(x_2, y_2)$에 대하여, 유향선분 $\overrightarrow{AB}$의 길이 $\overline{AB}$를

$$\overline{AB} = \sqrt{(x_2 - x_1)^2 + (y_2 - y_1)^2}$$

로 정의한다. 유향선분 $\overrightarrow{AB}$이 유향직선 ℓ에 놓여 있으면, 유향직선 ℓ에 대한 유향선분 $\overrightarrow{AB}$의 유향길이 $\overrightarrow{AB}$를

$$\overrightarrow{AB} = \begin{cases} \overline{AB} & \text{유향직선 } \ell\text{의 양의 방향과 유향선분 } \overrightarrow{AB}\text{의 양의 방향이 일치할 때,} \\ -\overline{AB} & \text{유향직선 } \ell\text{의 음의 방향과 유향선분 } \overrightarrow{AB}\text{의 양의 방향이 일치할 때} \end{cases}$$

로 정의한다.

여기서 선분 $\overline{AB}$와 유향선분 $\overrightarrow{AB}$의 길이 $\overline{AB}$를, 그리고 유향선분 $\overrightarrow{AB}$와 이 유향선분의 유향길이 $\overrightarrow{AB}$를 편의상 같은 기호로 나타냄에 주의하자.

정의에 따라서, 유향선분 $\overrightarrow{AB}$의 길이는 점 A와 B 사이의 거리와 같다.

예제 2.5. 평면에 놓인 다음의 점 A와 B에 대하여, 유향선분 $\overrightarrow{AB}$의 길이를 구하여라.

(가) $A(1, 2)$, $B(4, 1)$ (나) $A(3, 2)$, $B(7, -1)$

풀이 (가) 점 $A(1, 2)$와 $B(4, 1)$에 대하여, 유향선분 $\overrightarrow{AB}$의 길이는

$$\overline{AB} = \sqrt{(4-1)^2 + (1-2)^2} = \sqrt{10}$$

이다.

(나) 점 $A(3, 2)$와 $B(7, -1)$에 대하여, 유향선분 $\overrightarrow{AB}$의 길이는

$$\overline{AB} = \sqrt{(7-3)^2 + (-1-2)^2} = 5$$

이다. □

예제 2.6. 점 $A(1,1)$, $B(3,5)$, $C(2,3)$에 대하여, 다음 물음에 답하여라.

(가) 점 C는 유향직선 $\overrightarrow{AB}$에 놓여 있음을 보여라.

(나) 유향직선 $\overrightarrow{AB}$에 대한 유향선분 $\overrightarrow{AC}$의 유향길이를 구하여라.

풀이 (가) 점 $C(2,3)$의 좌표에 대하여,

$$2 = 1 + \frac{1}{2}(3-1), \qquad 3 = 1 + \frac{1}{2}(5-1)$$

이므로 점 C는 유향직선 $\overrightarrow{AB}$에 놓여 있다.

(나) 유향선분 $\overrightarrow{AC}$의 길이는

$$\sqrt{(2-1)^2 + (3-1)^2} = \sqrt{5}$$

이고 유향선분 $\overrightarrow{AC}$의 양의 방향은 유향직선 $\overrightarrow{AB}$의 양의 방향과 일치하므로 유향선분 $\overrightarrow{AC}$의 유향길이는 $\sqrt{5}$이다. □

유향직선의 방향비 평면에 놓인 서로 다른 점 $A(x_1, y_1)$와 $B(x_2, y_2)$에 대한 유향직선 $\overrightarrow{AB}$에 놓인 점 $P(x,y)$에 대하여, $P \neq A$이면, 비례식

$$(x - x_1) : (x - y_1) = (x_2 - x_1) : (y_2 - y_1)$$

이 성립한다.

정의 2.6: 유향직선의 방향비

평면에 놓인 서로 다른 점 $A(x_1, y_1)$와 $B(x_2, y_2)$에 대하여, 비 $(x_2 - x_1) : (y_2 - y_1)$를 유향직선 $\overrightarrow{AB}$의 **방향비**라고 한다.

평면에 놓인 서로 다른 점 $A(x_1, y_1)$와 $B(x_2, y_2)$에 대하여, 비례식

$$(x_2 - x_1) : (y_2 - y_1) = (x_1 - x_2) : (y_1 - y_2)$$

이 성립하므로 유향직선 $\overrightarrow{AB}$의 방향비와 유향직선 $\overrightarrow{BA}$의 방향비는 같다. 일반적으로 두 유향직선 $\overrightarrow{AB}$와 $\overrightarrow{CD}$의 방향비가 서로 같으면 두 직선은 평행하다. 이때, 두 유향직선의 양의 방향은 서로 같을 수도 있고 서로 반대일 수도 있다.

유향직선 $\overrightarrow{AB}$에 놓인 $P(x, y)$에 대하여, $P \neq A$이면

$$x - x_1 : y - y_1 = x_2 - x_1 : y_2 - y_1$$

이므로 $a = x_2 - x_1$와 $b = y_2 - y_1$로 놓으면,

$$a(y - y_1) = b(x - x_1)$$

이다. 이 식은 $P = A$일 때도 성립한다.

예제 2.7. 점 $A(0, 1)$와 $B(2, 5)$에 대하여, 유향직선 $\overrightarrow{AB}$의 방향비를 구하여라.

풀이 점 $A(0, 1)$와 $B(2, 5)$의 x-좌표와 y-좌표의 차이는 각각

$$2 - 0 = 2, \qquad 5 - 1 = 4$$

이고 비례식 $2 : 4 = 1 : 2$가 성립하므로, $\overrightarrow{AB}$의 방향비는 $1 : 2$이다. □

유향직선의 방향코사인 유향직선의 방향비만으로는 유향직선의 양의 방향과 음의 방향을 구별할 수 없다. 유향직선의 양의 방향을 나타내기 위하여 다음을 정의하자.

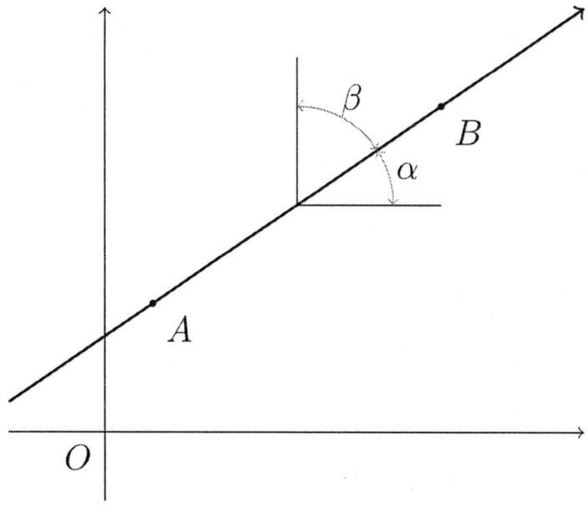

그림 2.6 유향직선의 방향각

정의 2.7: 유향직선의 방향각과 방향코사인

유향직선 $\overrightarrow{AB}$가 x-축 및 y-축과 이루는 각이 각각 α와 β이면, (α, β)를 유향직선 $\overrightarrow{AB}$의 **방향각**이라고 하고 $(\cos\alpha, \cos\beta)$를 유향직선 $\overrightarrow{AB}$의 **방향코사인**이라고 한다.

이때, 각 α는 유향직선 $\overrightarrow{AB}$와 양의 방향의 x-축 사이의 각이고 각 β는 유향직선 $\overrightarrow{AB}$와 양의 방향의 y-축 사이의 각이므로,

$$0 \le \alpha \le \pi, \qquad 0 \le \beta \le \pi$$

이다. 유향직선 $\overrightarrow{AB}$의 방향코사인 (λ, μ)를 좌표로 가지는 점을 P로 놓고 원점 O를 중심으로 양의 방향의 x-축으로부터 반시계방향으로 유향직선 $\overrightarrow{OP}$까지의 각을

$$0 \le \theta < 2\pi$$

인 θ로 놓으면,

$$\cos\theta = \cos\alpha, \qquad \sin\theta = \cos\beta$$

이다. 유향직선의 방향을 하나의 각 θ로 나타냄이 두 개의 각 α, β로 나타내는 것보다 더 간단하고 명확하다. 그러나, 공간에서는 위의 각 θ를 확장하여 정의할 수 없지만 유향직선의 방향각은 자연스럽게 정의할 수 있다. 일반적인 n차원 공간에서도 방향각을 자연스럽게 확장하여 정의할 수 있으므로 방향각의 유용성을 알 수 있다.

방향코사인 (λ, μ)를 좌표로 가지는 점 $P(\lambda, \mu)$는 원점에서 거리가 1인 곳에 놓여 있음을 다음과 같이 확인할 수 있다.

정리 2.1: 유향직선의 방향코사인

서로 다른 점 $A(x_1, y_1)$와 $B(x_2, y_2)$에 대하여,

$$\left(\frac{u}{\sqrt{u^2+v^2}}, \frac{v}{\sqrt{u^2+v^2}}\right)$$

이 유향직선 $\overrightarrow{AB}$의 방향코사인이다. 여기서 $u = x_2 - x_1$이고 $v = y_2 - y_1$이다.

증명 점 A와 B에 대하여, $u = x_2 - x_1$과 $v = y_2 - y_1$로 놓자. 유향직선 $\overrightarrow{AB}$의 방향코

사인을 (λ, μ)로 놓으면,

$$\lambda = \frac{u}{\overline{AB}}, \qquad \mu = \frac{v}{\overline{AB}}$$

이고 $\overline{AB} = \sqrt{u^2+v^2}$이므로

$$(\lambda, \mu) = \left(\frac{u}{\sqrt{u^2+v^2}}, \frac{v}{\sqrt{u^2+v^2}} \right)$$

이다. □

정리 2.1에 따라서, 유향직선 $\overrightarrow{AB}$의 방향코사인 (λ, μ)에 대하여,

$$\lambda^2 + \mu^2 = 1$$

임을 알 수 있다.

예제 2.8. 점 $A(-2,1)$와 $B(6,7)$에 대하여, 유향직선 $\overrightarrow{AB}$의 방향코사인 (λ, μ)를 구하여라.

풀이 점 $A(-2,1)$와 $B(6,7)$에 대하여, $u = 6-(-2) = 8$와 $v = 7-1 = 6$로 놓으면

$$\lambda = \frac{8}{\sqrt{8^2+6^2}} = \frac{8}{10} = \frac{4}{5}, \qquad \mu = \frac{6}{\sqrt{8^2+6^2}} = \frac{6}{10} = \frac{3}{5}$$

이다. 따라서, 유향직선 $\overrightarrow{AB}$의 방향코사인은 $(\lambda, \mu) = (4/5, 3/5)$이다. □

두 유향직선 사이의 각 두 유향직선 사이의 각에 대하여 다음을 알 수 있다.

정리 2.2: 두 유향직선 사이의 각

방향코사인이 (λ_1, μ_1)인 유향직선 ℓ_1과 방향코사인이 (λ_2, μ_2)인 유향직선 ℓ_2에 대하여, 유향직선 ℓ_1과 유향직선 ℓ_2 사이의 각이 θ이면,

$$\cos\theta = \lambda_1\lambda_2 + \mu_1\mu_2$$

이다.

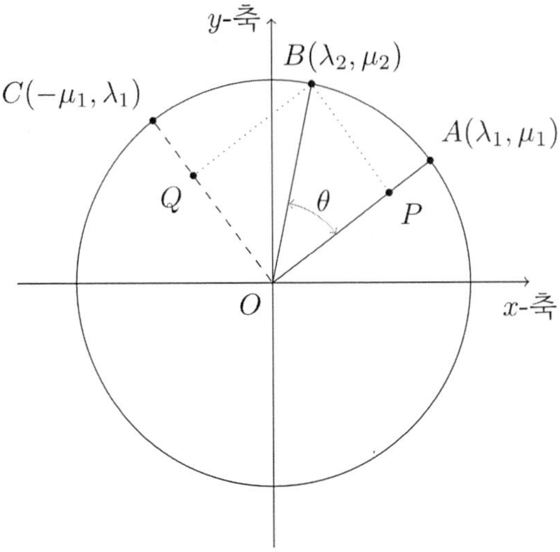

그림 2.7 두 유향곡선의 방향코사인

증명 좌표가 (λ_1, μ_1)인 점을 A로 놓고 좌표가 (λ_2, μ_2)인 점을 B로 놓자. 그러면 점 A와 원점 사이의 거리와 점 B와 원점 사이의 거리는 모두 1이다.

그림 2.7에서와 같이, 점 A를 원점 O를 중심으로 $\pi/2$만큼 회전하여 도달하는 점을 C로 놓자. 그러면 점 C의 좌표는 $(-\mu_1, \lambda_1)$이다. 이제 점 B에서 유향직선 $\overrightarrow{OA}$에 내린 수선의 발을 P로 놓으면 점 P의 좌표가 $(t\lambda_1, t\mu_1)$이고 $-1 \le t \le 1$인 실수 t가 존재하고, 점 B에서 유향직선 $\overrightarrow{OC}$에 내린 수선의 발을 Q로 놓으면 점 Q의 좌표가 $(-s\mu_1, s\lambda_1)$이고 $-1 \le s \le 1$인 실수 s가 존재한다. 이때, $t = \cos\theta$이므로 t를 구하여 보자.

점 $B(\lambda_2, \mu_2)$, $P(t\lambda_1, t\mu_1)$, $Q(-s\mu_1, s\lambda_1)$에 대하여,

$$\lambda_2 = t\lambda_1 - s\mu_1, \tag{2.3}$$

$$\mu_2 = t\mu_1 + s\lambda_1 \tag{2.4}$$

이므로, 식 (2.3)의 λ_1배에 식 (2.4)의 μ_1배를 더하면

$$\lambda_1\lambda_2 + \mu_1\mu_2 = t(\lambda_1^2 + \mu_1^2)$$

이다. 여기서 $\lambda_1^2 + \mu_1^2 = 1$이므로

$$\cos\theta = t = \lambda_1\lambda_2 + \mu_1\mu_2$$

이다. □

특히 $\cos\theta = 0$은 유향직선 ℓ_1과 유향직선 ℓ_2가 직교하기 위한 필요충분조건이므로, 다음을 알 수 있다.

따름정리 2.3: 직교하는 두 유향직선

방향코사인이 (λ_1, μ_1)인 유향직선 ℓ_1과 방향코사인이 (λ_2, μ_2)인 유향직선 ℓ_2에 대하여, 유향직선 ℓ_1과 유향직선 ℓ_2 사이의 각이 θ이면

$$\lambda_1\lambda_2 + \mu_1\mu_2 = 0$$

은 두 유향직선이 직교하기 위한 필요충분조건이다.

예제 2.9. 평면에 놓인 서로 다른 세 점 $A(x_1, y_1)$, $B(x_2, y_2)$, $C(x_3, y_3)$에 대하여. 유향직선 $\overrightarrow{AB}$와 $\overrightarrow{AC}$가 이루는 각이 θ일 때,

$$\cos\theta = \frac{(x_2 - x_1)(x_3 - x_1) + (y_2 - y_1)(y_3 - y_1)}{\sqrt{(x_2 - x_1)^2 + (y_2 - y_1)^2} \cdot \sqrt{(x_3 - x_1)^2 + (y_3 - y_1)^2}}$$

임을 보여라.

풀이 유향직선 $\overrightarrow{AB}$의 방향코사인이

$$(\lambda_1, \mu_1) = \left(\frac{x_2 - x_1}{\sqrt{(x_2 - x_1)^2 + (y_2 - y_1)^2}}, \frac{y_2 - y_1}{\sqrt{(x_2 - x_1)^2 + (y_2 - y_1)^2}} \right)$$

이고 유향직선 $\overrightarrow{AC}$의 방향코사인이

$$(\lambda_2, \mu_2) = \left(\frac{x_3 - x_1}{\sqrt{(x_3 - x_1)^2 + (y_3 - y_1)^2}}, \frac{y_3 - y_1}{\sqrt{(x_3 - x_1)^2 + (y_3 - y_1)^2}} \right)$$

이므로,

$$\begin{aligned}\cos\theta &= \lambda_1 \cdot \lambda_2 + \mu_1 \cdot \mu_2 \\ &= \frac{(x_2 - x_1)(x_3 - x_1) + (y_2 - y_1)(y_3 - y_1)}{\sqrt{(x_2 - x_1)^2 + (y_2 - y_1)^2} \cdot \sqrt{(x_3 - x_1)^2 + (y_3 - y_1)^2}}\end{aligned}$$

이다. □

> **예제 2.10.** 방향코사인이 (λ_1, μ_1)인 유향직선 ℓ_1과 방향코사인이 (λ_2, μ_2)인 유향직선 ℓ_2에 대하여, 두 유향직선이 직교하면
>
> $$\lambda_1^2 + \lambda_2^2 = 1, \quad \mu_1^2 + \mu_2^2 = 1, \quad \lambda_1\mu_1 + \lambda_2\mu_2 = 0$$
>
> 임을 보여라.

풀이 유향직선이 직교한다고 가정하자. 그러면, 방향코사인 (λ_1, μ_1)를 $\pi/2$만큼 반시계방향으로 또는 시계방향으로 회전한 것이 방향코사인 (λ_2, μ_2)이므로

$$(\lambda_2, \mu_2) = (-\mu_1, \lambda_1) \quad \text{또는} \quad (\lambda_2, \mu_2) = (\mu_1, -\lambda_1)$$

이다.

$(\lambda_2, \mu_2) = (-\mu_1, \lambda_1)$일 때,

$$\lambda_1^2 + \mu_1^2 = 1, \quad \lambda_1\lambda_2 + \mu_1\mu_2 = 0$$

이므로,

$$\begin{aligned} \lambda_1^2 + \lambda_2^2 &= \lambda_1^2 + \mu_1^2 = 1, \\ \mu_1^2 + \mu_2^2 &= \mu_1^2 + \lambda_1^2 = 1, \\ \lambda_1\mu_1 + \lambda_2\mu_2 &= -\lambda_1\lambda_2 - \mu_1\mu_2 = 0 \end{aligned}$$

이다.

$(\lambda_2, \mu_2) = (\mu_1, -\lambda_1)$일 때도 마찬가지로,

$$\lambda_1^2 + \mu_1^2 = 1, \quad \lambda_1\lambda_2 + \mu_1\mu_2 = 0$$

이므로,

$$\begin{aligned} \lambda_1^2 + \lambda_2^2 &= \lambda_1^2 + \mu_1^2 = 1, \\ \mu_1^2 + \mu_2^2 &= \mu_1^2 + \lambda_1^2 = 1, \\ \lambda_1\mu_1 + \lambda_2\mu_2 &= \lambda_1\lambda_2 + \mu_1\mu_2 = 0 \end{aligned}$$

이다. □

2.1.4 두 점의 분할점

평면에 놓인 서로 다른 두 점 A와 B에 대한 유향직선 $\overrightarrow{AB}$에 대하여, 유향직선 $\overrightarrow{AB}$에 놓인 점 P의 좌표를 두 점 A와 B의 좌표를 이용하여 나타내는 방법을 생각하자.

정의 2.8: 두 점의 분할점

평면에 놓인 서로 다른 두 점 A와 B에 대한 유향직선 $\overrightarrow{AB}$에 대하여, 유향직선 $\overrightarrow{AB}$에 놓인 점 P는 점 A와 B를 $\overrightarrow{AP} : \overrightarrow{PB}$**로 나눈다**고 한다. 이때, 점 P를 점 A와 B의 $\overrightarrow{AP} : \overrightarrow{PB}$ **분할점**이라고 한다.

예제 2.11. 평면에 놓인 점 $A(1,0)$와 $B(5,6)$에 대하여, 다음의 점들이 유향직선 $\overrightarrow{AB}$에 놓여 있는지 판정하고, 유향직선 $\overrightarrow{AB}$에 놓여 있으면 이 점이 점 A와 B의 무슨 비의 분할점인지 밝혀라.

(가) $P_1(-1,-2)$ (나) $P_2(3,3)$ (다) $P_3(7,9)$

풀이 (가) 점 $P_1(-1,-2)$에 대하여, 유향직선 $\overrightarrow{AP_1}$의 방향비

$$(-1)-1 : (-2)-0 = -2 : -2 = 1 : 1$$

는 유향직선 $\overrightarrow{AB}$의 방향비

$$5-1 : 6-0 = 4 : 6 = 2 : 3$$

와 비례하지 않으므로, 점 P_1은 유향직선 $\overrightarrow{AB}$에 놓여 있지 않다.

(나) 점 $P_2(3,3)$에 대하여, 유향직선 $\overrightarrow{AP_2}$의 방향비

$$3-1 : 3-0 = 2 : 3$$

는 유향직선 $\overrightarrow{AB}$의 방향비

$$5-1 : 6-0 = 4 : 6 = 2 : 3$$

와 비례하므로, 점 P_2는 유향직선 $\overrightarrow{AB}$에 놓여 있다. 이때, 유향직선 $\overrightarrow{AB}$에 대한 유향

선분 $\overrightarrow{AP_2}$의 유향길이는

$$\overrightarrow{AP_2} = \sqrt{(3-1)^2 + (3-0)^2} = \sqrt{13}$$

이고 유향직선 $\overrightarrow{AB}$에 대한 유향선분 $\overrightarrow{P_2B}$의 유향길이는

$$\overrightarrow{P_2B} = \sqrt{(5-3)^2 + (6-3)^2} = \sqrt{13}$$

이므로, 점 P_2는 점 A와 B의 $1:1$ 분할점이다.

(다) 점 $P_3(7,9)$에 대하여, 유향직선 $\overrightarrow{AP_2}$의 방향비

$$7-1 : 9-0 = 6:9 = 2:3$$

는 유향직선 $\overrightarrow{AB}$의 방향비

$$5-1 : 6-0 = 4:6 = 2:3$$

와 비례하므로, 점 P_3는 유향직선 $\overrightarrow{AB}$에 놓여 있다. 이때, 유향직선 $\overrightarrow{AB}$에 대한 유향선분 $\overrightarrow{AP_3}$의 유향길이는

$$\overrightarrow{AP_3} = \sqrt{(7-1)^2 + (9-0)^2} = \sqrt{117} = 3\sqrt{13}$$

이고 유향직선 $\overrightarrow{AB}$에 대한 유향선분 $\overrightarrow{P_3B}$의 유향길이는

$$\overrightarrow{P_3B} = -\sqrt{(5-7)^2 + (6-9)^2} = -\sqrt{13}$$

이므로, 점 P_3는 점 A와 B의 $3:-1$ 분할점이다. □

직선에서의 두 점의 분할점에 대한 기본적인 성질인 정리 1.10와 정리 1.11의 증명과 같은 방법으로 평면에서의 두 점의 분할점에 대한 기본적인 성질이 성립한다.

정리 2.4: 분할점의 기본적인 성질

평면에 놓인 서로 다른 두 점 $A(x_1, y_1)$와 $B(x_2, y_2)$에 대하여, 유향직선 $\overrightarrow{AB}$에 놓인 점 P가 점 A와 B의 $m:n$ 분할점이면 다음이 성립한다.

(가) 만약 $m=0$이면 점 P는 A와 일치하고, 만약 $n=0$이면 점 P는 B와 일치한다.

(나) $m \neq 0$ 또는 $n \neq 0$.

(다) $m+n \neq 0$.

정리 2.5: 분할점의 좌표

평면에 놓인 서로 다른 점 $A(x_1, y_1)$와 $B(x_2, y_2)$에 대하여, 점 $P(x, y)$가 유향직선 $\overrightarrow{AB}$에 대한 A와 B의 $m:n$ 분할점이면

$$x = \frac{nx_1 + mx_2}{m+n}, \qquad y = \frac{ny_1 + my_2}{m+n}$$

이다.

예제 2.12. 평면에 놓인 점 $A(-1, 1)$와 $B(2, 4)$에 대하여, 다음 점의 좌표를 구하여라.

(가) A와 B의 $-1:2$ 분할점 $P_1(x_1, y_1)$

(나) A와 B의 $1:2$ 분할점 $P_2(x_2, y_2)$

(다) A와 B의 $2:-1$ 분할점 $P_3(x_3, y_3)$

풀이 (가) 점 $A(-1, 1)$와 $B(2, 4)$에 대하여,

$$x_1 = \frac{2 \cdot (-1) + (-1) \cdot 2}{(-1) + 2} = -4, \qquad y_1 = \frac{2 \cdot 1 + (-1) \cdot 4}{(-1) + 2} = -2$$

이므로, 점 A와 B의 $-1:2$ 분할점 P_1의 좌표는 $(-4, -2)$이다.

(나) 점 $A(-1,1)$와 $B(2,4)$에 대하여,

$$x_2 = \frac{2\cdot(-1)+1\cdot 2}{1+2} = 0, \qquad y_2 = \frac{2\cdot 1+1\cdot 4}{1+2} = 2$$

이므로 점 A와 B의 $1:2$ 분할점 P_2의 좌표는 $(0,2)$이다.

(다) 점 $A(-1,1)$와 $B(2,4)$에 대하여,

$$x_3 = \frac{(-1)\cdot(-1)+2\cdot 2}{2+(-1)} = 5, \qquad y_3 = \frac{(-1)\cdot 1+2\cdot 4}{2+(-1)} = 7$$

이므로, 점 A와 B의 $2:-1$ 분할점 P_3의 좌표는 $(5,7)$이다. □

점 P가 A와 B의 중점이면 P는 A와 B의 $1:1$ 분할점이므로 다음이 성립한다.

따름정리 2.6: 중점의 좌표

평면에 놓인 서로 다른 점 $A(x_1,y_1)$와 $B(x_2,y_2)$에 대하여, 점 $P(x,y)$가 선분 $\overline{AB}$의 중점이면

$$x = \frac{x_1+x_2}{2}, \qquad y = \frac{y_1+y_2}{2}$$

이다.

예제 2.13. 평면에 놓인 $\triangle ABC$에 대하여, 다음 물음에 답하여라.

(가) 점 $B(x_2,y_2)$와 $C(x_3,y_3)$에 대하여, 변 $\overline{BC}$의 중점 M_1의 좌표를 구하고 점 A와 M_1의 $2:1$ 분할점 G_1의 좌표를 구하여라.

(나) 점 $C(x_3,y_3)$와 $A(x_1,y_1)$와에 대하여, 변 $\overline{CA}$의 중점 M_2의 좌표를 구하고 점 B와 M_2의 $2:1$ 분할점 G_2의 좌표를 구하여라.

(다) 점 $A(x_1,y_1)$와 $B(x_2,y_2)$에 대하여, 변 $\overline{AB}$의 중점 M_3의 좌표를 구하고 점 C와 M_3의 $2:1$ 분할점 G_3의 좌표를 구하여라.

풀이 (가) 변 $\overline{BC}$의 중점은 점 B와 C의 $1:1$ 분할점이므로, 점 M_1의 좌표는

$$\left(\frac{x_2+x_3}{2}, \frac{y_2+y_3}{2}\right)$$

이고, 점 $A(x_1, y_1)$와 M_1의 $2:1$ 분할점 G_1의 좌표는

$$\left(\frac{1\cdot x_1 + 2\cdot \frac{x_2+x_3}{2}}{2+1}, \frac{1\cdot y_1 + 2\cdot \frac{y_2+y_3}{2}}{2+1}\right) = \left(\frac{x_1+x_2+x_3}{3}, \frac{y_1+y_2+y_3}{3}\right)$$

이다.

(나) 변 $\overline{CA}$의 중점은 점 C와 A의 $1:1$ 분할점이므로, 점 M_2의 좌표는

$$\left(\frac{x_3+x_1}{2}, \frac{y_3+y_1}{2}\right)$$

이고, 점 $B(x_2, y_2)$와 M_2의 $2:1$ 분할점 G_2의 좌표는

$$\left(\frac{1\cdot x_2 + 2\cdot \frac{x_3+x_1}{2}}{2+1}, \frac{1\cdot y_2 + 2\cdot \frac{y_3+y_1}{2}}{2+1}\right) = \left(\frac{x_1+x_2+x_3}{3}, \frac{y_1+y_2+y_3}{3}\right)$$

이다.

(다) 변 $\overline{AB}$의 중점은 점 A와 B의 $1:1$ 분할점이므로, 점 M_3의 좌표는

$$\left(\frac{x_1+x_2}{2}, \frac{y_1+y_2}{2}\right)$$

이고, 점 $C(x_3, y_3)$와 M_3의 $2:1$ 분할점 G_3의 좌표는

$$\left(\frac{1\cdot x_3 + 2\cdot \frac{x_1+x_2}{2}}{2+1}, \frac{1\cdot y_3 + 2\cdot \frac{y_1+y_2}{2}}{2+1}\right) = \left(\frac{x_1+x_2+x_3}{3}, \frac{y_1+y_2+y_3}{3}\right)$$

이다. □

예제 5.10에서 점 G_1, G_2, G_3은 일치한다. 이 점을 $\triangle ABC$의 **무게중심**이라고 한다.

2.1.5 평면에서의 좌표변환

xy-평면에서 주어진 방정식 $f(x, y) = 0$에 대하여, 집합

$$\{P(x, y) \mid f(x, y) = 0\}$$

을 방정식 $f(x, y) = 0$의 **그래프**라고 한다. 방정식 $f(x, y) = 0$의 그래프에 대하여, 좌표축을 적절하게 변환시키면 때때로 방정식 $f(x, y) = 0$가 간단하게 변형되는 경우가

있다. 이 경우에 방정식을 더욱 쉽게 이해할 수 있다. 여기서는 평행이동과 회전이동을 이용한 좌표의 변환에 대하여 알아본다.

평행이동 평면에 주어진 xy-직교좌표계에 대하여, x-축과 y-축을 (x_0, y_0) 만큼 평행이동하여 만든 새로운 x'-축과 y'-축을 이용하여 만든 직교좌표계를 $x'y'$-직교좌표계라고 놓자. 그러면, 그림 2.8에서와 같이 xy-좌표와 $x'y'$-좌표에 사이에는

$$\begin{cases} x' = x - x_0, \\ y' = y - y_0 \end{cases}$$

가 성립한다.

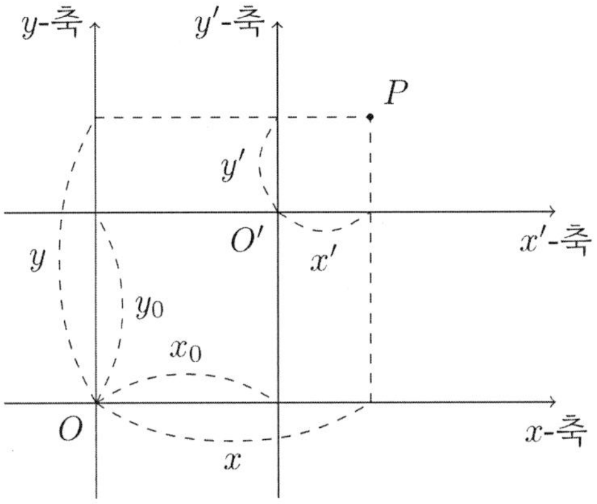

그림 2.8 (x_0, y_0)만큼 평행이동

> **예제 2.14.** 좌표축을 $(2, 1)$만큼 평형이동할 때, 다음 방정식을 새로운 좌표계로 나타내어라.
>
> (가) $2x + y + 3 = 0$ (나) $x^2 + y^2 - x + 3y + 4 = 0$

풀이 새로운 좌표를 $x'y'$-좌표라고 놓으면

$$x = x' + 2, \qquad y = y' + 1$$

이다.

(가) 주어진 방정식은

$$2(x'+2)+(y'+1)+3=0$$

즉

$$2x'+y'+8=0$$

로 변형된다.

(나) 주어진 방정식은

$$(x'+2)^2+(y'+1)^2-(x'+2)+3(y'+1)+4=0$$

즉,

$$x'^2+y'^2+3x'+5y'+10=0$$

로 변형된다. □

회전변환 평면에서 xy-직교좌표계에 대하여, x-축과 y-축을 원점을 중심으로 하여 θ 만큼 회전하여 만든 새로운 x'-축과 y'-축으로 만들어지는 $x'y'$-좌표와 원래 xy-좌표 사이에는

$$\begin{cases} x' = x\cos(-\theta) - y\sin(-\theta) = x\cos\theta + y\sin\theta, \\ y' = x\sin(-\theta) + y\cos(-\theta) = -x\sin\theta + y\cos\theta \end{cases}$$

또는

$$\begin{cases} x = x'\cos\theta - y'\sin\theta, \\ y = x'\sin\theta + y'\cos\theta \end{cases}$$

가 성립한다.

예제 2.15. 좌표축을 $\pi/4$만큼 회전하여 새로운 좌표축을 만들 때, 다음 방정식을 새로운 좌표로 나타내어라.

(가) $2x+y+3=0$ (나) $x^2+y^2+xy-1=0$

풀이 새로운 좌표를 $x'y'$-좌표로 놓으면

$$x = x'\cos\frac{\pi}{4} - y'\sin\frac{\pi}{4} = \frac{\sqrt{2}}{2}x' - \frac{\sqrt{2}}{2}y',$$
$$y = x'\cos\frac{\pi}{4} + y'\sin\frac{\pi}{4} = \frac{\sqrt{2}}{2}x' + \frac{\sqrt{2}}{2}y'$$

이다.

(가) 주어진 방정식은

$$2\left(\frac{\sqrt{2}}{2}x' - \frac{\sqrt{2}}{2}y'\right) + \left(\frac{\sqrt{2}}{2}x' + \frac{\sqrt{2}}{2}y'\right) + 3 = 0$$

즉

$$3x' - y' + 3\sqrt{2} = 0$$

로 변형된다.

(나) 주어진 방정식은

$$\left(\frac{\sqrt{2}}{2}x' - \frac{\sqrt{2}}{2}y'\right)^2 + \left(\frac{\sqrt{2}}{2}x' + \frac{\sqrt{2}}{2}y'\right)^2 + \left(\frac{\sqrt{2}}{2}x' - \frac{\sqrt{2}}{2}y'\right)\left(\frac{\sqrt{2}}{2}x' + \frac{\sqrt{2}}{2}y'\right) - 1 = 0$$

즉,

$$3x'^2 + y'^2 - 2 = 0$$

로 변형된다. □

2.1.6 극좌표계

평면에 고정된 점 O를 **극**이라고 하고, 극 O에서 출발하는 고정된 유향 반직선 $\overrightarrow{OX}$을 **극축**이라고 하자.

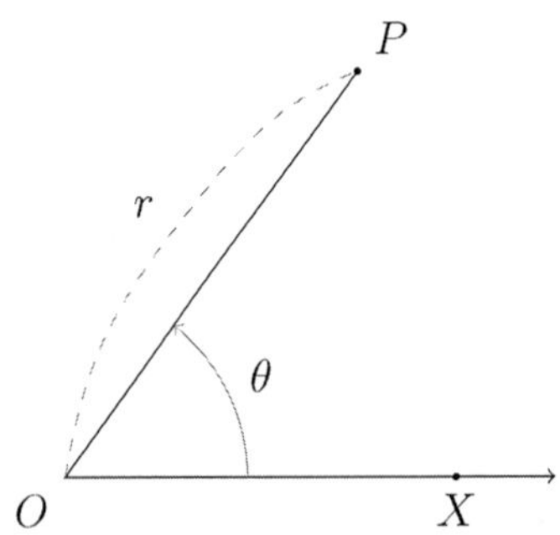

그림 2.9 극좌표

정의 2.9: 극좌표

극이 아닌 점 P에 대하여, 선분 $\overline{OP}$의 길이를 r이라고 놓고, 반시계방향으로 극축 $\overrightarrow{OX}$에서 유향선분 $\overrightarrow{OP}$까지의 각을 θ로 놓으면, (r,θ)를 점 P의 **극좌표**라고 한다. 이때, θ를 점 P의 **편각**이라고 한다.

삼각함수의 정의에 따라서 다음의 정리를 알 수 있다.

정리 2.7: 직교좌표와 극좌표 사이의 관계

평면에 놓인 점 $P(x,y)$에 대하여, 원점 O가 극이고 양의 x-축이 극축인 극좌표계에 대한 P의 극좌표가 (r,θ)이면

$$\begin{cases} x = r\cos\theta, \\ y = r\sin\theta \end{cases}$$

이다.

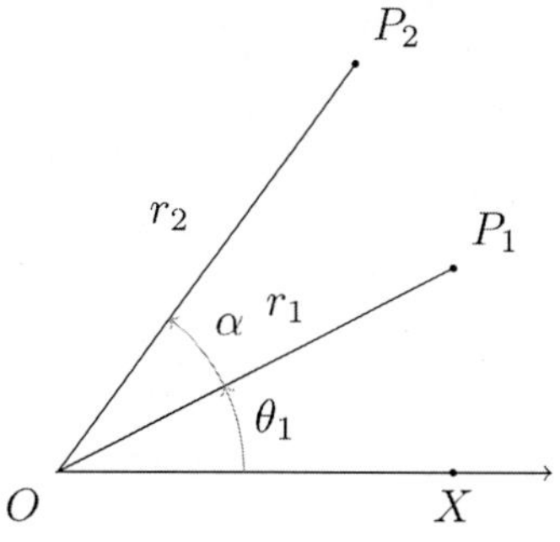

그림 2.10 극좌표에서 두 점 사이의 거리

예제 2.16. 평면에 놓인 점 P_1과 P_2에 대하여, P_1과 P_2의 극좌표가 각각 (r_1,θ_1)과 (r_2,θ_2)일 때

$$\sqrt{r_1^2 + r_2^2 - 2r_1r_2\cos(\theta_2 - \theta_1)}$$

이 P_1과 P_2 사이의 거리임을 보여라.

풀이 극을 O로 놓으면, $\triangle OP_1P_2$에 대한 코사인 제2 법칙에 따라서

$$\overline{P_1P_2}^2 = \overline{OP_1}^2 + \overline{OP_2}^2 - 2 \cdot \overline{OP_1} \cdot \overline{OP_2} \cdot \cos(\theta_2 - \theta_1)$$

이다. 여기서 $\alpha = \theta_2 - \theta_1$로 놓으면, $r_1 = \overline{OP_1}$이고 $r_2 = \overline{OP_2}$이므로

$$\overline{P_1P_2} = \sqrt{r_1^2 + r_2^2 - 2r_1r_2\cos\alpha}$$

이다. □

연습문제 2.1

1. 다음의 두 점 사이의 거리를 구하여라.

   (가) $A(-2,1)$과 $B(2,4)$ (나) $A(6,-2)$과 $B(1,2)$

   (다) $A(1,3)$과 $B(4,8)$ (라) $A(0,1)$과 $B(4,5)$

2. 점 $A(6,1)$, $B(-1,2)$, $C(0,9)$는 직각삼각형의 꼭지점임을 보여라.

3. 다음의 점 A와 B에 대하여, 유향선분 $\overrightarrow{AB}$의 길이를 구하여라.

   (가) $A(-1,1)$, $B(3,2)$ (나) $A(2,-3)$, $B(4,1)$

4. 점 $A(0,1)$. $B(3,7)$. $C(1,3)$, $D(-2,-3)$에 대하여, 다음 물음에 답하여라.

   (가) 점 C는 유향직선 $\overrightarrow{AB}$에 놓여 있음을 보여라.

   (나) 유향직선 $\overrightarrow{AB}$에 대한 유향선분 $\overrightarrow{AC}$의 유향길이를 구하여라.

   (다) 점 D는 유향직선 $\overrightarrow{AB}$에 놓여 있음을 보여라.

   (라) 유향직선 $\overrightarrow{AB}$에 대한 유향선분 $\overrightarrow{AD}$의 유향길이를 구하여라.

5. 다음의 점 A와 B에 대하여, 유향직선 $\overrightarrow{AB}$의 방향비를 구하여라.

   (가) $A(1,1)$, $B(3,4)$ (나) $A(1,-3)$, $B(5,1)$

   (다) $A(0,2)$, $B(4,-2)$ (라) $A(3,-1)$, $B(2,4)$

6. 다음의 점 A와 B에 대하여, 유향직선 $\overrightarrow{AB}$의 방향코사인 (λ,μ)를 구하여라.

   (가) $A(-2,0)$, $B(1,4)$ (나) $A(2,-2)$, $B(5,3)$

   (다) $A(1,2)$, $B(4,3)$ (라) $A(1,0)$, $B(6,12)$

7. 점 $A(-2,-3)$, $B(2,0)$, $C(-5,1)$에 대하여, 유향직선 $\overrightarrow{AB}$와 $\overrightarrow{AC}$는 서로 직교함을 보여라.

8. 평면에 놓인 점 $A(-2,2)$와 $B(2,6)$에 대하여, 다음 점의 좌표를 구하여라.

   (가) A와 B의 $-1:2$ 분할점 $P_1(x_1,y_1)$

   (나) A와 B의 $3:1$ 분할점 $P_2(x_2,y_2)$

   (다) A와 B의 $2:-1$ 분할점 $P_3(x_3,y_3)$

9. 평면에 놓인 $\triangle ABC$의 무게중심을 G로 놓으면

$$\overline{AB}^2 + \overline{BC}^2 + \overline{CA}^2 = 3\left(\overline{GA}^2 + \overline{GB}^2 + \overline{GC}^2\right)$$

임을 보여라.

10. 좌표축을 $(1, 2)$만큼 평형이동할 때, 좌표가 주어진 다음의 점의 새로운 좌표를 구하여라.

(가) $A(0, 4)$ (나) $B(-3, 2)$

11. 좌표축을 $(-1, 3)$만큼 평형이동할 때, 다음 방정식을 새로운 좌표계로 나타내어라.

(가) $x - 2y + 4 = 0$ (나) $x^2 + y^2 + 2x - y + 3 = 0$

12. 좌표축을 $\pi/3$만큼 회전하여 새로운 좌표축을 만들 때, 좌표가 주어진 다음의 점의 새로운 좌표를 구하여라.

(가) $A(1, 4)$ (나) $B(3, 5)$

13. 원점이 극이고 양의 방향의 x-축이 극축일 때, 좌표가 주어진 다음 점의 극좌표를 구하여라.

(가) $A(0, 4)$ (나) $B(3, 3)$
(다) $C(2, 2\sqrt{3})$ (라) $D(-2, 0)$

14. 극좌표가 $(2, \pi/6)$인 점 A와 극좌표가 $(3, \pi/2)$인 점 B 사이의 거리를 구하여라.

2.2 직선의 방정식

2.2.1 한 점을 지나고 방향비가 주어진 직선의 방정식

한 점을 지나고 방향코사인이 주어진 직선의 방정식 점 $P(x_0, y_0)$를 지나고 방향코사인 (λ, μ)인 직선의 방정식을 다음과 같이 구할 수 있다.

정리 2.8: 한 점을 지나고 방향코사인이 주어진 직선의 방정식

평면에 놓인 직선 ℓ에 대하여, 직선 ℓ이 점 $P(x_0, y_0)$를 지나고 방향코사인이 (λ, μ)이면

$$\begin{cases} \dfrac{x-x_0}{\lambda} = \dfrac{y-y_0}{\mu} & (\lambda \neq 0\text{이고 } \mu \neq 0\text{일 때}), \\ x = x_0 & (\lambda = 0\text{일 때}), \\ y = y_0 & (\mu = 0\text{일 때}) \end{cases}$$

은 직선 ℓ의 방정식이다.

증명 직선 ℓ이 점 $P(x_0, y_0)$를 지나고 방향코사인이 (λ, μ)라고 가정하자. 그러면 직선 ℓ을 매개변수방정식

$$\begin{cases} x = x_0 + t\lambda, \\ y = y_0 + t\mu \end{cases} \tag{2.5}$$

로 나타낼 수 있다. 여기서 방향코사인의 조건 $(\lambda, \mu) \neq (0, 0)$에 따라서 다음과 같이 직선의 방정식을 분류할 수 있다.

$\lambda \neq 0$이고 $\mu \neq 0$인 경우: 매개변수방정식 (2.5)로부터

$$\frac{x-x_0}{\lambda} = t = \frac{y-y_0}{\mu}$$

이므로, 방정식

$$\frac{x-x_0}{\lambda} = \frac{y-y_0}{\mu}$$

이 직선 ℓ을 나타내는 방정식이다.

$\lambda = 0$인 경우: 매개변수방정식 (2.5)는

$$\begin{cases} x = x_0, \\ y = y_0 + t\mu \end{cases}$$

이다. 이때, x는 x_0으로 고정되고, y는 t의 변화에 따라서 임의의 실수가 될 수 있으므

로, 방정식

$$x = x_0$$

이 직선 ℓ을 나타내는 방정식이다.

$\mu = 0$인 경우: 매개변수방정식 (2.5)는

$$\begin{cases} x = x_0 + t\lambda, \\ y = y_0 \end{cases}$$

이다. 이때, y는 y_0으로 고정되고, x는 t의 변화에 따라서 임의의 실수가 될 수 있으므로, 방정식

$$y = y_0$$

이 직선 ℓ을 나타내는 방정식이다. □

예제 2.17. 다음 직선의 방정식을 구하여라.

(가) 점 $P(1, 2)$를 지나고 방향코사인이 $(3/5, 4/5)$인 직선

(나) 점 $P(-1, 3)$를 지나고 방향코사인이 $(1, 0)$인 직선

(다) 점 $P(2, -3)$를 지나고 방향코사인이 $(0, 1)$인 직선

풀이 (가) 방향코사인 $(3/5, 4/5)$에 대하여 $3/5 \neq 0$이고 $4/5 \neq 0$이므로, 방정식

$$\frac{x-1}{\frac{3}{5}} = \frac{y-2}{\frac{4}{5}}$$

또는

$$4x - 3y + 2 = 0$$

이 점 $P(1, 2)$를 지나고 방향코사인이 $(3/5, 4/5)$인 직선의 방정식이다.

(나) 방향코사인이 $(1, 0)$이므로,

$$y = 3$$

이 점 $P(-1, 3)$를 지나고 방향코사인이 $(1, 0)$인 직선의 방정식이다.

(다) 방향코사인이 $(0, 1)$이므로,

$$x = 2$$

가 점 $P(2,-3)$를 지나고 방향코사인이 $(0,1)$인 직선의 방정식이다. □

한 점을 지나고 방향비가 주어진 직선의 방정식 점 $P(x_0, y_0)$를 지나고 방향비가 $u:v$인 직선을 ℓ이라고 놓자. 그러면 직선 ℓ의 방향코사인이

$$\left(\frac{u}{\sqrt{u^2+v^2}}, \frac{v}{\sqrt{u^2+v^2}}\right) \qquad \text{또는} \qquad \left(\frac{-u}{\sqrt{u^2+v^2}}, \frac{-v}{\sqrt{u^2+v^2}}\right)$$

이므로, 정리 (2.8)에 따라서 직선 ℓ의 방정식을 다음과 같이 분류할 수 있다.

따름정리 2.9: 한 점을 지나고 방향비가 주어진 직선의 방정식

평면에 놓인 직선 ℓ에 대하여, 직선 ℓ이 점 $P(x_0, y_0)$를 지나고 방향비가 $u:v$이면

$$\begin{cases} \dfrac{x-x_0}{u} = \dfrac{y-y_0}{v} & (u \neq 0\text{이고 } v \neq 0\text{일 때}), \\ x = x_0 & (u = 0\text{일 때}), \\ y = y_0 & (v = 0\text{일 때}) \end{cases}$$

이 직선 ℓ의 방정식이다.

예제 2.18. 다음 직선의 방정식을 구하여라.

(가) 점 $P(1,2)$를 지나고 방향비가 $2:3$인 직선

(나) 점 $P(-1,3)$를 지나고 방향비가 $1:0$인 직선

(다) 점 $P(2,-3)$를 지나고 방향비가 $0:1$인 직선

풀이 (가) 방향비 $2:3$에 대하여 $2 \neq 0$이고 $3 \neq 0$이므로, 방정식

$$\frac{x-1}{2} = \frac{y-2}{3}$$

이 점 $P(1,2)$를 지나고 방향비가 $2:3$인 직선의 방정식이다.

(나) 방향비가 $1:0$이므로,

$$y = 3$$

이 점 $P(-1,3)$를 지나고 방향비가 $1:0$인 직선의 방정식이다.

(다) 방향비가 $0:1$이므로,

$$x = 2$$

가 점 $P(2, -3)$를 지나고 방향비가 $0:1$인 직선의 방정식이다. □

두 점을 지나는 직선의 방정식 평면에 놓인 서로 다른 두 점 $P_1(x_1, y_1)$과 $P_2(x_2, y_2)$를 지나는 직선을 ℓ로 놓자. 이때,

$$u = x_2 - x_1, \qquad v = y_2 - y_1$$

로 놓으면, $u : v$가 직선 ℓ의 방향비이므로 다음과 같이 직선 ℓ의 방정식을 분류할 수 있다.

따름정리 2.10: 두 점을 지나는 직선의 방정식

평면에 놓인 직선 ℓ에 대하여, 직선 ℓ이 서로 다른 두 점 $P_1(x_1, y_1)$과 $P_2(x_2, y_2)$를 지나면

$$\begin{cases} \dfrac{x - x_1}{x_2 - x_1} = \dfrac{y - y_1}{y_2 - y_1} & (x_1 \neq x_2\text{이고 } y_1 \neq y_2\text{일 때}), \\ x = x_1 & (x_1 = x_2\text{일 때}), \\ y = y_1 & (y_1 = y_2\text{일 때}) \end{cases}$$

이 직선 ℓ의 방정식이다.

예제 2.19. 다음 직선의 방정식을 구하여라.

(가) 점 $P_1(1, 2)$과 $P_2(-1, 4)$를 지나는 직선

(나) 점 $P_1(1, 2)$과 $P_2(1, 4)$를 지나는 직선

(다) 점 $P_1(0, 2)$과 $P_2(3, 2)$를 지나는 직선

풀이 (가) 점 $P_1(1, 2)$과 $P_2(-1, 4)$에 대하여, 두 점의 x-좌표가 $1 \neq -1$로써 서로 다르고 두 점의 y-좌표가 $2 \neq 4$로써 서로 다르므로 방정식

$$\frac{x - 1}{(-1) - 1} = \frac{y - 2}{4 - 2}$$

또는

$$x + y - 3 = 0$$

이 점 $P_1(1, 2)$과 $P_2(-1, 4)$를 지나는 직선의 방정식이다.

(나) 방향비가 $0 : 1$이므로,

$$x = 1$$

이 점 $P_1(1, 2)$과 $P_2(1, 4)$를 지나는 직선의 방정식이다.

(다) 방향비가 $3 : 0$이므로,

$$y = 2$$

가 점 $P_1(0, 2)$과 $P_2(3, 2)$를 지나는 직선의 방정식이다. □

2.2.2 직선의 기울기가 주어진 직선의 방정식

함수 f가 x에 대한 일차함수

$$f(x) = mx + b$$

일 때, 함수 $y = f(x)$는 직선의 방정식이다. 이와 같은 형태의 직선의 방정식의 경우에는 다음과 같이 직선의 기울기를 정의할 수 있다.

정의 2.10: 직선의 기울기

평면에 놓인 직선 ℓ에 대하여, (λ, μ)가 직선 ℓ의 방향코사인이고 $\lambda \neq 0$이면

$$\frac{\mu}{\lambda}$$

를 직선 ℓ의 **기울기**라고 한다.

직선 ℓ이 y-축과 평행하면, 직선 ℓ의 방향코사인이 $(0, 1)$이므로 직선 ℓ의 기울기를 정의할 수 없다.

평면에 놓인 직선 ℓ에 대하여, 직선 ℓ이 점 $P(x_0, y_0)$를 지나고 기울기가 m이면 직선 ℓ의 방정식을 다음과 같이 구할 수 있다.

정리 2.11: 한 점을 지나고 기울기가 주어진 직선의 방정식

평면에 놓인 직선 ℓ에 대하여, 직선 ℓ이 점 $P(x_0, y_0)$를 지나고 기울기가 m이면

$$y - y_0 = m(x - x_0)$$

이 직선 ℓ의 방정식이다.

증명 직선 ℓ이 점 $P(x_0, y_0)$를 지나고 기울기가 m이라고 가정하자. 그러면 $1 : m$이 직선 ℓ의 방향비이므로, $m = 0$이면

$$y = y_0$$

이 직선 ℓ의 방정식이고, $m \neq 0$이면

$$\frac{y - y_0}{m} = \frac{x - x_0}{1}$$

이 직선 ℓ의 방정식이다. 위의 두 방정식을 동시에

$$y - y_0 = m(x - x_0)$$

로 나타낼 수 있다. □

예제 2.20. 다음 직선의 방정식을 구하여라.

(가) 점 $P(1, -3)$를 지나고 기울기가 2인 직선의 방정식

(나) 점 $P(3, 4)$를 지나고 기울기가 -1인 직선의 방정식

풀이 (가) 방정식

$$y - (-3) = 2(x - 1)$$

또는

$$y = 2x - 5$$

가 점 $P(1, -3)$를 지나고 기울기가 2인 직선의 방정식이다.

(나) 방정식

$$y - 4 = (-1)(x - 3)$$

또는

$$y = -x + 7$$

이 점 $P(3,4)$를 지나고 기울기가 -1인 직선의 방정식이다. □

정리 2.12: 두 직선 사이의 각과 직선의 기울기

기울기가 m_1인 직선 ℓ_1로부터 기울기가 m_2인 직선 ℓ_2에로의 반시계 방향인 양의 방향으로 측정된 각을 $\alpha(0 \le \alpha < \pi)$로 놓자.

(가) $\alpha = \pi/2$이면

$$m_1 m_2 = -1$$

이다.

(나) $\alpha \neq \pi/2$이면

$$\tan\alpha = \frac{m_2 - m_1}{1 + m_2 m_1}$$

이다.

증명 (가) 직선 ℓ_1과 ℓ_2의 교점을 $P_0(x_0, y_0)$으로 놓자. 직선 ℓ_1에 놓인 점 $P_1(x_1, y_1)$을 점 P_0를 중심으로 $\pi/2$만큼 회전하면 직선 ℓ_2에 놓인 점 $P_2(x_0-(y_1-y_0), y_0+(x_1-x_0))$와 일치한다. 이때,

$$m_1 = \frac{y_1 - y_0}{x_1 - x_0} \quad \text{그리고} \quad m_2 = \frac{x_1 - x_0}{-(y_1 - y_0)}$$

이므로 $m_1 m_2 = -1$이다.

(나) 직선 ℓ_1과 ℓ_2의 편각을 각각 θ_1과 θ_2로 놓으면 $\alpha = \theta_2 - \theta_1$이고,

$$\tan\alpha = \tan(\theta_2 - \theta_1) = \frac{\sin(\theta_2 - \theta_1)}{\cos(\theta_2 - \theta_1)} = \frac{\sin\theta_2\cos\theta_1 - \cos\theta_2\sin\theta_1}{\cos\theta_2\cos\theta_1 + \sin\theta_2\sin\theta_1}$$

이다. □

절편이 주어진 직선의 방정식 직선이 x-축 또는 y-축과 만나는 점의 좌표를 다음과 같이 정의한다.

정의 2.11: 직선의 x-절편과 y-절편

평면에 놓인 직선 ℓ에 대하여, 직선 ℓ이 x-축과 한 점에서 만나면 그 교점의 x-좌표를 직선 ℓ의 x-**절편**이라고 하고, 직선 ℓ이 y-축과 한 점에서 만나면 그 교점의 y-좌표를 직선 ℓ의 y-**절편**이라고 한다.

평면에 놓인 직선 ℓ에 대하여, 직선 ℓ의 기울기가 m이고 y-절편이 b일 때의 직선 ℓ의 방정식을 다음과 같이 정리할 수 있다.

정리 2.13: 기울기-절편 형식의 직선의 방정식

평면에 놓인 직선 ℓ에 대하여, ℓ의 기울기가 m이고 y-절편이 b이면

$$y = mx + b$$

는 직선 ℓ의 방정식이다.

증명 직선 ℓ의 기울기가 m이고 y-절편이 b이면 직선 ℓ은 점 $(0, b)$를 지나고 기울기가 m이므로

$$y - b = m(x - 0)$$

즉, $y = mx + b$는 직선 ℓ의 방정식이다. □

직선 ℓ의 x-절편이 a이고 y-절편이 b일 때의 직선 ℓ의 방정식을 다음과 같이 정리할 수 있다.

정리 2.14: 절편 형식의 직선의 방정식

평면에 놓인 직선 ℓ에 대하여, 직선 ℓ의 x-절편과 y-절편이 각각 a와 b이고 $a \neq 0$이면

$$\frac{x}{a} + \frac{y}{b} = 1$$

이 직선 ℓ의 방정식이다.

증명 직선 ℓ의 x-절편이 a이고 y-절편이 b이고 $a \neq 0$라고 가정하자. 그러면 직선 ℓ은 서로 다른 두 점 $P(a, 0)$와 $Q(0, b)$를 지나므로,

$$\frac{x - a}{0 - a} = \frac{y - 0}{b - 0}$$

즉,

$$\frac{x}{a} + \frac{y}{b} = 1$$

는 직선 ℓ의 방정식이다. □

> **예제 2.21.** x-절편이 2이고 y-절편이 -3인 직선의 방정식을 구하여라.

풀이 일차방정식

$$\frac{x}{2} + \frac{y}{-3} = 1$$

또는

$$3x - 2y - 6 = 0$$

는 x-절편이 2이고 y-절편이 -3인 직선의 방정식이다. □

2.2.3 일반적인 형식의 직선의 방정식

일반적인 형식의 직선의 방정식을 다음과 같이 구할 수 있다.

> **정리 2.15: 일차방정식과 직선**
>
> 평면에 놓인 직선 ℓ에 대하여, 직선 ℓ의 방정식인 일차방정식
>
> $$ax + by + c = 0$$
>
> 이 존재한다. 역으로 임의의 일차방정식 $ax + by + c = 0$은 직선의 방정식이다. 여기서 $(a, b) \neq (0, 0)$이다.

증명 평면에 놓인 직선 ℓ이 점 $P(x_0, y_0)$를 지나고 방향코사인이 (λ, μ)라고 가정하자. 그러면 $(\lambda, \mu) \neq (0, 0)$이므로, 직선의 방정식을 다음과 같이 분류할 수 있다.

(가) $\mu = 0$인 경우: 방정식

$$y = y_0$$

가 직선 ℓ의 방정식이므로,

$$a = 0, \qquad b = 1, \qquad c = -y_0$$

로 놓자. 그러면, $(a,b)=(0,1)\neq(0,0)$이므로 $ax+by+c=0$은 일차방정식이고 직선 ℓ의 방정식이다.

(나) $\lambda=0$인 경우: 방정식

$$x=x_0$$

가 직선 ℓ의 방정식이므로,

$$a=1,\qquad b=0,\qquad c=-x_0$$

로 놓자. 그러면, $(a,b)=(1,0)\neq(0,0)$이므로, $ax+by+c=0$은 일차방정식이고 직선 ℓ의 방정식이다.

(다) $\lambda\neq0$이고 $\mu\neq0$인 경우: 방정식

$$\frac{x-x_0}{\lambda}=\frac{y-y_0}{\mu}$$

가 직선 ℓ의 방정식이므로

$$a=\mu,\qquad b=-\lambda,\qquad c=-\mu x_0+\lambda y_0$$

로 놓자. 그러면, $(a,b)=(\mu,-\lambda)\neq(0,0)$이므로, $ax+by+c=0$은 일차방정식이고 직선 ℓ의 방정식이다.

임의의 일차방정식을 $ax+by+c=0$라고 놓자. 여기서 $(a,b)\neq(0,0)$이다. 만약 $b=0$이면 $a\neq0$이므로, 일차방정식은

$$x=-\frac{c}{a}$$

로 변형된다. 이 방정식은 점 $(-c/a,0)$을 지나고 방향코사인이 $(0,1)$인 직선의 방정식이다. 만약 $b\neq0$이면, 일차방정식은

$$y=-\frac{a}{b}x-\frac{c}{b}$$

로 변형된다. 이 방정식은 기울기가 $-a/b$이고 y-절편이 $-c/b$인 직선의 방정식이다. □

이제 두 일차방정식이 동일한 직선의 방정식이기 위한 다음의 필요충분조건에 대하여 알아보자.

정리 2.16: 같은 직선을 나타내는 방정식

일차방정식
$$a_1x + b_1y + c_1 = 0, \quad a_2x + b_2y + c_2 = 0$$
에 대하여,
$$a_1 : b_1 : c_1 = a_2 : b_2 : c_2$$
은 두 일차방정식이 같은 직선의 방정식이기 위한 필요충분조건이다.

증명 비례식
$$a_1 : b_1 : c_1 = a_2 : b_2 : c_2$$
이 성립한다고 가정하자. 그러면
$$a_2 = \tau a_1, \quad b_2 = \tau b_1, \quad c_2 = \tau c_1$$
인 0이 아닌 실수 τ가 존재한다. 따라서 방정식
$$a_2x + b_2y + c_2 = 0$$
은
$$\tau(a_1x + b_1x + c_1) = 0$$
로 나타낼 수 있고 τ는 0이 아닌 실수이므로, 두 일차방정식
$$a_1x + b_1y + c_1 = 0, \quad a_2x + b_2y + c_2 = 0$$
은 같은 직선의 방정식이다.

역으로 두 일차방정식
$$a_1x + b_1y + c_1 = 0, \quad a_2x + b_2y + c_2 = 0$$
이 같은 직선의 방정식이라고 가정하자.

$b_1 = 0$인 경우: 일차방정식 $a_1x + b_1y + c_1 = 0$은
$$x = -\frac{c_1}{a_1}$$

로 변형된다. 이것을 두 번째 일차방정식에 대입하면

$$-\frac{a_2c_1}{a_1}+b_2y+c_2=0$$

이다. 여기서 모든 y에 대하여 이 방정식이 성립하므로, $b_2=0$이고

$$\frac{c_1}{a_1}=\frac{c_2}{a_2}$$

이다. 따라서, 비례식 $a_1:b_1:c_1=a_2:b_2:c_2$가 성립한다.

$b_1\neq 0$인 경우: 만약 $b_2=0$이면 두 번째 일차방정식은

$$x=-\frac{c_2}{a_2}$$

로 변형된다. 이것을 첫 번째 일차방정식에 대입하면

$$-\frac{a_1}{c_2}a_2+b_1y+c_1=0$$

이고 모든 y에 대하여 이 방정식이 성립하여야 하는데, 이것은 $b_1\neq 0$이라는 것에 모순이다. 따라서 $b_2\neq 0$이다. 첫 번째 일차방정식은

$$y=-\frac{a_1}{b_1}x-\frac{c_1}{b_1}$$

로 변형되고 두 번째 방정식은

$$y=-\frac{a_2}{b_2}x-\frac{c_2}{b_2}$$

로 변형된다. 이 두 방정식이 같은 직선을 나타내므로

$$\frac{a_1}{b_1}=\frac{a_2}{b_2},\qquad \frac{c_1}{b_1}=\frac{c_2}{b_2}$$

이다. 따라서, 비례식 $a_1:b_1:c_1=a_2:b_2:c_2$가 성립한다. □

예제 2.22. 직선 $ax+by+c=0$의 방향비를 구하여라.

풀이 직선 $ax+by+c=0$에 놓인 임의의 서로 다른 두 점을 $P_1(x_1,y_1)$과 $P_2(x_2,y_2)$로 놓자. 그러면,

$$ax_1+by_1+c=0$$

이고

$$ax_2 + by_2 + c = 0$$

이므로, 두번째 식에서 첫째식을 빼면

$$a(x_2 - x_1) + b(y_2 - y_1) = 0$$

이므로,

$$(x_2 - x_1) : (y_2 - y_1) = b : -a$$

이다. 따라서, 직선 $ax + by + c = 0$의 방향비는 $b : -a$이다. □

> **예제 2.23.** 두 직선 $a_1x+b_1y+c_1 = 0$와 $a_2x+b_2y+c_2 = 0$에 대하여, 두 직선이 직교하면 $a_1a_2 + b_1b_2 = 0$임을 보여라.

풀이 $b_1 = 0$인 경우: $x = -c_1/a_1$가 첫 번째 직선의 방정식이다. 두 직선이 직교하므로, 두 번째 직선은 $y = k$ 형태가 되어야 하며 따라서 $a_2 = 0$이다. 따라서, $a_1a_2 + b_1b_2 = 0$이다.

$b_2 = 0$인 경우: $x = -c_2/a_2$가 두 번째 직선의 방정식이다. 두 직선이 직교하므로, 첫 번째 직선은 $y = k$ 형태가 되어야 하며 따라서 $a_1 = 0$이다. 따라서, $a_1a_2+b_1b_2 = 0$이다.

$b_1 \neq 0$이고 $b_2 \neq 0$인 경우: 두 직선의 기울기는 각각

$$m_1 = -\frac{a_1}{b_1}, \qquad m_2 = -\frac{a_2}{b_2}$$

이다. 두 직선이 직교하면, $m_1m_2 = -1$이므로

$$a_1a_2 + b_1b_2 = 0$$

이다. □

> **예제 2.24.** 점 $P(1, 2)$를 지나고 직선 $2x + 3y + 5 = 0$에 직교하는 직선의 방정식을 구하여라.

풀이 직선 $2x + 3y + 5 = 0$의 방향비는 $3 : -2$이므로, 이 직선에 직교하는 직선의 방향비는 $2 : 3$이다. 따라서, 방정식

$$3(x-1) = 2(y-2)$$

즉,

$$3x - 2y + 1 = 0$$

이 점 $P(1, 2)$를 지나고 직선 $2x + 3y + 5 = 0$에 직교하는 직선의 방정식이다. □

연습문제 2.2

1. 다음 직선의 방정식을 구하여라.

   (가) 점 $P(2,5)$를 지나고 방향코사인이 $(4/5, -3/5)$인 직선

   (나) 점 $P(2,-1)$를 지나고 방향코사인이 $(1,0)$인 직선

   (다) 점 $P(1,4)$를 지나고 방향코사인이 $(0,1)$인 직선

2. 다음 직선의 방정식을 구하여라.

   (가) 점 $P(1,-2)$를 지나고 방향비가 $3:-4$인 직선

   (나) 점 $P(2,-3)$를 지나고 방향비가 $1:0$인 직선

   (다) 점 $P(3,1)$를 지나고 방향비가 $0:1$인 직선

3. 다음 직선의 방정식을 구하여라.

   (가) 점 $P_1(-1,3)$과 $P_2(1,6)$를 지나는 직선

   (나) 점 $P_1(2,-2)$과 $P_2(2,5)$를 지나는 직선

   (다) 점 $P_1(2,3)$과 $P_2(4,3)$를 지나는 직선

4. 다음 직선의 방정식을 구하여라.

   (가) 기울기가 3이고 점 $P(1,-2)$를 지나는 직선의 방정식

   (나) 기울기가 -2이고 점 $P(1,4)$를 지나는 직선의 방정식

5. x-절편이 4이고 y-절편이 3인 직선의 방정식을 구하여라.

6. 직선 $ax+by+c=0$에 대하여, $b \neq 0$일 때 직선 $ax+by+c=0$의 기울기를 구하여라.

7. 점 $P(-3,2)$를 지나고 직선 $2x+y+5=0$에 직교하는 직선의 방정식을 구하여라.

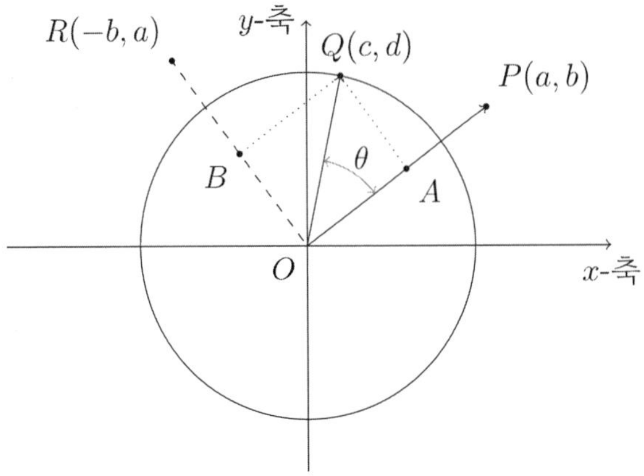

그림 2.11 두 유향선분의 사이각

2.3 점과 직선

2.3.1 헤세의 표준형

시점이 같은 두 유향선분의 사이각에 대하여 다음이 성립한다.

정리 2.17: 시점이 같은 두 유향선분의 사이각

원점 $O(0,0)$와 점 $P(a,b)$와 $Q(c,d)$에 대하여, 유향선분 $\overrightarrow{OP}$과 유향선분 $\overrightarrow{OQ}$의 사이각이 θ이면

$$ac + bd = \sqrt{a^2+b^2}\sqrt{c^2+d^2}\cos\theta$$

이다.

증명 그림 2.11에서와 같이, 점 P를 원점 O를 중심으로 $\pi/2$만큼 회전하여 도달하는 점을 R로 놓자. 그러면 점 R의 좌표는 $(-b,a)$이다. 이제 점 Q에서 유향직선 $\overrightarrow{OP}$에 내린 수선의 발을 A라고 놓으면 점 A의 좌표가 (ta,tb)인 실수 t가 존재하고, 점 Q에서 유향직선 $\overrightarrow{OR}$에 내린 수선의 발을 B로 놓으면 점 B의 좌표가 $(-sb,sa)$인 실수 s가 존재한다. 이때,

$$\cos\theta = \frac{t\cdot\overline{OP}}{\overline{OQ}}$$

이므로

$$t = \cos\theta\cdot\frac{\sqrt{c^2+d^2}}{\sqrt{a^2+b^2}}$$

이다.

점 $Q(c,d)$, $A(ta,tb)$, $B(-sb,sa)$에 대하여, Q의 x-좌표는 A와 B의 x-좌표의 합인

$$c = ta - sb \tag{2.6}$$

이고 Q의 y-좌표는 A와 B의 y-좌표의 합인

$$d = tb + sa \tag{2.7}$$

이므로, 식 (2.6)의 a배에 식 (2.7)의 b배를 더하면

$$ac + bd = t(a^2 + b^2)$$

이다. 따라서,

$$ac + bd = \sqrt{a^2 + b^2}\sqrt{c^2 + d^2}\cos\theta$$

이다. □

직선 ℓ에 대하여, 그림 2.12에서와 같이 원점을 지나고 직선 ℓ에 직교하는 반직선 $\overline{ON}$이 직선 ℓ과 만나는 교점을 C로 놓자. 원점을 중심으로 반시계 방향으로 양의 x-축에서 유향직선 $\overrightarrow{ON}$까지의 각을 α라고 놓고, 원점에서 직선 ℓ까지의 거리를 p라고 놓으면 점 C의 좌표는

$$(p\cos\alpha, p\sin\alpha)$$

이다. 또한 직선 ℓ에 놓인 임의의 점 $P(x,y)$에 대하여, 정리 5.10에 따라서

$$xp\cos\alpha + yp\sin\alpha = p\cdot\overline{OP}\cdot\cos\alpha = p^2$$

이므로,

$$x\cos\alpha + y\sin\alpha = p \tag{2.8}$$

이다. 식 (2.8)을 직선 ℓ의 **헤세의 표준형** 또는 간단히 **표준형**이라고 한다.

만약 직선 ℓ이 원점을 지나면 이 직선의 헤세의 표준형은

$$x\cos\alpha + y\sin\alpha = 0$$

이다.

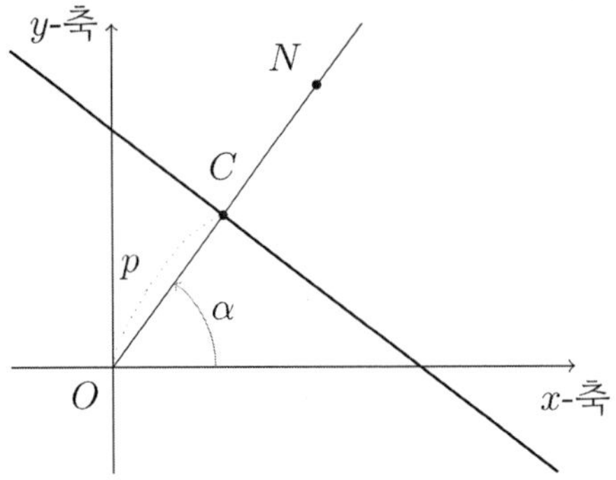

그림 2.12 직선의 헤세의 표준형

> **예제 2.25.** 다음 직선의 헤세의 표준형을 구하여라.
> (가) $3x + 4y - 8 = 0$ (나) $x - y + 6 = 0$

풀이 (가) 방정식의 상수항을 우변으로 옮기면 방정식은

$$3x + 4y = 8$$

로 변형된다. 양 변을 $\sqrt{3^2 + 4^2} = 5$로 나누면, 헤세의 표준형

$$\frac{3}{5}x + \frac{4}{5}y = \frac{8}{5}$$

을 구할 수 있다.

(나) 방정식의 상수항을 우변으로 옮기고 음이 아닌 상수값이 되게 하면 방정식은

$$-x + y = 6$$

으로 변형된다. 양 변을 $\sqrt{1^2 + 1^2} = \sqrt{2}$로 나누면, 헤세의 방정식

$$-\frac{1}{\sqrt{2}}x + \frac{1}{\sqrt{2}}y = \frac{6}{\sqrt{2}}$$

을 구할 수 있다. □

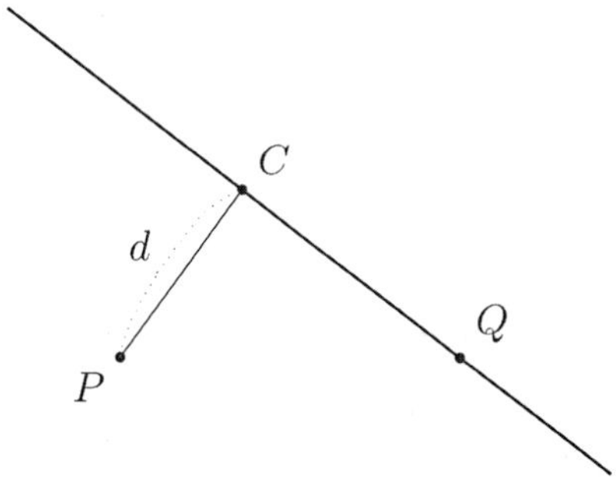

그림 2.13 점에서 직선까지의 거리

2.3.2 한 점에서 직선까지의 거리

점 $P(x_0, y_0)$와 직선 ℓ에 대하여, 그림 2.13에서와 같이 점 P에서 직선 ℓ에 내린 수선의 발을 C로 놓자. 그러면 직선에 놓인 임의의 점 Q에 대하여, $\overline{PC} \le \overline{PQ}$이다. 따라서, 점 C는 직선 ℓ에 놓인 점 중에서 P까지의 거리가 가장 작은 점이다. 여기서 $\overline{PC}$를 점 P에서 직선 ℓ까지의 **거리**라고 정의한다.

점 P에서 직선 ℓ까지의 거리를 다음과 같이 구할 수 있다.

정리 2.18: 점에서 직선까지의 거리

점 $P(x_0, y_0)$에서 직선 $ax + by + c = 0$까지의 거리는

$$\frac{|ax_0 + by_0 + c|}{\sqrt{a^2 + b^2}}$$

이다.

증명 점 P를 지나고 직선 ℓ에 평행한 직선을 ℓ_1이라고 놓자. 직선 ℓ의 표준형이

$$x\cos\alpha + y\sin\alpha = p$$

일 때, 직선 ℓ_1의 방정식은

$$x\cos\alpha + y\sin\alpha = p + d$$

이다. 여기서 직선 ℓ에 대하여, 원점 O와 점 P가 같은 쪽에 있으면 d는 음수이고 반

대쪽에 있으면 d는 양수이다. 한편 P가 직선 ℓ_1에 놓여 있으므로

$$x_0 \cos\alpha + y_0 \sin\alpha = p + d$$

즉,

$$d = x_0 \cos\alpha + y_0 \sin\alpha - p$$

이다. 따라서, 점 P에서 직선 ℓ까지의 거리는

$$|d| = |x_0 \cos\alpha + y_0 \sin\alpha - p|$$

이다.

직선 ℓ의 방정식

$$ax + by + c = 0$$

의 표준형은

$$\frac{a}{\sqrt{a^2+b^2}}x + \frac{b}{\sqrt{a^2+b^2}}y = -\frac{c}{\sqrt{a^2+b^2}}$$

또는

$$-\frac{a}{\sqrt{a^2+b^2}}x - \frac{b}{\sqrt{a^2+b^2}}y = \frac{c}{\sqrt{a^2+b^2}}$$

이다. 따라서 점 P에서 직선 ℓ까지의 거리는

$$\frac{|ax_0 + by_0 + c|}{\sqrt{a^2+b^2}}$$

이다. □

예제 2.26. 다음의 점에서 직선까지의 거리를 구하여라.

(가) 점 $P(1,1)$과 직선 $4x - 3y + 10 = 0$

(나) 점 $P(2,-1)$과 직선 $x - 2y + 5 = 0$

풀이 (가) 점 $P(1,1)$에서 직선 $4x - 3y + 10 = 0$까지의 거리는

$$\frac{|4\cdot 1 - 3\cdot 1 + 10|}{\sqrt{4^2+3^2}} = \frac{11}{5}$$

이다.

(나) 점 $P(2,-1)$에서 직선 $x-2y+5=0$까지의 거리는

$$\frac{|1\cdot 2-2\cdot(-1)+5|}{\sqrt{1^2+2^2}}=\frac{9}{\sqrt{5}}$$

이다. □

> **예제 2.27.** 점 $P(-1,2)$를 지나고 원점에서의 거리가 2인 직선의 방정식을 구하여라.

풀이 직선 $x=-1$은 점 P를 지나지만 원점까지의 거리가 1이다.

점 $P(-1,2)$를 지나고 기울기가 m인 직선의 방정식을

$$y-2=m(x+1)$$

로 놓으면

$$mx-y+(m+2)=0$$

이다. 원점에서 이 직선까지의 거리가 2이므로

$$2=\frac{|m+2|}{\sqrt{m^2+1}}$$

이다. 양변을 제곱하여 정리하면 $3m^2-4m=0$이다. 따라서, $m=0$ 또는 $m=4/3$이므로, 구하는 직선의 방정식은

$$y=2 \qquad \text{또는} \qquad 4x-3y+10=0$$

이다. □

연습문제 2.3

1. 다음 직선의 헤세의 표준형을 구하여라.

   (가) $x+\sqrt{3}y-10=0$　　(나) $x+7=0$

   (다) $x-2y+9=0$　　(라) $2y+8=0$

2. 다음의 점에서 직선까지의 거리를 구하여라.

   (가) 점 $P(-1,3)$와 직선 $2x-4y+8=0$

   (나) 점 $P(2,1)$와 직선 $3x+5y-6=0$

3. 점 $P(4,2)$를 지나고 원점에서의 거리가 5인 직선의 방정식을 구하여라.

4. 점 $P(2,1)$에서 직선 $4x-5y+c=0$까지의 거리가 5일 때, c의 값을 구하여라.

5. 두 점 $P(-1,2)$와 $Q(4,3)$로부터 같은 거리에 놓인 점의 자취를 구하여라.

6. 점 $A(-1,-2)$, $B(2,4)$, $C(4,-1)$을 꼭지점으로 하는 삼각형의 넓이를 구하여라.

2.4 직선과 직선

2.4.1 두 직선의 교점

두 직선의 방향비가 다르면 두 직선의 교점은 유일하다. 두 직선의 방향비가 같은 경우에는, 두 직선의 교점이 존재하지 않거나 두 직선이 일치한다.

정리 2.19: 두 직선의 교점

두 직선 $a_1x + b_1y + c = 0$와 $a_2x + b_2y + c_2 = 0$에 대하여, 다음이 성립한다.

(가) 만약 $a_1 : b_1 \neq a_2 : b_2$이면 두 직선의 교점은 유일하다.

(나) 만약 $a_1 : b_1 = a_2 : b_2$이고 $a_1 : b_1 : c_1 \neq a_2 : b_2 : c_2$이면 두 직선은 평행하다.

(다) 만약 $a_1 : b_1 : c_1 = a_2 : b_2 : c_2$이면 두 직선은 일치한다.

증명 (가) $a_1 : b_1 \neq a_2 : b_2$라고 가정하자. 그러면 $a_1b_2 - b_1a_2 \neq 0$이다. 방정식 $a_1x + b_1y + c_1 = 0$의 a_2배에서 방정식 $a_2x + b_2y + c_2 = 0$의 a_1배를 빼면

$$(a_2b_1 - a_1b_2)y + (a_2c_1 - a_1c_2) = 0$$

이고 가정에 따라서 $a_1b_2 - b_1a_2 \neq 0$이므로

$$y = \frac{a_1c_2 - a_2c_1}{a_2b_1 - a_1b_2}$$

이다. 방정식 $a_1x + b_1y + c_1 = 0$의 b_2배에서 방정식 $a_2x + b_2y + c_2 = 0$의 b_1배를 빼면

$$(a_1b_2 - a_2b_1)x + (b_2c_1 - b_1c_2) = 0$$

이고 가정에 따라서 $a_1b_2 - b_1a_2 \neq 0$이므로

$$x = \frac{b_1c_2 - b_2c_1}{a_1b_2 - a_2b_1}$$

이다. 그러므로, 두 직선은 좌표가

$$\left(\frac{b_1c_2 - b_2c_1}{a_1b_2 - a_2b_1}, \frac{a_1c_2 - a_2c_1}{a_2b_1 - a_1b_2}\right)$$

인 교점에서 유일하게 만난다.

(나) $a_1 : b_1 = a_2 : b_2$이고 $a_1 : b_1 : c_1 \neq a_2 : b_2 : c_2$라고 가정하자. 그러면

$$a_1b_2 - b_1a_2 = 0, \qquad a_1c_2 - c_1a_2 \neq 0$$

이다. 방정식 $a_1x + b_1y + c_1 = 0$의 a_2배에서 방정식 $a_2x + b_2y + c_2 = 0$의 a_1배를 빼면

$$(a_2b_1 - a_1b_2)y + (a_2c_1 - a_1c_2) = 0$$

이고 가정에 따라서 $a_1b_2 - b_1a_2 = 0$이고 $a_2c_1 - a_1c_2 \neq 0$이므로 방정식 $(a_2b_1 - a_1b_2)y + (a_2c_1 - a_1c_2) = 0$ 의 근은 존재하지 않는다. 그러므로, 두 직선의 교점은 존재하지 않는다.

(다) $a_1 : b_1 : c_1 = a_2 : b_2 : c_2$라고 가정하자. 그러면

$$a_1 = ta_2, \quad b_1 = tb_2, \quad c_1 = tc_2$$

인 0이 아닌 실수 t가 존재한다. 따라서, 방정식 $a_1x + b_1y + c_1 = 0$의 근은 방정식 $a_2x + b_2y + c_2 = 0$의 근과 일치한다. □

2.4.2 두 직선의 교점을 지나는 직선

평행하지 않은 두 벡터에 대하여 다음을 알 수 있다.

정리 2.20: 평행하지 않은 두 벡터의 성질

영벡터가 아닌 벡터 (a_1, b_1)와 (a_2, b_2)에 대하여, $a_1 : b_1 \neq a_2 : b_2$이면 다음이 성립한다.

(가) $s(a_1, b_1) + t(a_2, b_2) = (0, 0)$이면 $s = 0$이고 $t = 0$이다.

(나) 벡터 (a, b)에 대하여,

$$(a, b) = s(a_1, b_1) + t(a_2, b_2)$$

인 실수 s와 t가 존재한다.

증명 (가) $s(a_1, b_1) + t(a_2, b_2) = (0, 0)$라고 가정하자. 그러면

$$sa_1 + ta_2 = 0, \tag{2.9}$$

$$sb_1 + tb_2 = 0 \tag{2.10}$$

이다. 식 (2.9)의 b_1배에서 식 (2.10)의 a_1배를 빼면

$$t(a_2b_1 - a_1b_2) = 0$$

이다. $a_1 : b_1 \neq a_2 : b_2$ 즉, $a_2b_1 - a_1b_2 \neq 0$이므로, $t = 0$이다. 식 (2.9)의 b_2배에서 식 (2.10)의 a_2배를 빼면

$$s(a_1b_2 - b_1a_2) = 0$$

이다. $a_1 : b_1 \neq a_2 : b_2$ 즉, $a_1b_2 - b_1a_2 \neq 0$이므로, $s = 0$이다.

(나) s와 t에 대한 방정식

$$(a, b) = s(a_1, b_1) + t(a_2, b_2)$$

의 근이 존재함을 보이면 충분하다. 위의 벡터방정식을 연립일차방정식

$$a = sa_1 + ta_2, \tag{2.11}$$

$$b = sb_1 + tb_2 \tag{2.12}$$

로 나타낼 수 있다. 식 (2.11)의 b_1배에서 식 (2.12)의 a_1배를 빼면

$$ab_1 - ba_1 = t(a_2b_1 - a_1b_2)$$

이다. $a_1 : b_1 \neq a_2 : b_2$ 즉, $a_2b_1 - a_1b_2 \neq 0$이므로,

$$t = \frac{ab_1 - ba_1}{a_2b_1 - a_1b_2}$$

이다. 식 (2.11)의 b_2배에서 식 (2.12)의 a_2배를 빼면

$$ab_2 - ba_2 = s(a_1b_2 - b_1a_2)$$

이다. $a_1 : b_1 \neq a_2 : b_2$ 즉, $a_1b_2 - b_1a_2 \neq 0$이므로,

$$s = \frac{ab_2 - ba_2}{a_1b_2 - b_1a_2}$$

이다. □

예제 2.28. 영벡터가 아닌 벡터 (a_1, b_1)와 (a_2, b_2)에 대하여, $a_1 : b_1 \neq a_2 : b_2$이고

$$s_1(a_1, b_1) + t_1(a_2, b_2) = s_2(a_1, b_1) + t_2(a_2, b_2)$$

이면 $s_1 = s_2$이고 $t_1 = t_2$임을 보여라.

풀이 $a_1 : b_1 \neq a_2 : b_2$이고

$$s_1(a_1, b_1) + t_1(a_2, b_2) = s_2(a_1, b_1) + t_2(a_2, b_2)$$

라고 가정하자. 그러면

$$(s_1 - s_2)(a_1, b_1) + (t_1 - t_2)(a_2, b_2) = (0, 0)$$

이므로, 정리 2.20의 (가)에 따라서 $s_1 = s_2$이고 $t_1 = t_2$이다. □

두 직선

$$a_1x + b_1y + c_1 = 0, \quad a_2x + b_2y + c_2 = 0$$

에 대하여, $a_1 : b_1 \neq a_2 : b_2$이면 두 직선의 교점은 유일하다. 이때, 교점을 지나는 직선에 대하여 다음을 알 수 있다.

정리 2.21: 두 직선의 교점을 지나는 직선의 방정식

$a_1 : b_1 \neq a_2 : b_2$인 두 직선 $a_1x + b_1y + c_1 = 0$과 $a_2x + b_2y + c_2 = 0$에 대하여, $(s, t) \neq (0, 0)$인 직선 $s(a_1x + b_1y + c_1) + t(a_2x + b_2y + c_2) = 0$는 교점 P를 지나는 직선의 방정식이고 교점 P를 지나는 직선은 $(s, t) \neq (0, 0)$인 일차방정식 $s(a_1x + b_1y + c_1) + t(a_2x + b_2y + c_2) = 0$로 나타낼 수 있다.

증명 $(s, t) \neq (0, 0)$이라고 가정하자. 교점 P의 좌표를 (x_0, y_0)으로 놓자. 그러면, 정리 2.20에 따라서

$$s(a_1, b_1) + t(a_2, b_2) \neq (0, 0)$$

이므로,

$$s(a_1x + b_1y + c_1) + t(a_2x + b_2y + c_2) = 0$$

는 직선의 방정식이다. 또한

$$a_1x_0 + b_1y_0 + c_1 = 0, \quad a_2x_0 + b_2y_0 + c_2 = 0$$

이므로, 위의 직선은 교점 P를 지난다.

교점 P를 지나는 임의의 직선의 방정식을

$$ax + by + c = 0$$

로 놓자. 그러면, 정리 2.20에 따라서

$$s(a_1, b_1) + t(a_2, b_2) = (a, b)$$

인 s와 t가 존재한다. 점 P를 지나고 방향비가 $a : b$인 직선은 유일하고, 직선

$$s(a_1x + b_1y + c_1) + t(a_2x + b_2y + c_2) = 0$$

도 점 P를 지나고 방향비가 $a : b$이므로

$$c = sc_1 + tc_2$$

이다. □

$a_1 : b_1 \neq a_2 : b_2$일 때, 두 직선

$$a_1x + b_1y + c_1 = 0, \qquad a_2x + b_2y + c_2 = 0$$

의 교점을 지나는 직선

$$s(a_1x + b_1y + c_1) + t(a_2x + b_2y + c + 2) = 0$$

에 대하여 다음을 알 수 있다.

(가) 만약 $s = 0$이면, $t \neq 0$이므로 두 직선의 교점을 지나는 직선은 두 번째 직선 $a_2x + b_2y + c_2 = 0$과 같다.

(나) 만약 $t = 0$이면, $s \neq 0$이므로 두 직선의 교점을 지나는 직선은 첫 번째 직선 $a_1x + b_1y + c_1 = 0$과 같다.

(다) $a_1 : b_1 \neq a_2 : b_2$이므로

$$(sa_1 + a_2) : (sb_1 + b_2) \neq a_1 : b_1$$

이다. 따라서,

$$s(a_1x + b_1y + c_1) + (a_2x + b_2y + c_2) = 0$$

형태의 방정식은 직선 $a_1x + b_1x + c_1 = 0$를 나타낼 수 없다.

(라) $a_1 : b_1 \neq a_2 : b_2$이므로

$$(a_1 + ta_2) : (b_1 + tb_2) \neq a_2 : b_2$$

이다. 따라서,

$$(a_1x + b_1y + c_1) + t(a_2x + b_2y + c_2) = 0$$

형태의 방정식은 직선 $a_2x + b_2x + c_2 = 0$를 나타낼 수 없다.

예제 2.29. 두 직선

$$2x + y - 4 = 0, \qquad x - y + 1 = 0$$

의 교점과 점 $P(2,5)$를 지나는 직선의 방정식을 구하여라.

풀이 점 P가 두 직선에 놓인 점이 아니므로, 두 직선의 교점을 지나는 직선을

$$s(2x + y - 4) + (x - y + 1) = 0$$

로 놓을 수 있다. 이 직선이 점 $P(2,5)$를 지나므로

$$s(2 \cdot 2 + 5 - 4) + (2 - 5 + 1) = 0$$

이다. 따라서, $s = 2/5$이므로, 구하는 직선의 방정식은

$$9x - 3y - 3 = 0$$

즉,

$$3x - y - 1 = 0$$

이다. □

예제 2.30. 두 직선

$$x + y - 1 = 0, \qquad x - 3y + 7 = 0$$

의 교점을 지나고 방향비가 2 : 3인 직선의 방정식을 구하여라.

풀이 두 직선의 방향비가 모두 2 : 3이 아니므로, 두 직신의 교점을 지나는 직선의 방정식을

$$s(x + y - 1) + (x - 3y + 7) = 0$$

로 놓을 수 있다. 이 직선의 방향비가 2 : 3이므로

$$(s + 1) : (s - 3) = -3 : 2$$

또는

$$2(s + 1) = -3(s - 3)$$

이므로, $s = 7/5$이다. 따라서, 구하는 직선의 방정식은

$$12x - 8y + 28 = 0$$

즉

$$3x - 2y + 7 = 0$$

이다. □

예제 2.31. $a_1 : b_1 \neq a_2 : b_2$인 두 직선

$$a_1x + b_1y + c_1 = 0, \qquad a_2x + b_2y + c_2 = 0$$

의 교점과 원점을 지나는 직선의 방정식을 구하여라.

풀이 두 직선의 교점을 지나는 직선의 방정식을

$$s(a_1x + b_1y + c_1) + t(a_2x + b_2y + c_2) = 0$$

로 놓자. 이 직선이 원점을 지나므로

$$sc_1 + tc_2 = 0$$

즉 $s : t = -c_2 : c_1$이다. 따라서, 구하는 직선의 방정식은

$$-c_2(a_1x + b_1y + c_1) + c_1(a_2x + b_2y + c_2) = 0$$

즉,

$$(-c_2a_1 + c_1a_2)x + (-c_2b_1 + c_1b_2)y = 0$$

이다. □

연습문제 2.4

1. 두 벡터 $(1,2)$와 $(2,4)$에 대하여,

$$s(1,2)+t(2,4)=(3,9)$$

인 실수 s와 t가 존재하는지를 판정하여라.

2. 두 벡터 $(1,2)$와 $(-1,3)$에 대하여,

$$s(1,2)+t(-1,3)=(2,9)$$

인 실수 s와 t를 구하여라.

3. 두 직선

$$2x+y-6=0, \qquad x-2y+7=0$$

의 교점을 지나고 기울기가 2인 직선의 방정식을 구하여라.

4. 두 직선

$$x+2y-1=0, \qquad x-3y+4=0$$

의 교점과 점 $P(1,4)$를 지나는 직선의 방정식을 구하여라.

5. 두 직선

$$2x-y-1=0, \qquad x+2y-8=0$$

의 교점을 지나고 방향비가 $1:3$인 직선의 방정식을 구하여라.

6. 두 직선

$$x+3y+1=0, \qquad 2x-2y-4=0$$

의 교점을 지나고 직선 $3x-2y+4=0$과 평행한 직선의 방정식을 구하여라.

제 3 장

원

이차방정식으로 나타낼 수 있는 곡선 중에서 가장 먼저 생각할 수 있는 대상이 원이다. 원은 고정된 점으로부터 거리가 일정한 점들의 자취이다. 이 장에서는 원의 방정식의 여러 형태로 알아본다. 그리고, 고정된 원에 대하여 정의되는 여러 점과 직선에 대하여 알아본다.

3.1 원의 방정식

3.1.1 원의 표준방정식

점 $C(x_0, y_0)$로부터 거리가 r_0인 점의 자취를 중심이 C이고 반지름의 길이가 r_0인 **원**이라고 한다. 점 $P(x, y)$에서 중심 C까지의 거리가 r_0이면

$$\sqrt{(x-x_0)^2+(y-y_0)^2} = r_0$$

이므로, 다음을 알 수 있다.

정리 3.1: 원의 표준방정식

방정식

$$(x-x_0)^2+(y-y_0)^2 = {r_0}^2 \tag{3.1}$$

는 중심이 $C(x_0, y_0)$이고 반지름의 길이가 r_0인 원의 방정식이다.

등식 (3.1)을 중심이 C이고 반지름의 길이가 r_0인 원의 **표준방정식**이라고 한다.

예제 3.1. 중심이 $C(2, -3)$이고 반지름의 길이가 5인 원의 방정식을 구하여라.

풀이 방정식

$$(x-2)^2+(y+3)^2 = 25$$

또는

$$x^2+y^2-4x+6y-12=0$$

이 중심이 $C(2, -3)$이고 반지름의 길이가 5인 원의 방정식이다. □

예제 3.2. 다음 원의 중심과 반지름의 길이를 구하여라.

(가) $x^2+y^2-2x+6y+1=0$ (나) $x^2+y^2+4y-12=0$

풀이 (가) 방정식을 표준형으로 바꾸면

$$(x-1)^2+(y+3)^2=3^2$$

이므로, 원의 중심은 $C(1, -3)$이고 반지름의 길이는 3이다.

(나) 방정식을 표준형으로 바꾸면

$$x^2 + (y+2)^2 = 4^2$$

이므로, 원의 중심은 $C(0, -2)$이고 반지름의 길이는 4이다. □

예제 3.3. 중심이 $C(3, -2)$이고 점 $P(7, 1)$를 지나는 원의 방정식을 구하여라.

풀이 구하는 원의 반지름의 길이가

$$r_0 = \sqrt{(7-3)^2 + (1-(-2))^2} = 5$$

이므로,

$$(x-3)^2 + (y+2)^2 = 5^2$$

또는

$$x^2 + y^2 - 6x + 4y - 12 = 0$$

이 구하는 원의 방정식이다. □

방정식

$$x^2 + y^2 - 2x_0x - 2y_0y + ({x_0}^2 + {y_0}^2 - {r_0}^2) = 0$$

이 중심이 $C(x_0, y_0)$이고 반지름의 길이가 r_0인 원의 방정식이므로, 원의 표준방정식은 x와 y에 대한 이차방정식임을 알 수 있다.

3.1.2 원의 일반적인 방정식

일반적인 이차방정식은

$$a_1x^2 + a_2y^2 + bxy + 2c_1x + 2c_2y + d = 0$$

로 나타낼 수 있다. 이때, 방정식이 이차이므로 $(a_1, a_2, b) \neq (0, 0, 0)$이다. 위의 이차방정식이 원의 방정식이기 위한 조건을 다음과 같이 정리할 수 있다.

정리 3.2: 일반적인 이차방정식이 원의 방정식이기 위한 필요충분조건

이차방정식 $a_1x^2 + a_2y^2 + bxy + 2c_1x + 2c_2y + d = 0$에 대하여,

$$b = 0, \quad a_1 = a_2 \neq 0, \quad \frac{{c_1}^2 + {c_2}^2 - a_1d}{{a_1}^2} > 0$$

은 주어진 방정식이 원의 방정식이기 위한 필요충분조건이다.

증명 이차방정식 $a_1x^2 + a_2y^2 + bxy + 2c_1x + 2c_2y + d = 0$에 대하여, 주어진 방정식이 원의 방정식이라고 가정하자. 원의 중심을 $C(x_0, y_0)$로 놓고 반지름의 길이를 r_0이라고 놓자. 그런데,

$$(x - x_0)^2 + (y - y_0)^2 = {r_0}^2$$

즉

$$x^2 + y^2 - 2x_0x - 2y_0y + {x_0}^2 + {y_0}^2 - {r_0}^2 = 0$$

이 중심이 $C(x_0, y_0)$이고 반지름의 길이가 r_0인 원의 방정식이므로,

$$b = 0, \quad a_1 = a_2 \neq 0, \quad x_0 = -\frac{c_1}{a_1}, \quad y_0 = -\frac{c_2}{a_1}, \quad {x_0}^2 + {y_0}^2 - {r_0}^2 = \frac{d}{a_1}$$

이다. 여기서, 세 번째와 네 번째 식을 다섯 번째 식에 대입하면, ${r_0}^2 > 0$이므로

$$b = 0, \quad a_1 = a_2 \neq 0, \quad \frac{{c_1}^2 + {c_2}^2 - a_1d}{{a_1}^2} > 0$$

이다.

이차방정식 $a_1x^2 + a_2y^2 + bxy + 2c_1x + 2c_2y + d = 0$에 대하여,

$$b = 0, \quad a_1 = a_2 \neq 0, \quad \frac{{c_1}^2 + {c_2}^2 - a_1d}{{a_1}^2} > 0$$

라고 가정하자. 주어진 이차방정식을 원의 표준형 형태로 바꾸면

$$\left(x + \frac{c_1}{a_1}\right)^2 + \left(y + \frac{c_2}{a_1}\right)^2 = \frac{{c_1}^2 + {c_2}^2 - a_1d}{{a_1}^2}$$

이다. 따라서 주어진 이차방정식은 중심이 $C(-c_1/a_1, -c_2/a_1)$이고 반지름의 길이가

$$r_0 = \sqrt{\frac{{c_1}^2 + {c_2}^2 - a_1 d}{{a_1}^2}}$$

인 원의 방정식이다. □

이차방정식

$$x^2 + y^2 + 2c_1 x + 2c_2 y + d = 0$$

에 대하여, 이 방정식을 원의 표준방정식의 형태로 변형하면

$$(x + c_1)^2 + (y + c_2)^2 = {c_1}^2 + {c_2}^2 - d \tag{3.2}$$

이다. 여기서 ${c_1}^2 + {c_2}^2 - d$의 값에 따라서 위의 이차방정식은 다음을 나타낸다.

(가) 만약 ${c_1}^2 + {c_2}^2 - d > 0$이면, 이차방정식 (3.2)은 중심이 $C(-c_1, -c_2)$이고 반지름의 길이가 $\sqrt{{c_1}^2 + {c_2}^2 - d}$인 원의 방정식이다.

(나) 만약 ${c_1}^2 + {c_2}^2 - d = 0$이면, 이차방정식 (3.2)은 점 $C(-c_1, -c_2)$를 나타낸다.

(다) 만약 ${c_1}^2 + {c_2}^2 - d < 0$이면, 이차방정식 (3.2)의 근은 존재하지 않는다.

한 직선에 놓여 있지 않은 세 점 $A(x_1, y_1)$, $B(x_2, y_2)$, $C(x_3, y_3)$에 대하여 c_1, c_2, d에 대한 연립방정식

$$\begin{aligned} x_1^2 + y_1^2 + 2x_1 c_1 + 2y_1 c_2 + d = 0 \\ x_2^2 + y_2^2 + 2x_2 c_1 + 2y_2 c_2 + d = 0 \\ x_3^2 + y_3^2 + 2x_3 c_1 + 2y_3 c_2 + d = 0 \end{aligned} \tag{3.3}$$

의 근은 유일하게 존재한다. 그러므로, 한 직선에 놓여 있지 않은 세 점을 지나는 원은 유일하게 결정된다.

예제 3.4. 세 점 $A(5, 3)$와 $B(6, 2)$와 $C(3, -1)$를 지나는 원의 방정식을 구하여라.

풀이 구하는 원의 방정식을

$$x^2 + y^2 + 2c_1 x + 2c_2 y + d = 0$$

로 놓자. 원이 세 점 $A(5,3)$와 $B(6,2)$와 $C(3,-1)$를 지나므로, 연립방정식

$$5^2 + 3^2 + 10c_1 + 6c_2 + d = 0 \tag{3.4}$$
$$6^2 + 2^2 + 12c_1 + 4c_2 + d = 0 \tag{3.5}$$
$$3^2 + (-1)^2 + 6c_1 - 2c_2 + d = 0 \tag{3.6}$$

을 풀면 된다. 식 (3.4)에서 식 (3.5)를 빼면

$$-6 - 2c_1 + 2c_2 = 0 \tag{3.7}$$

이고, 식 (3.4)에서 식 (3.6)을 빼면

$$24 + 4c_1 + 8c_2 = 0 \tag{3.8}$$

이다. 식 (3.7)의 2배에서 식 (3.8)을 더하면

$$12 + 12c_2 = 0$$

이므로 $c_2 = -1$이다. $c_2 = -1$를 식 (3.7)에 대입하면 $c_1 = -4$이다. $c_2 = -1$와 $c_1 = -4$를 식 (3.6)에 대입하면 $d = 12$이다. 따라서 구하는 원의 방정식은

$$x^2 + y^2 - 8x - 2y + 12 = 0$$

이다. □

두 원의 교각 그림 3.1에서와 같이, 점 P가 중심이 C_1인 원 Γ_1과 중심이 C_2인 원 Γ_2의 교점일 때, 교점 P에서의 두 원의 접선의 교각 ϕ와 $\theta = \angle C_1PC_2$ 사이에는

$$\phi + \theta = \pi$$

이 성립한다. 방정식

$$x^2 + y^2 + 2a_1x + 2b_1x + c_1 = 0$$

이 원 Γ_1의 방정식이고 방정식

$$x^2 + y^2 + 2a_2x + 2b_2y + c_2 = 0$$

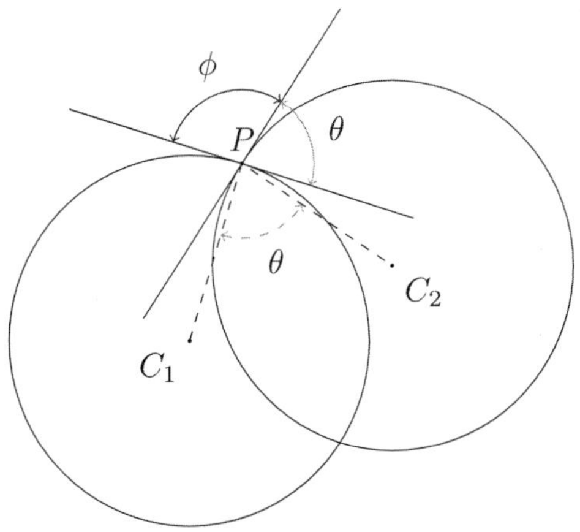

그림 3.1 두 원의 교각

이 원 Γ_2의 방정식이면, 원 Γ_1과 Γ_2의 반지름은 각각

$$s_1 = \sqrt{{a_1}^2 + {b_1}^2 - c_1}, \qquad s_2 = \sqrt{{a_2}^2 + {b_2}^2 - c_2}$$

이고, 두 원의 중점 C_1과 C_2의 좌표는 각각

$$(-a_1, -b_1), \qquad (-a_2, -b_2)$$

이다. 삼각형 $\triangle C_1PC_2$에 대한 제2코사인법칙

$$\overline{C_1C_2}^2 = {s_1}^2 + {s_2}^2 - 2s_1s_2\cos\theta$$

즉,

$$\begin{aligned}(a_1 - a_2)^2 + (b_1 - b_2)^2 &= ({a_1}^2 + {b_1}^2 - c_1) + ({a_2}^2 + {b_2}^2 - c_2)\\ &\quad - 2\sqrt{{a_1}^2 + {b_1}^2 - c_1}\sqrt{{a_2}^2 + {b_2}^2 - c_2}\cos\theta\end{aligned}$$

에 따라서

$$\cos\theta = \frac{a_1a_2 + b_1b_2 - (c_1 + c_2)/2}{\sqrt{{a_1}^2 + {b_1}^2 - c}\sqrt{{a_2}^2 + {b_2}^2 - c_2}}$$

이다.

특히 두 원이 교점에서 직교할 필요충분조건을 다음과 같이 정리할 수 있다.

정리 3.3: 두 원이 직교할 필요충분조건

두 원 $x^2+y^2+2a_1x+2b_1x+c_1=0$과 $x^2+y^2+2a_2x+2b_2y+c_2=0$에 대하여, 두 원이 점 P에서 만나면

$$a_1a_2+b_1b_2-\frac{c_1+c_2}{2}=0$$

은 두 원이 교점 P에서 직교하기 위한 필요충분조건이다.

3.1.3 원의 매개변수방정식

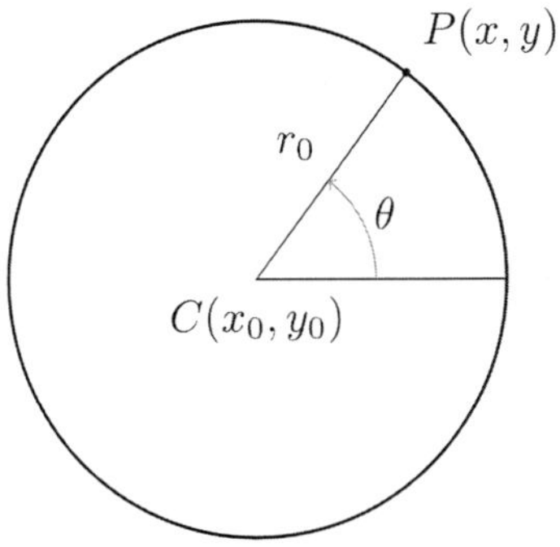

그림 3.2 원의 매개변수

중심이 $C(x_0, y_0)$이고 반지름의 길이가 r_0인 원을, 그림 3.2에서와 같이, 매개변수 θ에 대한 매개변수방정식

$$\begin{cases} x = x_0 + r_0\cos\theta, \\ y = y_0 + r_0\sin\theta \end{cases}$$

로 나타낼 수 있다.

예제 3.5. 원의 방정식 $x^2+y^2-2x+4y+1=0$을 매개변수 θ에 대한 매개변수방정식으로 나타내어라.

풀이. 주어진 방정식의 표준형이

$$(x-1)^2+(y+2)^2=2^2$$

이므로 이 방정식은 원점이 $C(1,-2)$이고 반지름의 길이가 2인 원의 방정식이다. 따라서,

$$\begin{cases} x = 1 + 2\cos\theta, \\ y = -2 + 2\sin\theta \end{cases}$$

이 주어진 원의 매개변수방정식이다. □

3.1.4 원의 극방정식

직각삼각형에 대한 피타고라스의 정리를 일반적인 삼각형에 대한 다음의 정리로 일반화할 수 있다.

정리 3.4: 삼각형에 대한 제2코사인법칙

$\triangle ABC$에 대하여, $a = \overline{BC}$, $b = \overline{CA}$, $c = \overline{AB}$, $\theta = \angle ACB$로 놓으면

$$a^2 + b^2 = c^2 + 2ab\cos\theta$$

이다.

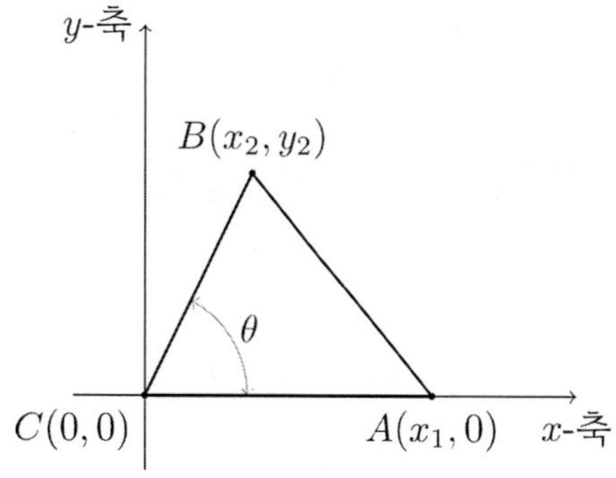

그림 3.3 삼각형의 제2코사인법칙

증명 적당한 회전변환과 평행이동과 반전을 실행하면 그림 3.3에서와 같이

$$A(x_1, 0), \quad B(x_2, y_2), \quad C(0,0)$$

인 양의 실수 x_1, y_2와 실수 x_2가 존재한다. 그러면,

$$a = \sqrt{{x_2}^2 + {y_2}^2}, \quad b = x_1, \quad c = \sqrt{(x_2 - x_1)^2 + {y_2}^2}, \quad x_2 = a\cos\theta$$

이므로

$$a^2 + b^2 - 2ab\cos\theta = {x_2}^2 + {y_2}^2 + {x_1}^2 - 2x_1x_2 = (x_2 - x_1)^2 + {y_2}^2 = c^2$$

이다. □

삼각형에 대한 제2코사인법칙에 따라서, 중심이 C이고 반지름의 길이가 s_0인 원의 극방정식을 쉽게 구할 수 있다.

정리 3.5: 원의 극방정식

중심이 C이고 반지름의 길이가 s_0인 원의 극방정식은 다음과 같다.

(가) 중심 C가 극점이 아니고 극좌표가 (r_0, θ_0)이면,

$$r^2 + {r_0}^2 - 2rr_0\cos(\theta - \theta_0) = {s_0}^2 \tag{3.9}$$

가 중심이 C이고 반지름의 길이가 s_0인 원의 극방정식이다.

(나) 중심 C가 극점이면

$$r = s_0$$

가 중심이 C이고 반지름의 길이가 s_0인 원의 극방정식이다.

증명 (가) 원의 중심 C가 극점이 아니라고 가정하자. 중심이 C이고 반지름의 길이가 s_0인 원에 놓인 점을 P로 놓자. 점 P의 극좌표를 (r, θ)라고 놓으면, 그림 3.4에서와 같이 선분 $\overline{OC}$와 선분 $\overline{OP}$ 사이의 각은 $\theta - \theta_0$이다. 그러므로, $\triangle COP$에 대한 제2코사인법칙에 따라서 ${s_0}^2 = r^2 + {r_0}^2 - 2rr_0\cos(\theta - \theta_0)$이다.

(나) 중심 C가 극점이라고 가정하자. 그러면 중심이 C이고 반지름의 길이가 s_0인 원에 놓인 점 P의 극좌표는 (s_0, θ)이므로 $r = s_0$가 중심이 C이고 반지름의 길이가 s_0인 원의 극방정식이다. □

원이 극점 O를 지나면 $r_0 = s_0$이므로 극방정식 (3.9)은

$$r = 2s_0\cos(\theta - \theta_0)$$

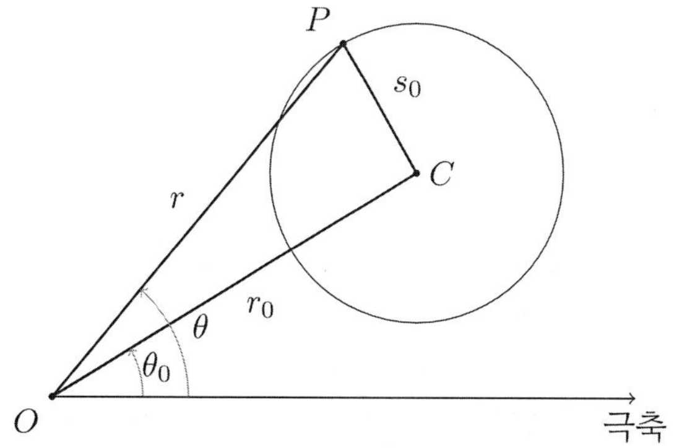

그림 3.4 극좌표계에서의 원

와 같다.

원의 극방정식 (3.9)을 전개하면

$$r^2 - 2rr_0(\cos\theta\cos\theta_0 + \sin\theta\sin\theta_0) + {r_0}^2 - {s_0}^2 = 0$$

이다. 따라서 원의 극방정식은 일반적으로

$$r^2 + 2r(a\cos\theta + b\sin\theta) + c = 0$$

이다.

정리 3.6: 원의 극방정식

극방정식

$$r^2 + 2r(a\cos\theta + b\sin\theta) + c = 0$$

에 대하여, $a^2 + b^2 - c > 0$이면 이 극방정식은 중심의 극좌표가 $(\sqrt{a^2+b^2}, \theta_0)$ 이고 반지름의 길이가 $\sqrt{a^2+b^2-c}$인 원의 방정식이다. 여기서

$$\cos\theta_0 = -\frac{a}{\sqrt{a^2+b^2}}, \quad \sin\theta_0 = -\frac{b}{\sqrt{a^2+b^2}}$$

이다.

증명 식 (3.9)로부터 이 방정식이 원의 방정식이기 위해서는, 원의 중심의 극좌표가

(r_0, θ_0)이고 반지름의 길이가 s_0일 때

$$-r_0 \cos\theta_0 = a, \quad -r_0 \sin\theta_0 = b, \quad {r_0}^2 - {s_0}^2 = c,$$

즉

$$r_0 = \sqrt{a^2+b^2}, \quad s_0 = \sqrt{{r_0}^2 - c} = \sqrt{a^2+b^2-c}$$

이어야 한다. □

예제 3.6. 다음 극방정식이 나타내는 원의 중심과 반지름의 길이를 구하여라.
(가) $r^2 - 2r(\sqrt{3}\cos\theta - \sin\theta) - 5 = 0$ (나) $r = 8\left(\cos\theta - \sqrt{3}\sin\theta\right)$

풀이 (가) 극방정식은

$$r^2 - 2r \cdot 2 \cdot \ \cos\left(\theta + \frac{\pi}{6}\right) + 2^2 = 3^2$$

이므로, 원의 중심의 극좌표는 $(2, -\pi/6)$이고 반지름의 길이는 3이다.

(나) 극방정식은

$$r = 2 \cdot 8 \cdot \cos\left(\theta + \frac{\pi}{3}\right)$$

이므로, 원의 중심의 극좌표는 $(8, -\pi/3)$이고 반지름의 길이는 8이다. □

연습문제 3.1

1. 중심이 $C(-1,4)$이고 반지름의 길이가 3인 원의 방정식을 구하여라.

2. 다음 원의 중심과 반지름의 길이를 구하여라.

   (가) $x^2+y^2-4x-6y+4=0$ (나) $x^2+y^2+2x-15=0$

3. 중심이 $C(1,4)$이고 점 $P(5,-2)$를 지나는 원의 방정식을 구하여라.

4. 방정식 $x^2+y^2-6x+10y+c=0$가 반지름의 길이가 4인 원의 방정식일 때, c의 값을 구하여라.

5. 점 $A(2,4)$와 $B(-4,12)$에 대하여, 선분 $\overline{AB}$가 지름인 원의 방정식을 구하여라.

6. 점 $A(-2,4)$와 $B(3,5)$를 지나고 중심이 x-축에 놓인 원의 방정식을 구하여라.

7. 세 점 $A(5,4)$, $B(-1,2)$, $C(3,6)$를 지나는 원의 방정식을 구하여라.

8. 원의 방정식 $x^2+y^2-4x+6y+4=0$을 매개변수 θ에 대한 매개변수방정식으로 나타내어라.

9. 다음 극방정식이 나타내는 원의 중심과 반지름의 길이를 구하여라.

   (가) $r^2-4r(\sqrt{2}\cos\theta+\sqrt{2}\sin\theta)+7=0$

   (나) $r=5\left(\sqrt{3}\cos\theta-\sin\theta\right)$

3.2 점과 원

3.2.1 원에 대한 점의 방멱

원 Γ와 점 P에 대하여, 다음을 정의하자.

정의 3.1: 원 Γ에 대한 점 P의 방멱

중심이 C이고 반지름의 길이가 s_0인 원 Γ와 점 P에 대하여,

$$\overline{CP}^2 - {s_0}^2$$

을 원 Γ에 대한 점 P의 **방멱**[a]이라고 한다.

[a]방멱을 단순히 **멱**이라고도 한다.

원 Γ와 점 P에 대하여 다음이 성립함을 알 수 있다.

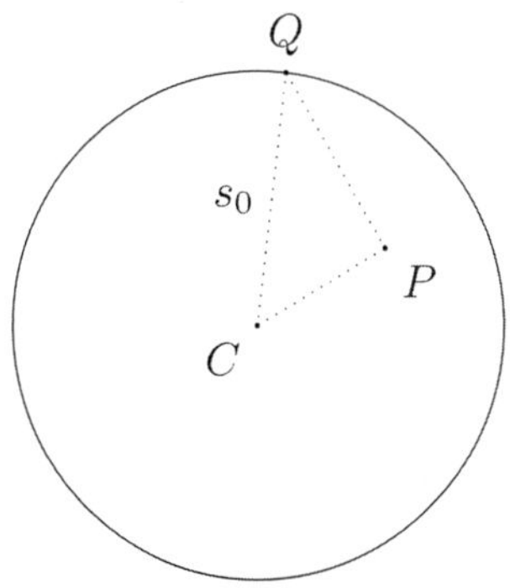

그림 3.5 원에 대한 내부점 P의 방멱

(가) 점 P가 원 Γ의 내부에 놓여 있을 때, 그림 3.5에서와 같이, 점 P에서 직선 $\overline{CP}$에 수직인 직선과 원 Γ가 만나는 점을 Q로 놓으면, $\angle CPQ = \pi/2$이므로 $\triangle CPQ$는 직각삼각형이다. 피타고라스의 정리에 따라서

$$\overline{PQ}^2 = {s_0}^2 - \overline{CP}^2$$

이므로 $-\overline{PQ}^2$이 원 Γ에 대한 점 P의 방멱이다.

(나) 점 P가 원 Γ 위에 놓인 경우, $\overline{CP} = s_0$이므로 원 Γ에 대한 점 P의 방멱은 0이다.

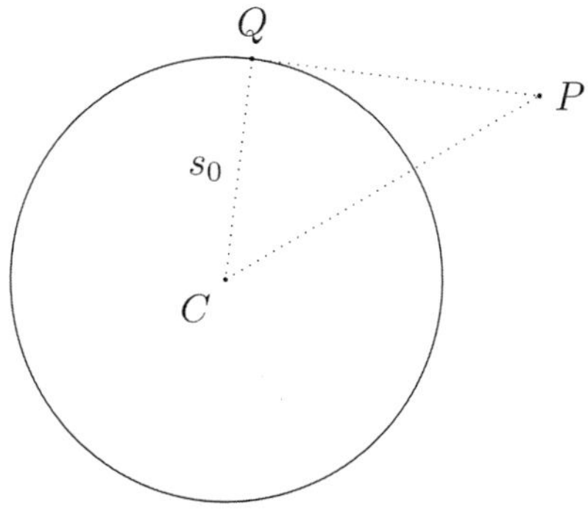

그림 3.6 원에 대한 외부점 P의 방멱

(다) 점 P가 원의 외부에 놓여 있는 경우, 그림 3.6에서와 같이 점 P를 지나고 원 Γ에 접하는 직선이 원과 만나는 점을 Q로 놓으면, $\angle CQP = \pi/2$이므로 $\triangle CQP$는 직각삼각형이다. 피타고라스의 정리에 따라서

$$\overline{PQ}^2 = \overline{CP}^2 - {s_0}^2$$

이므로, $\overline{PQ}^2$이 원 Γ에 대한 점 P의 방멱이다.

원에 대한 점의 방멱과 원의 방정식 사이에는 다음의 관계가 있다.

정리 3.7: 원의 방정식과 원에 대한 점의 방멱

원 $x^2 + y^2 + 2ax + 2by + c = 0$와 점 $P(x_1, y_1)$에 대하여,

$$x_1^2 + y_1^2 + 2ax_1 + 2by_1 + c$$

은 주어진 원에 대한 점 P의 방멱이다.

증명 원 Γ의 방정식을 표준형으로 변형하면

$$(x + a)^2 + (y + b)^2 = a^2 + b^2 - c$$

이므로 원 Γ의 중심 C의 좌표는 $(-a, -b)$이고 반지름의 길이는 $s_0 = \sqrt{a^2 + b^2 - c}$

이다. 따라서,

$$\begin{aligned} x_1^2 + y_1^2 + 2ax_1 + 2by_1 + c \\ &= (x_1+a)^2 + (y_1+b)^2 - (a^2+b^2-c) \\ &= \overline{CP}^2 - {s_0}^2 \end{aligned}$$

이다. □

예제 3.7. 원 $x^2+y^2-4x-6y+4=0$에 대한 점 $C(2,3)$, $P(2,0)$, $Q(4,0)$의 방멱을 구하여라.

풀이 $2^2+3^2-4\cdot 2-6\cdot 3+4=-9$이므로 원 $x^2+y^2-4x^2-6y^2+4=0$에 대한 점 $C(2,3)$의 방멱은 -9이다.

$2^2+0^2-4\cdot 2-6\cdot 0+4=0$이므로 원 $x^2+y^2-4x^2-6y^2+4=0$에 대한 점 $P(2,0)$의 방멱은 0이다.

$4^2+0^2-4\cdot 4-6\cdot 0+4=4$이므로 원 $x^2+y^2-4x^2-6y^2+4=0$에 대한 점 $Q(4,0)$의 방멱은 4이다. □

원에 대한 점의 방멱에 대하여, 다음과 같은 성질도 있다.

정리 3.8: 원에 대한 점의 방멱의 이해

유향직선 $\overrightarrow{PE}$와 원 Γ에 대하여, 유향직선 $\overrightarrow{PE}$가 원 Γ와 서로 다른 두 점 A와 B에서 만나면

$$\overrightarrow{PA}\cdot\overrightarrow{PB}$$

가 원 Γ에 대한 점 P의 방멱이다. 여기서 $\overrightarrow{PA}$과 $\overrightarrow{PB}$는 각각 유향직선 $\overrightarrow{PE}$에 대한 유향선분 $\overrightarrow{PA}$과 $\overrightarrow{PB}$의 길이이다.

증명 유향직선 $\overrightarrow{PE}$가 원 Γ와 서로 다른 두 점 A와 B에서 만난다고 가정하자. 원 Γ의 방정식의 일반형을 $x^2+y^2+2ax+2by+c=0$로 놓자. 유향직선 $\overrightarrow{PE}$의 방향코사인을 (λ,μ)로 놓고 점 P의 좌표를 (x_1,y_1)로 놓으면 유향직선 $\overrightarrow{PE}$의 매개변수방정식은

$$\begin{cases} x = x_1 + t\lambda, \\ y = y_1 + t\mu \end{cases}$$

이다. 이것을 원 Γ의 방정식에 대입하면, $\lambda^2+\mu^2=1$이므로

$$t^2+2\{\lambda(x_1+a)+\mu(y_1+b)\}t+(x_1^2+y_1^2+2ax_1+2by_1+c)=0$$

이다. 이때, $\overrightarrow{PA}$와 $\overrightarrow{PB}$가 위의 방정식의 서로 다른 두 근이므로,

$$\overrightarrow{PA}\cdot\overrightarrow{PB}=x_1^2+y_1^2+2ax_1+2by_1+c$$

이다. □

위의 정리로부터 원과 점에 대한 다음의 정리를 알 수 있다.

따름정리 3.9: 방멱정리

원 Γ와 점 P에 대하여, 점 P를 지나는 두 직선이 각각 원 Γ와 점 A와 B, 점 C와 D에서 만나면

$$\overline{PA}\cdot\overline{PB}=\overline{PC}\cdot\overline{PD}$$

이다.

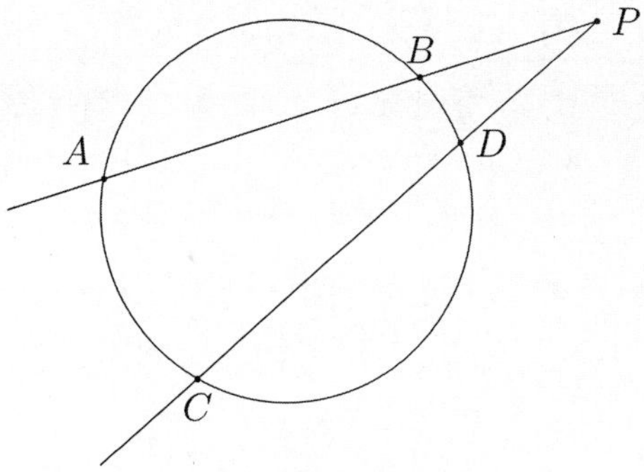

두 원의 근축 중심이 다른 두 원

$$x^2+y^2+2a_1x+2b_1y+c_1=0,\quad x^2+y^2+2a_2x+2b_2y+c_2=0$$

에 대하여, 식

$$x^2+y^2+2a_1x+2b_1y+c_1=x^2+y^2+2a_2x+2b_2y+c_2$$

즉,

$$2(a_1 - a_2)x + 2(b_1 - b_2)y + c_1 - c_2 = 0$$

은 두 원의 방멱이 같은 점 $P(x, y)$의 자취의 방정식이다. 이 방정식이 직선의 방정식이므로 다음을 정의하자.

정의 3.2: 두 원의 근축

중심이 다른 두 원 $x^2+y^2+2a_1x+2b_1y+c_1 = 0$와 $x^2+y^2+2a_2x+2b_2y+c_2 = 0$에 대하여, 직선

$$2(a_1 - a_2)x + 2(b_1 - b_2)y + c_1 - c_2 = 0$$

을 주어진 두 원의 **근축**이라고 한다.

두 원이 만나면 이때의 교점에서 두 원의 방멱은 모두 0이므로 교점은 두 원의 근축에 놓여 있다. 따라서, 두 원이 서로 다른 두 점에서 만나면 두 교점을 지나는 직선이 두 원의 근축이다.

예제 3.8. 중심이 다른 두 원 $x^2 + y^2 + 2a_1x + 2b_1y + c_1 = 0$와 $x^2 + y^2 + 2a_2x + 2b_2y + c_2 = 0$이 서로 다른 두 점에서 만날 때, 이 두 점을 연결하는 직선의 방정식을 구하여라.

풀이 중심이 다른 두 원이 서로 다른 두 점에서 만날 때, 두 점을 연결하는 직선은 두 원의 극축이므로

$$2(a_1 - a_2)x + 2(b_1 - b_2)y + (c_1 - c_2) = 0$$

이 두 원의 교점을 연결하는 직선의 방정식이다. □

중심이 다른 세 개의 원

$$\begin{aligned}\Gamma_1 &: x^2 + y^2 + 2a_1x + 2b_1y + c_1 = 0,\\ \Gamma_2 &: x^2 + y^2 + 2a_2x + 2b_2y + c_2 = 0,\\ \Gamma_3 &: x^2 + y^2 + 2a_3x + 2b_3y + c_3 = 0\end{aligned}$$

에 대하여, 각각의 두 원들의 근축은

$$\begin{aligned} 2(a_1-a_2)x+2(b_1-b_2)y+(c_1-c_2)=0, \\ 2(a_2-a_3)x+2(b_2-b_3)y+(c_2-c_3)=0, \\ 2(a_3-a_1)x+2(b_3-b_1)y+(c_3-c_1)=0 \end{aligned}$$

이다. 이때,

$$a_3-a_1=(a_3-a_2)+(a_2-a_1), \quad b_3-b_1=(b_3-b_2)+(b_2-b_1)$$

이므로, 세 개의 근축은 서로 평행하거나 한 점에서 만난다. 세 개의 근축이 한 점에서 만날 때, 이 교점을 세 개의 원의 **근심**이라고 한다.

예제 3.9. 세 원

$$x^2+y^2-1=0, \quad x^2+y^2-2x+3y-4=0, \quad x^2+y^2-x+2y-3=0$$

의 근심을 구하여라.

풀이 세 원 중에서 두 원의 근축은 각각

$$2x-3y+3=0, \quad x-y+1=0, \quad x-2y+2=0$$

이다. 여기서, 세 근축의 교점은 $C(0,1)$이므로 이 점이 세 원의 근심이다. □

3.2.2 원에 대한 점의 반전

원과 원의 중심이 아닌 점에 대하여, 다음을 정의하자.

정의 3.3: 원에 대한 점의 반전

중심이 C이고 반지름의 길이가 s_0인 원 Γ와 중심이 아닌 점 P에 대하여,

$$\overrightarrow{CP} \cdot \overrightarrow{CQ} = {s_0}^2$$

인 유향직선 $\overrightarrow{CP}$에 놓인 점 Q를 원 Γ에 대한 P의 **반전**이라고 한다. 여기서, $\overrightarrow{CP}$와 $\overrightarrow{CQ}$는 각각 유향직선 $\overrightarrow{CP}$에 대한 유향선분 $\overrightarrow{CP}$와 $\overrightarrow{CQ}$의 유향길이이다. 이때 원 Γ를 **반전원**, C를 **반전의 중심**, s_0을 **반전의 반지름의 길이**라고 한다.

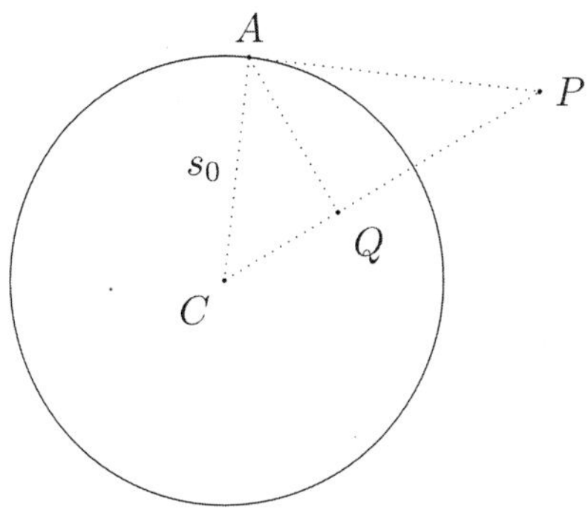

그림 3.7 원에 대한 점 P의 반전 Q

중심이 C이고 반지름의 길이가 s_0인 원 Γ와 중심이 아닌 점 P에 대하여, 원 Γ에 대한 점 P의 반전 Q를 그림 3.7와 같이 나타낼 수 있다. 점 Q는 유향직선 $\overrightarrow{OP}$에 놓여 있고 $\overrightarrow{CP} \cdot \overrightarrow{CQ} = {s_0}^2$이므로, 유향직선 $\overrightarrow{CP}$에 대하여 유향선분 $\overrightarrow{CQ}$는 유향선분 $\overrightarrow{CP}$와 같은 방향이고

$$\overline{CQ} = \frac{{s_0}^2}{\overline{CP}}$$

이다.

원 Γ와 원 Γ의 중심이 아닌 점 P에 대하여, 점 Q가 원 Γ에 대한 점 P의 반전이면 점 P는 원 Γ에 대한 점 Q의 반전임을 정의로부터 알 수 있다.

원의 중심과 반지름의 길이가 주어지고 점 P의 좌표가 주어질 때, 원에 대한 점 P의 반전의 좌표를 구할 수 있다.

정리 3.10: 원에 대한 점의 반전

중심이 $C(x_0, y_0)$이고 반지름의 길이가 s_0인 원 Γ와 중심 C가 아닌 점 $P(x_1, y_1)$에 대하여, 점 $Q(x_2, y_2)$가 원 Γ에 대한 P의 반전이면

$$x_2 = x_0 + \frac{{s_0}^2(x_1 - x_0)}{(x_1 - x_0)^2 + (y_1 - y_0)^2},$$
$$y_2 = y_0 + \frac{{s_0}^2(y_1 - y_0)}{(x_1 - x_0)^2 + (y_1 - y_0)^2}$$

이다.

증명 점 Q가 원 Γ에 대한 점 P의 반전이라고 놓자. 그러면 Q는 유향직선 $\overrightarrow{OP}$에 놓여 있고 유향선분 $\overrightarrow{CQ}$는 유향직선 $\overrightarrow{CP}$에 대하여 유향선분 $\overrightarrow{CP}$와 같은 방향이고

$$\overline{CQ} = \frac{{s_0}^2}{\overline{CP}}$$

이므로,

$$\begin{aligned}(x_2 - x_0, y_2 - y_0) &= \frac{{s_0}^2}{\overline{CP}}\left(\frac{x_1 - x_0}{\overline{CP}}, \frac{y_1 - y_0}{\overline{CP}}\right) \\ &= \frac{{s_0}^2}{\overline{CP}^2}(x_1 - x_0, y_1 - y_0)\end{aligned}$$

이다. 여기서,

$$\overline{CP}^2 = (x_1 - x_0)^2 + (y_1 - y_0)^2$$

이다. □

점 $Q(x_2, y_2)$가 중심이 $C(x_0, y_0)$이고 반지름의 길이가 s_0인 원 Γ에 대한 점 $P(x_1, y_1)$의 반전이면 점 P는 원 Γ에 대한 점 Q의 반전이므로,

$$x_1 = x_0 + \frac{{s_0}^2(x_2 - x_0)}{(x_2 - x_0)^2 + (y_2 - y_0)^2},$$
$$y_1 = y_0 + \frac{{s_0}^2(y_2 - y_0)}{(x_2 - x_0)^2 + (y_2 - y_0)^2}$$

이다.

예제 3.10. 원 $x^2+y^2={r_0}^2$에 대한 직선 $ax+by+c=0$에 놓인 점의 반전의 자취를 구하여라.

풀이 원 $x^2+y^2={r_0}^2$에 대한 직선 $ax+by+c=0$에 놓인 점 $P(x_1, y_1)$의 반전이 $Q(x_2, y_2)$이면, 점 P가 주어진 원에 대한 점 Q의 반전이므로

$$x_1=\frac{{r_0}^2x_2}{{x_2}^2+{y_2}^2},\quad y_1=\frac{{r_0}^2y_2}{{x_2}^2+{y_2}^2}$$

이다. 점 P가 주어진 직선에 놓인 점이므로, 위의 식을 직선의 방정식 $ax+by+c=0$에 대입하면

$$c({x_2}^2+{y_2}^2)+a{r_0}^2x_2+b{r_0}^2y_2=0$$

이다. 따라서, 구하는 자취의 방정식은

$$c(x^2+y^2)+a{r_0}^2x+b{r_0}^2y=0$$

이다. □

위의 예제에서, $c\neq 0$이면 자취의 방정식은 원점을 지나는 원이고, $c=0$이면 자취의 방정식은 주어진 직선과 동일함을 알 수 있다.

연습문제 3.2

1. 원 $x^2 + y^2 - 4x + 6y + 9 = 0$에 대한 점 $C(2, -3)$, $P(2, -1)$, $Q(3, 1)$의 방멱을 구하여라.

2. 중심이 다른 두 원 $x^2+y^2+2a_1x+2b_1y+c_1 = 0$, $x^2+y^2+2a_2x+2b_2y+c_2 = 0$와 두 원의 근축에 놓인 점 P에 대하여, 점 P를 지나는 두 원의 접선들이 존재하면 두 접선이 원에 접하는 접점을 각각 A와 B로 놓을 때

$$\overline{PA} = \overline{PB}$$

임을 보여라.

3. 두 원 $x^2+y^2-4x-6y+4 = 0$와 $x^2+y^2-6x+2y-2 = 0$의 근축을 구하여라.

4. 중심이 다른 두 원 $x^2+y^2+2a_1x+2b_1y+c_1 = 0$와 $x^2+y^2+2a_2x+2b_2y+c_2 = 0$에 대하여, 두 원의 중심을 이은 직선 즉, 두 원의 **중심선**

$$(b_1 - b_2)x - (a_1 - a_2)y - a_1b_2 + a_2b_1 = 0$$

은 두 원의 근축과 직교함을 보여라.

5. 원 중에서 원 $x^2 + y^2 + 2c_1x + 2c_2y + d = 0$와의 근축이 직선 $ax + by + c = 0$인 원의 방정식을 구하여라.

6. 세 원

$$x^2 + y^2 - x = 0, \quad x^2 + y^2 - 4x - 4 = 0, \quad x^2 + y^2 + 2x + 6y + 2 = 0$$

의 근심을 구하여라.

7. 원 $x^2 + y^2 = {r_0}^2$에 대한 원 $x^2 + y^2 + 2ax + 2by + c = 0$에 놓인 점의 반전의 자취를 구하여라.

3.3 직선과 원

3.3.1 원의 접선

원 Γ에 대하여, 원 Γ와 한 점에서만 만나는 직선을 원 Γ의 **접선**이라고 한다.

원의 방정식이 표준형일 때, 원의 접선의 방정식을 다음과 같이 구할 수 있다.

정리 3.11: 표준형 방정식의 원의 접선의 방정식

중심이 $C(x_0, y_0)$이고 반지름의 길이가 s_0인 원 Γ와 원 Γ에 놓인 점 $P(x_1, y_1)$에 대하여,

$$(x - x_0)(x_1 - x_0) + (y - y_0)(y_1 - y_0) = {s_0}^2$$

은 점 P를 지나는 원 Γ의 접선의 방정식이다.

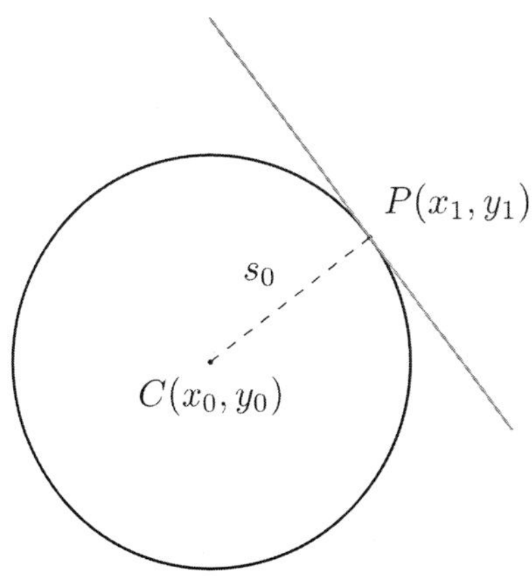

그림 3.8 원의 접선

증명 방정식 $(x - x_0)^2 + (y - y_0)^2 = {s_0}^2$이 중심이 $C(x_0, y_0)$이고 반지름의 길이가 s_0인 원 Γ의 방정식이다. 원에 놓인 점 P를 지나는 원의 접선은 점 P를 지나고 직선 $\overline{CP}$에 수직이다. 직선 $\overline{CP}$의 방향비가 $(x_1 - x_0) : (y_1 - y_0)$이므로,

$$(x_1 - x_0)(x - x_1) + (y_1 - y_0)(y - y_1) = 0 \tag{3.10}$$

이 구하는 접선의 방정식이다. 그런데,

$$x - x_1 = (x - x_0) - (x_1 - x_0), \quad y - y_1 = (y - x_0) - (y_1 - y_0)$$

이므로 방정식 (3.10)을

$$(x_1 - x_0)(x - x_0) + (y_1 - y_0) = (x_1 - x_0)^2 + (y_1 - y_0)^2$$

로 나타낼 수 있다. 이때, $(x_1 - x_0)^2 + (y_1 - y_0)^2 = {s_0}^2$이므로

$$(x - x_0)(x_1 - x_0) + (y - y_0)(y_1 - y_0) = {s_0}^2$$

이 구하는 접선의 방정식이다. □

위의 정리를 이용하여, 일반형 원의 접선의 방정식도 쉽게 구할 수 있다.

따름정리 3.12: 일반형 방정식의 원의 접선의 방정식

원 $x^2 + y^2 + 2ax + 2by + c = 0$와 원에 놓인 점 $P(x_1, y_1)$에 대하여,

$$x_1x + y_1y + a(x + x_1) + b(y + y_1) + c = 0$$

은 점 P를 지나는 원의 접선의 방정식이다.

증명 원의 중심의 좌표가 $(-a, -b)$이고 반지름의 길이가 $\sqrt{a^2 + b^2 - c}$이므로, 원의 표준방정식은

$$(x + a)^2 + (y + b)^2 = a^2 + b^2 - c$$

이다. 따라서, 원에 놓인 점 $P(x_1, y_1)$를 지나는 접선의 방정식은

$$(x + a)(x_1 + a) + (y + b)(y_1 + b) = a^2 + b^2 - c$$

즉,

$$x_1x + y_1y + a(x + x_1) + b(y + y_1) + c = 0$$

이다. □

예제 3.11. 원 $x^2+y^2-2x+4y+4=0$에 대하여, 다음 물음에 답하여라.

(가) 원에 놓인 점 $P(1,-1)$를 지나는 원의 접선의 방정식을 구하여라.

(나) 점 $P(1,-1)$을 지나고 $P(1,-1)$를 지나는 접선에 수직인 직선을 구하여라

(다) 점 $O(0,0)$를 지나는 원의 접선을 구하여라.

풀이 (가) 방정식 $x-y-(x+1)+2(y-1)+4=0$ 즉, 방정식 $y+1=0$이 구하는 접선의 방정식이다.

(나) 점 $P(1,-1)$을 지나고 접선 $y+1=0$에 수직인 직선의 방정식은 $x=1$이다.

(다) 원에 놓인 점 $Q(x_1,y_1)$을 지나는 원의 접선의 방정식을

$$x_1x+y_1y-(x+x_1)+2(y+y_1)+4=0$$

로 나타낼 수 있다. 이때, 이 접선이 원점을 지나므로 $-x_1+2y_1+4=0$이다. 점 $Q(x_1,y_1)$이 원에 놓여 있으므로

$$(2y_1+4)^2+{y_1}^2-2(2y_1+4)+4y_1+4=0$$

즉,

$$5{y_1}^2+16y_1+12=0$$

이다. 따라서,

$$y_1=\frac{-16\pm\sqrt{16}}{10}=-2 \text{ 또는 } -\frac{6}{5}$$

이므로 Q의 좌표는 $(0,-2)$ 또는 $(1.6,-1.2)$이다. 점 $Q_1(0,-2)$를 지나는 접선의 방정식은

$$-2y-x+2(y-2)+4=0$$

즉, $x=0$이다. 점 $Q_2(1.6,-1.2)$를 지나는 접선의 방정식은

$$\frac{16}{10}x-\frac{12}{10}y-\left(x+\frac{16}{10}\right)+2\left(y-\frac{12}{10}\right)+4=0$$

즉, $3x+4y=0$이다. 따라서, 구하는 접선의 방정식은 $x=0$과 $3x+4y=0$이다. □

직선이 원에 접하기 위한 필요충분조건 점 $C(x_0, y_0)$에서 직선 $ax+by+c=0$까지의 거리는

$$\frac{|ax_0+by_0+c|}{\sqrt{a^2+b^2}}$$

임를 이용하면 직선이 원에 접할 필요충분조건을 구할 수 있다. 직선 $ax+by+c=0$가 원 $(x-x_0)^2+(y-y_0)^2={s_0}^2$에 접하는 것은 이 직선에서 원의 중심 $C(x_0, y_0)$까지의 거리가 원의 반지름의 길이인 s_0과 같기 위한 필요충분조건이므로 다음을 알 수 있다.

정리 3.13: 직선이 원의 접선이기 위한 필요충분조건

중심이 $C(x_0, y_0)$이고 반지름의 길이가 s_0인 원 $(x-x_0)^2+(y-y_0)^2={s_0}^2$와 직선 $ax+by+c=0$에 대하여,

$$\frac{|ax_0+by_0+c|}{\sqrt{a^2+b^2}}=s_0$$

은 주어진 직선이 주어진 원과 접하기 위한 필요충분조건이다.

직선 $ax+by+c=0$에 접하면서 중심이 $C(x_0, y_0)$인 원의 반지름의 길이는

$$s_0=\frac{|ax_0+by_0+c|}{\sqrt{a^2+b^2}}$$

이므로,

$$(x-x_0)^2+(y-y_0)^2=\frac{(ax_0+by_0+c)^2}{a^2+b^2}$$

은 직선 $ax+by+c=0$에 접하면서 중심이 $C(x_0, y_0)$인 원의 방정식이다.

기울기가 주어진 원의 접선을 다음과 같이 구할 수 있다.

정리 3.14: 기울기가 주어진 원의 접선의 방정식

중심이 $C(x_0, y_0)$이고 반지름의 길이가 s_0인 원과 실수 m에 대하여, 방정식

$$y - y_0 = m(x - x_0) \pm s_0\sqrt{m^2+1}$$

은 기울기가 m인 원의 접선의 방정식이다.

증명 직선 $y = mx + b$와 원 $x^2 + y^2 = s_0^2$에 대하여,

$$\frac{|b|}{\sqrt{m^2+1}} = s_0$$

즉

$$b = \pm s_0\sqrt{m^2+1}$$

은 주어진 직선이 원의 접선이기 위한 필요충분조건이다. 그러므로 방정식

$$y = mx \pm s_0\sqrt{m^2+1}$$

이 주어진 원에 접하면서 기울기가 m인 직선의 방정식이다. 이제 평행이동 $(x, y) \mapsto (x + x_0, y + y_0)$을 이용하면, 방정식

$$y - y_0 = m(x - x_0) \pm s_0\sqrt{m^2+1}$$

이 중심이 $C(x_0, y_0)$이고 반지름의 길이가 s_0인 원에 접하면서 기울기가 m인 직선의 방정식임을 알 수 있다. □

예제 3.12. 점 $O(0, 0)$을 지나고 원 $(x-3)^2 + (y-2)^2 = 4$에 접하는 직선의 방정식을 구하여라.

풀이 방정식 $y = mx$즉 $mx - y = 0$은 점 $O(0, 0)$를 지나고 기울기가 m인 직선의 방정식이다. 조건

$$\frac{|3m-2|}{\sqrt{m^2+1}} = 2$$

가 직선 $mx - y = 0$이 원 $(x-3)^2 + (y-2)^2 = 4$에 접하기 위한 필요충분조건이다. 이 조건을 $(3m-2)^2 = 4(m^2+1)$ 즉 $5m^2 - 12m = 0$로 나타낼 수 있다. 위의 방정식의

근이 $m = 0$ 또는 $m = 12/5$이므로,

$$y = 0, \qquad 12x - 5y = 0$$

이 구하는 접선의 방정식이다. □

3.3.2 원에 대한 점의 극선과 직선의 극점

고정된 원에 대하여, 원의 중심이 아닌 점에 대한 다음의 직선과 원의 중심을 지나지 않는 직선에 대한 다음의 점을 정의할 수 있다.

정의 3.4: 원에 대한 점의 극선과 직선의 극점

원 $(x - x_0)^2 + (y - y_0)^2 = {s_0}^2$에 대하여, 다음을 정의한다.

(가) 주어진 원의 중심이 아닌 점 $P(x_1, y_1)$에 대하여, 주어진 원에 대한 P의 반전인 점 Q를 지나면서 방향비가 $-(y_1 - y_0) : (x_1 - x_0)$인 직선을 이 원에 대한 P의 **극선**이라고 한다.

(나) 중심 $C(x_0, y_0)$를 지나지 않는 직선 ℓ에 대하여, 직선 ℓ에 놓인 점 중에서 중심 C에 가장 가깝게 놓인 점을 Q라고 하면, 주어진 원에 대한 Q의 반전인 점 P를 이 원에 대한 직선 ℓ의 **극점**이라고 한다.

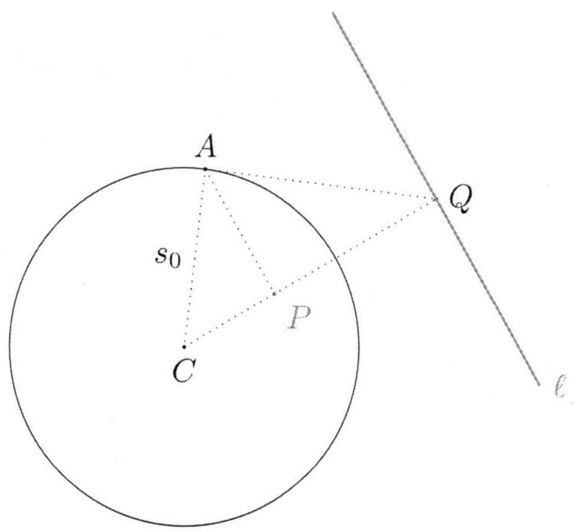

그림 3.9 원에 대한 점의 극선과 직선의 극점

점 P가 주어진 원의 중심이면 위의 정의에서 주어진 원에 대한 점 P의 극선을 정의할 수 없고, 또한 직선 ℓ이 주어진 원의 중심을 지나면 주어진 원에 대한 직선 ℓ의 극점을 정의할 수 없다.

주어진 원에 대한 점의 극선과 직선의 극점에 대한 기하적인 의미는 위에서의 정의로부터 알 수 있다. 이제 원의 방정식을 이용하여 점의 극선의 방정식을 나타내는 방법을 알아본다. 먼저, 표준방정식으로 나타난 원에 대한 점의 극선의 방정식을 찾아보자.

정리 3.15: 표준형 방정식의 원에 대한 점의 극선의 방정식

중심이 $C(x_0, y_0)$이고 반지름의 길이가 s_0인 원 $(x - x_0)^2 + (y - y_0)^2 = {s_0}^2$와 주어진 원의 중심이 아닌 점 $P(x_1, y_1)$에 대하여, 방정식

$$(x_1 - x_0)(x - x_0) + (y_1 - y_0)(y - y_0) = {s_0}^2 \tag{3.11}$$

은 주어진 원에 대한 점 P의 극선의 방정식이다.

증명 원 $(x - x_0)^2 + (y - y_0)^2 = {s_0}^2$와 $(x_1, y_1) \neq (x_0, y_0)$에 대한 점 P의 반전을 $Q(x', y')$이라고 놓으면,

$$(x_1 - x_0)(x - x') + (y_1 - y_0)(y - y') = 0$$

이 구하는 직선의 방정식이다. 여기서,

$$x - x' = (x - x_0) - (x' - x_0), \qquad y - y' = (y - y_0) - (y' - y_0)$$

이므로, 위의 방정식은

$$(x_1 - x_0)(x - x_0) + (y_1 - y_0)(y - y_0) = (x_1 - x_0)(x' - x_0) + (y_1 - y_0)(y' - y_0)$$

로 변형된다. 그런데, $(x_1-x_0)(x'-x_0)+(y_1-y_0)(y'-y_0) = {s_0}^2$이므로, 방정식 (3.12)이 주어진 원에 대한 점 P의 극선의 방정식이다. □

예제 3.13. 원 $(x + 1)^2 + (y - 3)^2 = 25$에 대한 점 $P(1, 2)$의 극선의 방정식을 구하여라.

풀이 방정식 $(1+1)(x+1)+(2-3)(y-3)=25$ 즉,

$$2x-y-20=0$$

가 주어진 원에 대한 점 $P(1,2)$의 극선의 방정식이다. □

표준형의 원의 방정식에 대한 점의 극선의 방정식을 이용하여, 일반형의 원의 방정식에 대한 점의 극선의 방정식을 구할 수 있다.

정리 3.16: 일반형 방정식의 원에 대한 점의 극선의 방정식

원 $x^2+y^2+2ax+2by+c=0$와 주어진 원의 중심이 아닌 점 $P(x_1,y_1)$에 대하여, 방정식

$$x_1x+y_1y+a(x+x_1)+b(y+y_1)+c=0 \tag{3.12}$$

은 주어진 원에 대한 P의 극선의 방정식이다.

증명 주어진 원의 방정식을 표준형으로 나타내면 $(x+a)^2+(y+b)^2=a^2+b^2-c$ 이므로, $(x_1,y_1)\neq(-a,-b)$인 점 $P(x_1,y_1)$에 대하여 방정식

$$(x_1+a)(x+a)+(y_1+b)(y+b)=a^2+b^2-c$$

가 주어진 원에 대한 P의 극선의 방정식이다. 위의 방정식은

$$x_1x+y_1y+a(x+x_1)+b(y+y_1)+c=0$$

로 변형될 수 있다. □

위의 정리에서, 만약 점 $P(x_1,y_1)$가 주어진 원의 중심 즉 $x_1=-a$이고 $y_1=-b$ 이면 식 (3.12)은

$$-a^2-b^2+c=0$$

이 되는데, 이것은 $a^2+b^2-c={s_0}^2>0$에 모순이다.

만약, 점 P가 원 (3.12)에 놓여 있으면, P의 극선은 원에 대한 P의 접선이다.

원의 외부의 점 P에서 원에 접선을 그었을 때 만나는 점이 A와 B이면, A와 B를 지나는 직선이 주어진 원에 대한 점 P의 극선이다.

예제 3.14. 원 $x^2+y^2+2x-6y-15=0$에 대한 원점 $O(0,0)$의 극선의 방정식을 구하여라.

풀이 방정식 $0x+0y+(x+0)-3(y+0)-15=0$ 즉, $x-3y-15=0$가 주어진 원에 대한 원점 $O(0,0)$의 극선의 방정식이다. □

만약 중심이 아닌 점가 원에 놓여 있지 않으면, 이 점이 지나는 직선이 원과 두 점에서 만나는 경우, 이 두 교점에 대한 조화점렬로 점의 극선을 나타낼 수 있다.

정리 3.17: 원에 대한 점의 극선과 조화점렬

원 $x^2+y^2+2ax+2by+c=0$와 $(x_1,y_1)\neq(-a,-b)$이고 원에 놓이지 않은 점 $P_1(x_1,y_1)$에 대하여, 점 P_1를 지나는 직선이 원에 놓인 서로 다른 두 점 Q_1과 Q_2와 만나면 유향직선 $\overrightarrow{Q_1Q_2}$에 놓인 점 P에 대한 조건

$$P_1, P; Q_1, Q_2$$

즉

$$\frac{2}{\overrightarrow{P_1P}}=\frac{1}{\overrightarrow{P_1Q_1}}+\frac{1}{\overrightarrow{P_1Q_2}} \tag{3.13}$$

은 점 P가 P_1의 극선 위에 놓여 있기 위한 필요충분조건이다.

증명 유향직선 $\overrightarrow{Q_1Q_2}$의 방향코사인이 (λ,μ)일 때, 유향직선 $\overrightarrow{Q_1Q_2}$에 놓인 점 $P(x,y)$을 매개변수방정식

$$\begin{cases} x=x_1+\lambda t, \\ y=y_1+\mu t \end{cases}$$

로 나타낼 수 있다. 이 매개변수방정식을 주어진 원의 방정식에 대입하면

$$(x_1+\lambda t)^2+(y_1+\mu t)^2+2a(x_1+\lambda t)+2b(y_1+\mu t)+c=0,$$

즉,

$$t^2+2\{(x_1+a)\lambda+(y_1+b)\mu\}t+x_1^2+y_1^2+2ax_1+2by_1+c=0$$

이다. 이 방정식의 두 근은 $\overrightarrow{P_1Q_1}$와 $\overrightarrow{P_1Q_2}$이므로, 근과 계수와의 관계에 따라서

$$\overrightarrow{P_1Q_1} + \overrightarrow{P_1Q_2} = -2\{(x_1+a)\lambda + (y_1+b)\mu\},$$
$$\overrightarrow{P_1Q_1} \cdot \overrightarrow{P_1Q_2} = x_1^2 + y_1^2 + 2ax_1 + 2by_1 + c$$

이다. 위의 식을 유향직선 $\overrightarrow{Q_1Q_2}$에 놓인 점 $P(x,y)$에 대한 조건 (3.13)에 대입하면

$$\frac{2}{t} = \frac{-2\{(x_1+a)\lambda + (y_1+b)\mu\}}{x_1^2 + y_1^2 + 2ax_1 + 2by_1 + c}$$

이다. 여기서 $t \neq 0$이므로 이 식은

$$(x_1+a)\lambda t + (y_1+b)\mu t + x_1^2 + y_1^2 + 2ax_1 + 2by_1 + c = 0$$

와 동치이다. 또한 $\lambda t = x - x_1$이고 $\mu t = y - y_1$이므로 위의 식은

$$x_1x + y_1y + a(x+x_1) + b(y+y_1) + c = 0$$

와 동치이다. □

원과 이 원의 중심을 지나지 않는 직선에 대하여, 위의 점의 극선의 방정식을 이용하여 주어진 원에 대한 직선의 극점을 찾을 수 있다.

정리 3.18: 원에 대한 직선의 극점

원 $(x-x_0)^2+(y-y_0)^2 = {s_0}^2$와 점 $C(x_0,y_0)$을 지나지 않는 직선 $ax+by+c=0$에 대하여, 주어진 원에 대한 직선 $ax+by+c=0$의 극점이 $P_1(x_1,y_1)$이면

$$x_1 = x_0 - \frac{a{s_0}^2}{ax_0+by_0+c}, \quad y_1 = y_0 - \frac{b{s_0}^2}{ax_0+by_0+c}$$

이다.

풀이 구하는 극점을 $P_1(x_1,y_1)$로 놓으면,

$$(x_1-x_0)(x-x_0) + (y_1-y_0)(y-y_0) - {s_0}^2 = 0$$

즉

$$(x_1-x_0)x + (y_1-y_0)y - (x_1-x_0)x_0 - (y_1-y_0)y_0 - {s_0}^2 = 0$$

이 주어진 원에 대한 P_1의 극선의 방정식이다. 이 직선이 직선 $ax+by+c=0$와 일치해야 하므로

$$x_1 - x_0 = ta, \tag{3.14}$$
$$y_1 - y_0 = tb, \tag{3.15}$$
$$-(x_1-x_0)x_0 - (y_1-y_0)y_0 - {s_0}^2 = tc \tag{3.16}$$

인 실수 $t \neq 0$이 존재한다. 따라서, $(3.7)\cdot x_0 + (3.8)\cdot y_0 + (3.9)$를 계산하면

$$-{s_0}^2 = t(ax_0 + by_0 + c)$$

즉

$$t = \frac{-{s_0}^2}{ax_0 + by_0 + c}$$

이므로, (3.14)와 (3.15)에 따라서,

$$x_1 = x_0 - \frac{a{s_0}^2}{ax_0+by_0+c}, \quad y_1 = y_0 - \frac{b{s_0}^2}{ax_0+by_0+c}$$

이다. □

> **예제 3.15.** 원 Γ와 원 Γ의 중심이 아닌 점 P_1에 대하여, 원 Γ에 대한 점 P_1의 극선 ℓ_1이 점 P_2를 지나면 점 P_2의 극선 ℓ_2는 점 P_1을 지남을 보여라.

풀이 원 $x^2+y^2+2ax+2by+c=0$와 $(x_1,y_1)\neq(-a,-b)$인 점 $P_1(x_1,y_1)$에 대하여,

$$x_1x + y_1y + a(x+x_1) + b(y+y_1) + c = 0$$

이 주어진 원에 대한 P_1의 극선의 방정식이다. 만약 이 극선이 점 $P_2(x_2,y_2)$를 지나면,

$$x_1x_2 + y_1y_2 + a(x_2+x_1) + b(y_2+y_1) + c = 0$$

이므로 점 $P_1(x_1,y_1)$은 점 P_2의 극선

$$x_2x + y_2y + a(x+x_2) + b(y+y_2) + c = 0$$

을 지난다. □

연습문제 3.3

1. 원 $(x-2)^2+(y-3)^2=5^2$에 놓인 점 $P(5,-1)$에서의 원의 접선의 방정식을 구하여라.

2. 원 $x^2+y^2+2x+6y-15=0$에 놓인 점 $P(-1,2)$에서의 원의 접선의 방정식을 구하여라.

3. 원 $x^2+y^2+2x-4y-11=0$에 접하면서, 방향벡터가 $(1,2)$인 직선의 방정식을 구하여라.

4. 점 $P(0,1)$를 지나고 원 $(x-4)^2+(y+1)^2=4$에 접하는 직선의 방정식을 구하여라.

5. 점 $P(5,4)$를 지나고 원 $(x+3)^2+(y+2)^2=20$에 접하는 직선의 방정식을 구하여라.

6. 원 $(x-1)^2+(y-2)^2=25$에 대한 점 $P(3,1)$의 극선의 방정식을 구하여라.

7. 원 $x^2+y^2+2x+4y-10=0$에 대한 점 $P(3,4)$의 극선의 방정식을 구하여라.

8. 원 $(x+1)^2+y^2=25$에 대한 직선 $x-y+2=0$의 극점의 좌표를 구하여라.

9. 원 $x^2+y^2+4x+6y-12=0$에 대한 직선 $x+y-4=0$의 극점의 좌표를 구하여라.

제 4 장

이차곡선

앞 장에서 이차방정식으로 나타나는 곡선 중에서 원에 대하여 살펴보았다. 일반적으로 이차방정식으로 타원, 쌍곡선, 포물선을 나타낼 수 있다. 이때, 원은 타원의 특수한 형태이다. 이 장에서는 타원, 쌍곡선, 포물선의 방정식에 대하여 알아본다. 또한, 원에서의 점과 직선에 대한 성질을 일반적인 이차곡선에서 살펴본다.

4.1 이차곡선의 방정식

4.1.1 포물선의 방정식

초점 F와 준선 ℓ에 대하여, 포물선은 초점 F에서부터의 거리와 준선 ℓ에서부터의 거리가 같은 점의 자취이다. 이때, 초점을 지나고 준선에 수직인 직선을 **포물선의 주축**이라고 하고 포물선과 주축의 교점을 **포물선의 꼭지점**이라고 한다.

포물선의 표준방정식 영이 아닌 상수 p에 대하여, 초점이 $F(p, 0)$이고 준선이 $x = -p$인 포물선의 방정식을 구하자.

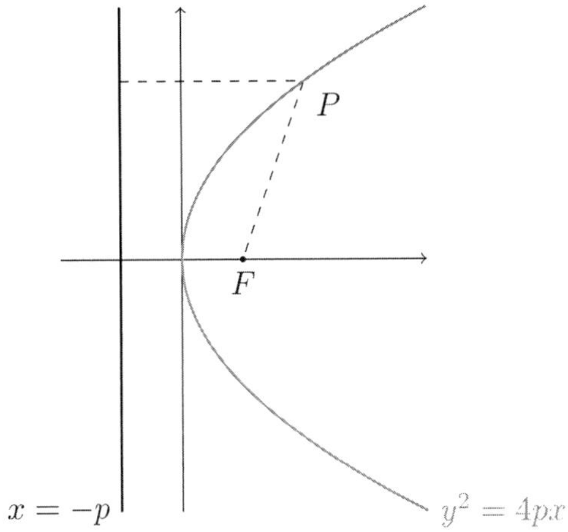

그림 4.1 포물선의 표준방정식

포물선에 놓인 점을 $P(x, y)$로 놓자. 초점 $F(p, 0)$에서 점 P까지의 거리는

$$\overline{FP} = \sqrt{(x-p)^2 + y^2}$$

이고 준선 $x = -p$에서 점 P까지의 거리는 $|x - (-p)|$이므로,

$$\sqrt{(x-p)^2 + y^2} = |x - (-p)|$$

이 구하는 포물선의 방정식이다. 이 방정식의 양변을 제곱하면

$$(x-p)^2 + y^2 = (x+p)^2$$

이고 이를 정리하면

$$y^2 = 4px \tag{4.1}$$

이다. 식 (4.1)을 초점이 $F(p, 0)$이고 준선이 $x = -p$인 **포물선의 표준방정식**이라고 한다. 여기서 원점이 포물선의 꼭지점이고 x-축이 포물선의 주축이다.

또한 x-축과 y-축의 역할을 바꾸어 생각하면,

$$x^2 = 4py$$

가 초점이 $F(0, p)$이고 준선이 $y = -p$인 포물선의 방정식임을 알 수 있다.

예제 4.1. 포물선 $5y^2 = 12x$의 초점과 준선을 구하여라.

풀이 포물선의 방정식을 표준형으로 바꾸면

$$y^2 = 4 \cdot \frac{3}{5} \cdot x$$

이므로, 초점은 $F(3/5, 0)$이고 준선은 $x = -3/5$이다. □

포물선의 매개변수방정식 포물선의 방정식 $y^2 = 4px$에 대하여, $y = 2pt$로 놓으면 $y^2 = 4p^2t^2$이고 $y^2 = 4px$이므로 $x = pt^2$이다. 따라서,

$$\begin{cases} x = pt^2, \\ y = 2pt \end{cases}$$

는 매개변수 t에 대한 포물선 $y^2 = 4px$의 매개변수방정식이다.

같은 방식으로

$$\begin{cases} x = 2pt, \\ y = pt^2 \end{cases}$$

은 매개변수 t에 대한 포물선 $x^2 = 4py$의 매개변수방정식임을 알 수 있다.

예제 4.2. 포물선 $y = 4x^2 - 4x + 2$의 매개변수방정식을 구하여라.

풀이 포물선 $y = 4x^2 - 4x + 2$는

$$y - 1 = 4\left(x - \frac{1}{2}\right)^2$$

로 나타낼 수 있다. $t = x - 1/2$로 놓으면 $y - 1 = 4t^2$ 이므로,

$$\begin{cases} x = \dfrac{1}{2} + t \\ y = 1 + 4t^2 \end{cases}$$

이 매개변수 t에 대한 포물선 $y = 4x^2 - 4x + 2$의 매개변수방정식이다. □

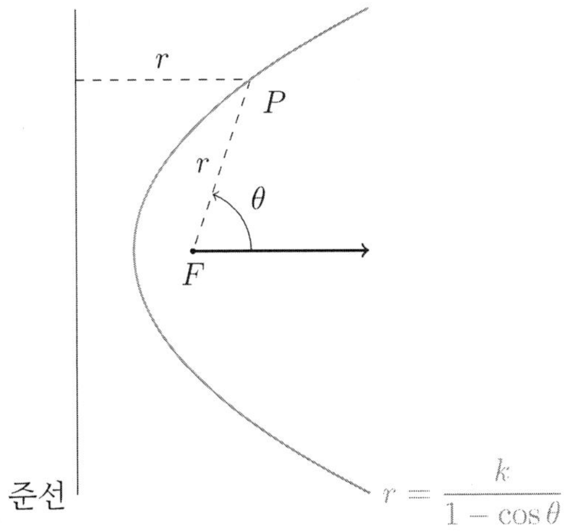

그림 4.2 포물선의 극방정식

포물선의 극방정식 초점 F가 극이고 극에서 출발하여 꼭지점과 반대방향인 반직선이 극축인 극좌표에서, 준선에서 극까지의 거리를 k로 놓으면, 포물선에 놓인 점 P의 극좌표가 (r, θ)일 때 그림 4.2에서와 같이 $r = k + r\cos\theta$이므로,

$$r = \frac{k}{1 - \cos\theta}$$

가 초점 F가 극이고 주축이 극축인 포물선의 **극방정식**이다. 여기서 $0 < \theta < 2\pi$이다.

포물선의 초점을 지나는 현에 대하여, 다음이 성립한다.

정리 4.1: 포물선의 초점을 지나는 현

포물선에 대하여, 초점 F를 지나는 현을 $\overline{AB}$로 놓으면

$$\frac{1}{\overline{FA}} + \frac{1}{\overline{FB}}$$

는 일정하다.

증명 초점 F가 극이고 극에서 출발하여 꼭지점과 반대방향인 반직선이 극축인 극좌표에서, 준선에서 극까지의 거리를 k로 놓으면

$$r = \frac{k}{1 - \cos\theta}$$

이 포물선의 극방정식이다. 여기서 $0 < \theta < 2\pi$이다. 점 A와 점 B의 극좌표를 각각 (r_1, θ_1)과 (r_2, θ_2)로 놓으면,

$$\theta_2 = \theta_1 + \pi \quad \text{또는} \quad \theta_2 = \theta_1 - \pi$$

이고

$$r_1 = \overline{FA}, \qquad r_2 = \overline{FB}$$

이므로

$$\begin{aligned}\frac{1}{\overline{FA}} + \frac{1}{\overline{FB}} &= \frac{1}{r_1} + \frac{1}{r_2} \\ &= \frac{1 - \cos\theta_1}{k} + \frac{1 - \cos\theta_2}{k} \\ &= \frac{1 - \cos\theta_1}{k} + \frac{1 + \cos\theta_1}{k} \\ &= \frac{2}{k}\end{aligned}$$

이다. □

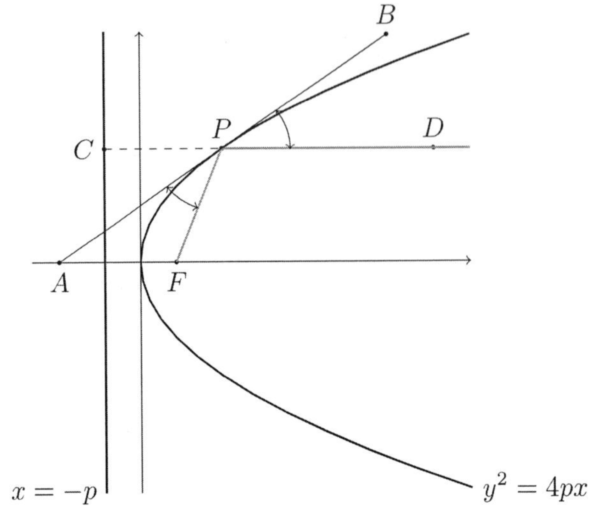

그림 4.3 포물선의 초점에서 발사한 빛의 진행

포물선의 초점에서 발사된 빛의 진행 $p > 0$일 때, 포물선 $y^2 = 4px$의 초점은 $F(p, 0)$이다. 포물선에 놓인 임의의 점 $P(x_1, y_1)$에서의 접선의 방정식은

$$y_1 y = 2p(x + x_1)$$

이므로 이 접선이 x축과 만나는 교점 A의 좌표는 $(-x_1, 0)$이고

$$\overline{AF} = x_1 + p$$

이다. 한편 점 P에서 준선 $x = -p$에 내린 수선의 발을 C로 놓으면

$$\overline{FP} = \overline{CP} = x_1 + p$$

이므로

$$\overline{AF} = \overline{FP}$$

이다. 따라서, $\triangle AFP$는 이등변삼각형이고

$$\angle PAF = \angle APF$$

이다. AP의 연장선에 점 B를 놓고 CP의 연장선에 점 D를 놓으면, 직선 $\overline{CD}$가 포물선의 주축에 평행하므로

$$\angle BPD = \angle PAF$$

이다. 따라서

$$\angle APF = \angle PAF = \angle BPD$$

이므로, 만약 초점 F에서 발사된 빛이 포물선의 점 P에서 반사되면 포물선의 지름을 따라서 진행한다.

4.1.2 타원의 방정식

고정된 두 개의 점으로부터 거리의 합이 일정한 점의 자취를 **타원**이라고 한다. 이때 고정점을 타원의 **초점**이라고 한다. 초점이 하나로 일치하면 타원은 원이다.

그림 (4.4)은 초점이 F_1과 F_2인 타원을 나타낸다. 두 초점을 연결하는 선분의 이등분점인 O를 타원의 **중심**이라고 한다. 중심을 지나며 길이가 최대인 현 $\overline{A_1A_2}$를 타원의 **장축**이라고 하고 중심을 지나며 길이가 최소인 현 $\overline{B_1B_2}$를 타원의 **단축**이라고 한다. 장축과 단축의 끝점인 A_1, A_2, B_1, B_2를 타원의 **꼭지점**이라고 한다.

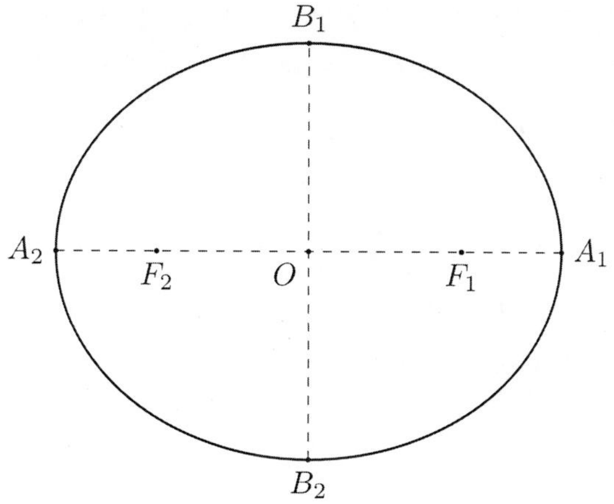

그림 4.4 타원

타원의 표준방정식 초점이 $F_1(c,0)$와 $F_2(-c,0)$이고, 거리의 합이 $2a$인 타원의 방정식을 구하자.

만약 $c = 0$이면, 초점이 $F_1(0,0)$와 $F_2(0,0)$이고 거리의 합이 $2a$인 타원은 중심이 $F_1(0,0)$이고 반지름의 길이가 a인 원이다.

이제 $0 < c$이라고 가정하자. 점 $P(x,y)$에서 초점 F_1과 F_2까지의 거리의 합이 $2a$이면

$$2c = \overline{F_1F_2} \le \overline{PF_1} + \overline{PF_2} = 2a$$

이므로 $c \le a$이다. 조건 $\overline{PF_1} + \overline{PF_2} = 2a$은

$$\sqrt{(x-c)^2 + y^2} + \sqrt{(x+c)^2 + y^2} = 2a \tag{4.2}$$

이다. 식의 좌변의 두번째 항을 우변으로 옮긴 후에 제곱을 한 후 정리하면,

$$cx + a^2 = a\sqrt{(x+c)^2 + y^2}$$

이다. 양 변을 다시 제곱하여 정리하면

$$(a^2 - c^2)x^2 + a^2y^2 = a^2(a^2 - c^2) \tag{4.3}$$

이다.

만약 $a = c$이면, 방정식 (4.3)은 $a^2y^2 = 0$으로 변형되어 $y = 0$이다. 이때는 식 (4.2)이 $|x-c| + |x+c| = 2a$로 변형되고, 이 방정식은 식 $y = 0$과 함께 선분 $\overline{F_1F_2}$을 나타내는 방정식이다.

이제 $c < a$라고 가정하자. 그러면, 방정식 (4.3)는

$$\frac{x^2}{a^2} + \frac{y^2}{a^2 - c^2} = 1$$

로 변형된다. 여기서 $a^2 - c^2 = b^2$인 양의 실수 b를 택하면, 위의 식은

$$\frac{x^2}{a^2} + \frac{y^2}{b^2} = 1$$

로 나타난다.

정의 4.1: 타원의 표준방정식

$0 \le c < a$인 실수 a와 c에 대하여,

$$\frac{x^2}{a^2} + \frac{y^2}{b^2} = 1 \tag{4.4}$$

를 초점이 $F_1(c,0)$과 $F_2(-c,0)$이고 거리의 합이 $2a$인 타원의 **표준방정식**이라고 한다. 여기서 $b = \sqrt{a^2 - c^2}$이다.

초점이 $F_1(c,0)$와 $F_2(-c,0)$이고 거리의 합이 $2a$인 타원은 x-축, y-축, 그리고 원점에 대하여 대칭이다. 이때, 점 $A_1(a,0)$, $A_2(-a,0)$, $B_1(0,b)$, $B_1(0,-b)$이 타원의 꼭지점이고 점 $O(0,0)$가 타원의 중심이다. 그리고 선분 $\overline{A_1A_2}$가 타원의 장축이며 선분 $\overline{B_1B_2}$가 타원의 단축이다.

초점이 $F_1(0,c)$와 $F_2(0,-c)$이고 길이의 합이 $2b$인 타원

$$\frac{x^2}{a^2} + \frac{y^2}{b^2} = 1$$

은 x-축, y-축, 그리고 원점에 대하여 대칭이다. 여기서, $b^2 = a^2 + c^2$이다. 이때, 점 $A_1(a,0)$, $A_2(-a,0)$, $B_1(0,b)$, $B_2(0,-b)$가 타원의 꼭지점이고 점 $O(0,0)$가 타원의 중심이다. 선분 $\overline{A_1A_2}$가 타원의 단축이고 선분 $\overline{B_1B_2}$가 타원의 장축이다.

예제 4.3. 타원 $\dfrac{(x-1)^2}{25} + \dfrac{(y-2)^2}{16} = 1$의 장축의 길이, 단축의 길이, 초점을 구하여라.

풀이 타원 $\dfrac{x^2}{25} + \dfrac{y^2}{16} = 1$의 초점은

$$F_1(-3,0), \quad F_2(3,0)$$

이고, 장축의 길이는 10이며 단축의 길이는 8이다. 예제의 타원은 위의 타원이 $(1,2)$만큼 평행이동한 것이므로, 예제의 타원의 장축의 길이는 10이며 단축의 길이는 8이고 초점은

$$F_3(-2,2), \qquad F_4(4,2)$$

이다. □

타원의 매개변수방정식 타원 $x^2/a^2 + y^2/b^2 = 1$을 θ에 대한 매개변수방정식

$$\begin{cases} x = a\cos\theta, \\ y = b\sin\theta \end{cases}$$

로 나타낼 수 있다. 이때 각 θ를 주어진 타원에 대한 점 $P(x, y)$의 **이심각**이라고 한다.

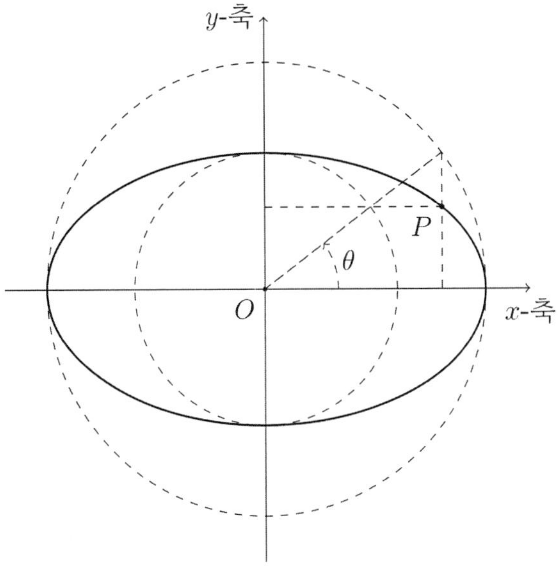

그림 4.5 타원의 매개변수방정식

> **예제 4.4.** 타원방정식 $5(x-1)^2+4(y+2)^2 = 20$을 θ에 대한 매개변수방정식으로 나타내어라.

풀이 타원의 방정식은

$$\frac{(x-1)^2}{4} + \frac{(y+2)^2}{5} = 1$$

로 변형된다. 이를 매개변수 θ를 사용하여, 매개변수방정식

$$\begin{cases} x = 1 + 2\cos\theta, \\ y = -2 + \sqrt{5}\sin\theta \end{cases}$$

로 나타낼 수 있다. □

타원의 극방정식 초점이 $F_1(c,0)$과 $F_2(-c,0)$인 타원 $x^2/a^2+y^2/b^2=1$에 대하여, 초점 $F_2(-c,0)$이 극이고 유향직선 $\overrightarrow{F_1F_2}$ 방향의 반직선을 극축으로 하는 타원의 극방정식을 구하자.

정리 4.2: 타원의 극방정식

초점이 $F_1(c,0)$과 $F_2(-c,0)$인 타원 $x^2/a^2+y^2/b^2=1$에 대하여,

$$r=\frac{a-ec}{1-e\cos\theta}$$

가 극이 $F_2(-c,0)$이고 유향직선 $\overrightarrow{F_1F_2}$ 방향의 반직선이 극축인 극좌표에 대한 타원의 극방정식이다. 여기서 $e=c/a$이다.

증명 먼저 타원의 표준방정식을 구하는 과정에서

$$a\sqrt{(x+c)^2+y^2}=a^2+cx$$

이 성립하므로, $e=c/a$로 놓으면

$$r=a+ex$$

이다, 한편, $r\cos\theta=c+x$이므로,

$$r=a+e(r\cos\theta-c)$$

이다. 따라서 구하는 방정식은

$$r=\frac{a-ec}{1-e\cos\theta}$$

이다. □

정리 4.3: 타원의 초점을 지나는 현

초점이 $F_1(c, 0)$과 $F_2(-c, 0)$인 타원 $x^2/a^2 + y^2/b^2 = 1$에 대하여, 초점 F_2를 지나는 현을 $\overline{AB}$로 놓으면

$$\frac{1}{\overline{F_2A}} + \frac{1}{\overline{F_2B}}$$

는 일정하다.

증명 극이 $F_2(-c, 0)$이고 유향직선 $\overrightarrow{F_1F_2}$ 방향의 반직선이 극축인 극좌표에 대하여,

$$r = \frac{a - ec}{1 - e\cos\theta}$$

가 타원의 극방정식이다. 점 A와 점 B의 극좌표를 각각 (r_1, θ_1)과 (r_2, θ_2)로 놓으면,

$$\theta_2 = \theta_1 + \pi \quad \text{또는} \quad \theta_2 = \theta_1 - \pi$$

이고

$$r_1 = \overline{F_2A}, \qquad r_2 = \overline{F_2B}$$

이므로

$$\begin{aligned}\frac{1}{\overline{F_2A}} + \frac{1}{\overline{F_2B}} &= \frac{1}{r_1} + \frac{1}{r_2}\\ &= \frac{1 - e\cos\theta_1}{a - ec} + \frac{1 - e\cos\theta_2}{a - ec}\\ &= \frac{1 - e\cos\theta_1}{a - ec} + \frac{1 + e\cos\theta_1}{a - ec}\\ &= \frac{2}{a - ec}\end{aligned}$$

이다. □

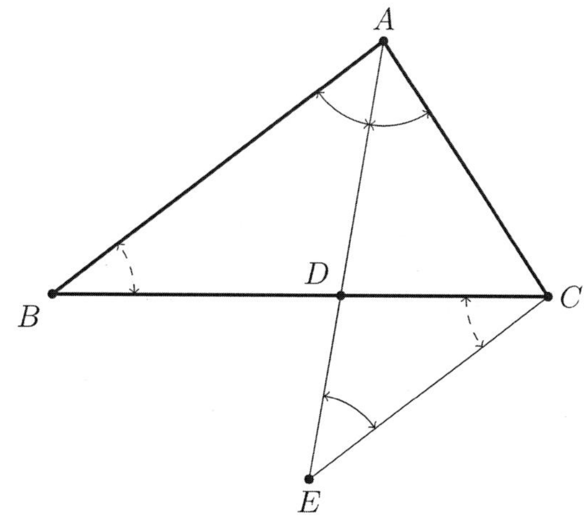

그림 4.6 삼각형의 내각의 이등분선

삼각형의 내각의 이등분선에 대하여 다음의 정리가 성립한다.

정리 4.4: 삼각형의 내각의 이등분선

삼각형 $\triangle ABC$에 대하여, 점 D가 꼭지점 A의 내각의 이등분선이 변 BC와 만나는 점이면

$$\overline{AB} : \overline{AC} = \overline{DB} : \overline{DC}$$

이다.

증명 삼각형 $\triangle ABC$에 대하여, 점 D가 꼭지점 A의 내각의 이등분선이 변 BC와 만나는 점이라고 가정하자. 그림 4.6와 같이, $\triangle ABC$에서 점 C를 지나면서 선분 $\overline{AB}$에 평행한 직선과 직선 $\overline{AD}$가 만나는 점을 E로 놓자. 평행선 $\overline{AB}$와 $\overline{CE}$에 대하여, 각 $\angle ABC$와 $\angle ECD$는 엇각이므로 서로 같고 각 $\angle BAD$와 $\angle CED$는 엇각이므로 서로 같다. 따라서, $\triangle ABD$와 $\triangle CED$는 닮았으므로

$$\overline{AB} : \overline{DB} = \overline{CE} : \overline{DC}$$

이다 그런데, $\angle CAD = \angle BAD = \angle CED$이므로 $\triangle CAE$는 $\overline{AC} = \overline{CE}$인 이등변삼각형이다. 따라서,

$$\overline{AB} : \overline{DB} = \overline{AC} : \overline{DC}$$

즉,

$$\overline{AB} : \overline{AC} = \overline{DB} : \overline{DC}$$

이다. □

타원의 초점에서 발사된 빛의 진행 타원의 한 초점에서 발사된 빛이 타원의 내부에서 반사되면 다른 초점으로 향하여 감을 보이자.

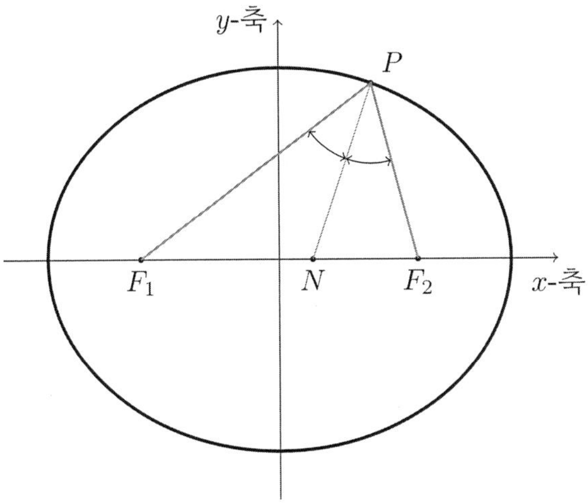

그림 4.7 타원의 초점의 성질

타원

$$\frac{x^2}{a^2} + \frac{y^2}{b^2} = 1$$

에 놓인 점 $P(x_0, y_0)$을 고정하자.

만약 $x_0 = 0$이면 $y_0 = b$ 또는 $y_0 = -b$이다. 이때, 점 P에서의 타원의 접선의 기울기는 0이므로, 초점 $F_1(-ae, 0)$에서 발사된 빛은 점 P에서 반사되어 다른 초점 $F_2(ae, 0)$으로 향하여 간다.

만약 $y_0 = 0$이면 $x_0 = -a$ 또는 $x_0 = a$이다. 이때, 점 P에서의 타원의 접선은 y-축과 평행하므로, 초점 $F_1(-ae, 0)$에서 발사된 빛이 점 P에서 반사되면 다른 초점 $F_2(ae, 0)$으로 향하여 간다.

이제 $x_0 \neq 0$이고 $y_0 \neq 0$라고 가정하자. 그러면

$$\frac{a^2 x}{x_0} - \frac{b^2 y}{y_0} = a^2 - b^2$$

은 점 P에서 타원에 대한 법선의 방정식이다. 이 법선이 x-축과 만나는 점 N의 좌표는

$$\left(\frac{a^2-b^2}{a^2}x_0, 0\right)$$

이므로,

$$\overline{F_1N} = ae + e^2x_0 = e(a+ex_0),$$
$$\overline{F_2N} = ae - e^2x_0 = e(a-ex_0)$$

이다. 한편

$$\overline{F_1P} = a + ex_0, \quad \overline{F_2P} = a - ex_0$$

이므로,

$$\overline{F_1P} : \overline{F_2P} = \overline{F_1N} : \overline{F_2N}$$

이다. 따라서 선분 $\overline{PN}$은 $\angle F_1PF_2$의 이등분선이다.

4.1.3 쌍곡선의 방정식

두 개의 고정점으로부터의 거리의 차가 일정한 점의 자취를 **쌍곡선**이라고 한다. 이때 고정점을 쌍곡선의 **초점**이라고 한다.

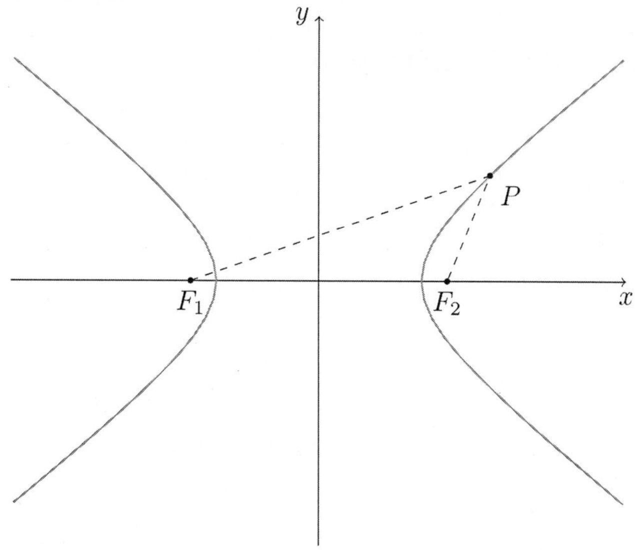

그림 4.8 쌍곡선

쌍곡선의 표준방정식 두 개의 초점이 $F_1(c,0)$와 $F_2(-c,0)$이고 거리의 차가 $2a$인 쌍곡선의 방정식을 알아보자. 여기서 $0<a<c$이다. 타원에 놓인 점을 $P(x,y)$로 놓자. 그러면 조건으로부터 $\overline{F_1P}-\overline{F_2P}=\pm 2a$, 즉

$$\sqrt{(x-c)^2+y^2}-\sqrt{(x+c)^2+y^2}=\pm 2a$$

이다. 이 식의 왼쪽의 두번째 항을 오른쪽으로 옮긴 후에 제곱을 한 후 정리하면,

$$-cx-a^2=\pm a\sqrt{(x+c)^2+y^2}$$

이다. 이것의 양변을 다시 제곱하여 정리하면

$$(a^2-c^2)x^2+a^2y^2=a^2(a^2-c^2)$$

즉,

$$\frac{x^2}{a^2}-\frac{y^2}{c^2-a^2}=1$$

이다. 여기서 $c^2-a^2=b^2$인 양수 b를 택하면 위의 등식은

$$\frac{x^2}{a^2}-\frac{y^2}{b^2}=1 \tag{4.5}$$

이다. 식 (4.5)을 **쌍곡선의 표준방정식**이라고 한다.

표준형의 쌍곡선은 x-축, y-축, 그리고 원점에 대하여 대칭이다. 또한 쌍곡선의 x-절편은 $A_1(a,0)$과 $A_2(-a,0)$이다. 원점을 쌍곡원의 **중심**이라고 하고 A_1과 A_2를 쌍곡선의 **꼭지점**이라고 한다. 또한 선분 $\overline{A_1A_2}$를 쌍곡선의 **주축**이라고 하고, $B_1(b,0)$과 $B_2(-b,0)$에 대하여 선분 $\overline{B_1B_2}$를 쌍곡선의 **켤레축**이라고 한다.

초점이 $F_1(0,c)$와 $F_2(0,-c)$인 경우

$$\frac{x^2}{a^2}-\frac{y^2}{b^2}=-1$$

이 쌍곡선의 방정식이며, 이때 포물선은 x-축, y-축, 그리고 원점에 대하여 대칭이다. 이때의 쌍곡선의 꼭지점은 $B_1(0,b)$와 $B_2(0,-b)$이고 선분 $\overline{B_1B_2}$이 쌍곡선의 주축이다. $A_1(a,0)$과 $A_2(-a,0)$에 대하여 선분 $\overline{A_1A_2}$는 쌍곡선의 켤레축이다.

예제 4.5. 두 점 $F_1(5,0)$과 $F_2(-5,0)$로부터의 거리의 차가 6인 쌍곡선의 방정식을 구하여라.

풀이 초점이 $F_1(5,0)$과 $F_2(-5,0)$이므로 $c=5$이고 거리의 차가 $6=2a$이므로 $a=3$이다. 또한

$$b=\sqrt{c^2-a^2}=4$$

이다. 따라서,

$$\frac{x^2}{9}-\frac{y^2}{16}=1$$

이 구하는 쌍곡선의 방정식이다. □

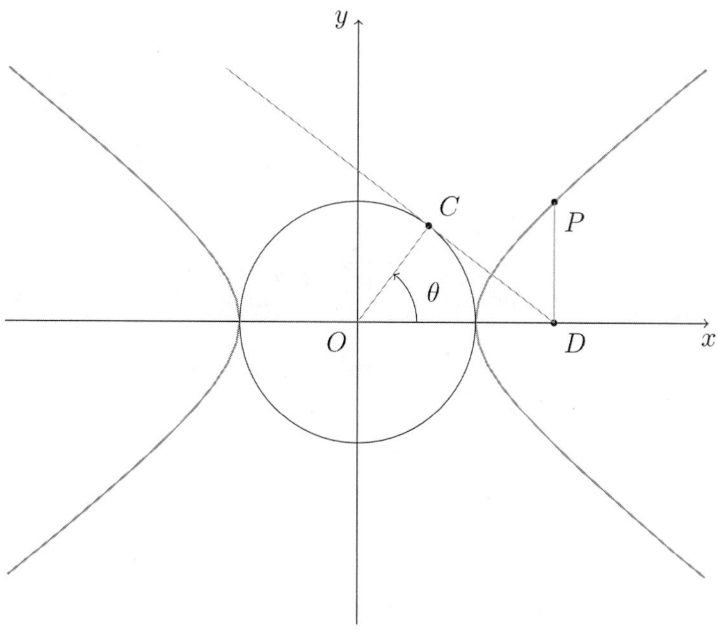

그림 4.9 쌍곡선의 매개변수방정식

쌍곡선의 매개변수방정식 쌍곡선 $\frac{x^2}{a^2}-\frac{y^2}{b^2}=1$의 매개변수방정식을 구하자. 원

$$x^2+y^2=a^2$$

을 쌍곡선 $\frac{x^2}{a^2}-\frac{y^2}{b^2}=1$의 **보조원**이라고 한다.

각 θ에 대하여, x-축에서 선분 $\overline{OC}$까지의 각이 θ인 보조원에 놓인 점을 C로 놓자. 점 C에서 보조원의 접선의 x-절편을 D라고 놓자. 점 D에서 x-축의 수선을 그어서 이 수선이 포물선과 만나는 점 중에서 x축을 기준으로 C와 같은 쪽에 놓인 점을 $P(x, y)$로 놓자. 그러면, θ에 대한 쌍곡선 $\dfrac{x^2}{a^2} - \dfrac{y^2}{b^2} = 1$의 매개변수방정식

$$\begin{cases} x = a\sec\theta, \\ y = b\tan\theta \end{cases}$$

이 성립한다. 이때, θ를 점 $P(x, y)$의 **이심각**이라고 한다.

쌍곡선의 극방정식 거리가 $2c$인 두 초점 F_1과 F_2으로부터의 거리의 차가 $2a$인 쌍곡선의 극방정식을 구하자.

정리 4.5: 쌍곡선의 극방정식

거리가 $2c$인 두 점 F_1과 F_2에 대하여, 초점 F_2이 극이고 $\overrightarrow{F_2F_1}$와 같은 방향의 반직선이 극축인 극좌표에서

$$\begin{cases} r = \dfrac{ec - a}{e\cos\theta - 1} & (\overline{F_2P} - \overline{F_1P} = 2a\text{일 때}), \\[2ex] r = \dfrac{ec - a}{e\cos\theta + 1} & (\overline{F_2P} - \overline{F_1P} = -2a\text{일 때}) \end{cases}$$

이 초점 F_1과 F_2으로부터의 거리의 차가 $2a$인 쌍곡선의 극방정식이다. 여기서 $e = c/a$이다.

증명 먼저 $\overline{F_2P} - \overline{F_1P} = 2a$인 점 P의 자취를 구하자. 점 P의 극좌표를 (r, θ)로 놓으면, 아래의 그림와 같이 P를 나타낼 수 있다.

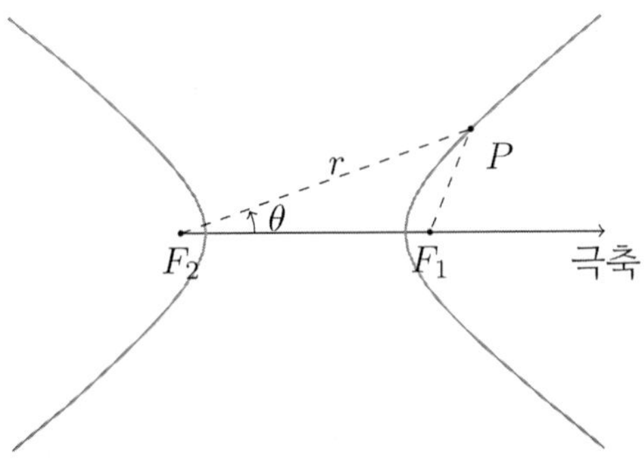

$\triangle PF_2F_1$에 대한 제2코사인법칙

$$\overline{PF_1}^2 = \overline{PF_2}^2 + \overline{F_2F_1}^2 - 2\overline{PF_2} \cdot \overline{F_2F_1} \cdot \cos\theta$$

에 따라서

$$s^2 = r^2 + 4c^2 - 4rc\cos\theta \tag{4.6}$$

이다. 위의 식에 $s = r - 2a$를 대입하여 정리하면

$$r = \frac{c^2 - a^2}{c\cos\theta - a} = \frac{ec - a}{e\cos\theta - 1}$$

이다.

$\overline{F_2P} - \overline{F_1P} = -2a$인 점 P의 자취를 구하자. 이때는 아래의 그림과 같이 나타낼 수 있다.

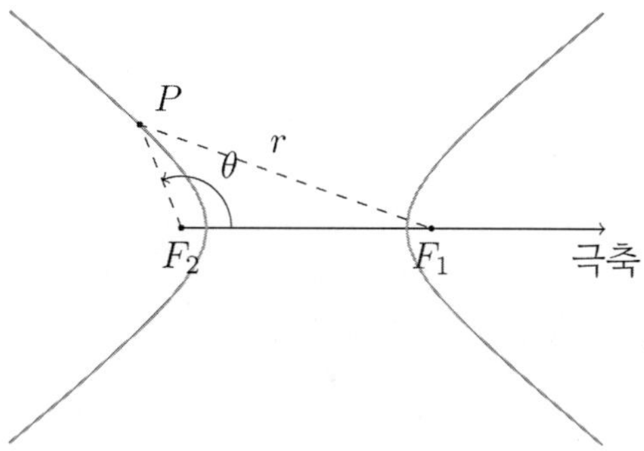

$s = r + 2a$를 식 (4.6)에 대입하여 정리하면

$$r = \frac{c^2 - a^2}{c\cos\theta + a} = \frac{ec - a}{e\cos\theta + 1}$$

이다. □

정리 4.6: 쌍곡선의 초점을 지나는 현

초점이 F_1과 F_2인 쌍곡선에 대하여, 초점 F_2를 지나는 현을 $\overline{AB}$로 놓으면

$$\frac{1}{\overline{F_2A}} + \frac{1}{\overline{F_2B}}$$

는 일정하다.

증명 극이 F_2이고 유향직선 $\overrightarrow{F_1F_2}$ 방향의 반직선이 극축인 극좌표에 대하여,

$$r = \frac{ec - a}{e\cos\theta + 1}$$

가 $\overline{F_2P} - \overline{F_1P} = -2a$인 쌍곡선의 극방정식이다. 점 A와 점 B의 극좌표를 각각 (r_1, θ_1)과 (r_2, θ_2)로 놓으면,

$$\theta_2 = \theta_1 + \pi \quad \text{또는} \quad \theta_2 = \theta_1 - \pi$$

이고

$$r_1 = \overline{F_2A}, \qquad r_2 = \overline{F_2B}$$

이므로

$$\begin{aligned}\frac{1}{\overline{F_2A}} + \frac{1}{\overline{F_2B}} &= \frac{1}{r_1} + \frac{1}{r_2} \\ &= \frac{e\cos\theta_1 + 1}{ec - a} + \frac{e\cos\theta_2 + 1}{ec - a} \\ &= \frac{e\cos\theta_1 + 1}{ec - a} + \frac{-e\cos\theta_1 + 1}{ec - a} \\ &= \frac{2}{ec - a}\end{aligned}$$

이다. □

쌍곡선의 점근선 쌍곡선 $x^2/a^2 - y^2/b^2 = 1$에 대하여, 직선

$$\frac{x}{a} + \frac{y}{b} = 0 \quad \text{그리고} \quad \frac{x}{a} - \frac{y}{b} = 0$$

을 쌍곡선 $x^2/a^2 - y^2/b^2 = 1$의 **점근선**이라고 한다.

쌍곡선의 초점에서 발사된 빛의 진행 쌍곡선의 한 초점에서 발사된 빛이 쌍곡선을 만나 반사되면 마치 다른 초점으로 발사된 빛과 같은 방향으로 나아감을 보이자.

쌍곡선

$$\frac{x^2}{a^2} - \frac{y^2}{b^2} = 1$$

위에 놓인 점 $P(x_0, y_0)$에서의 접선의 방정식은

$$\frac{x_0x}{a^2} - \frac{y_0y}{b^2} = 1$$

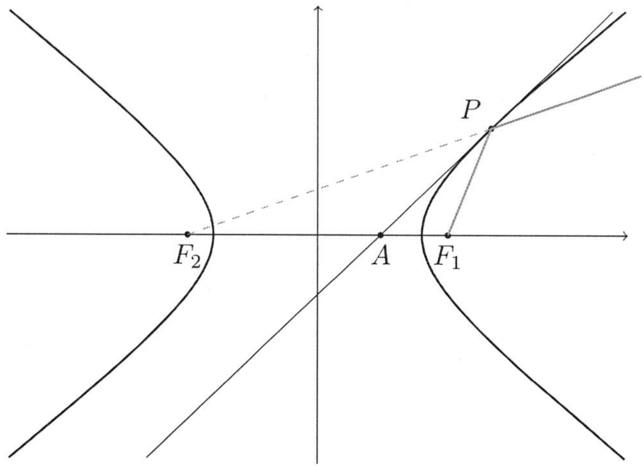

그림 4.10 쌍곡선의 초점에서 발사된 빛의 진행

이다. 이 접선이 x축과 만나는 점 A의 좌표는

$$\left(\frac{a^2}{x_0}, 0\right)$$

이므로,

$$\overline{F_2A} = ae + \frac{a^2}{x_0} = \frac{a}{x_0}(ex_0 + a),$$
$$\overline{F_1A} = ae - \frac{a^2}{x_0} = \frac{a}{x_0}(ex_0 - a)$$

이다. 한편

$$\overline{F_2P} = a + ex_0, \quad \overline{F_1P} = ex_0 - a$$

이므로,

$$\overline{F_2P} : \overline{F_1P} = \overline{F_2A} : \overline{F_1A}$$

이다. 따라서 선분 $\overline{PA}$는 $\angle F_2PF_1$의 이등분선이다.

4.1.4 이심률

양의 상수 e와 평면에 놓인 점 F와 직선 ℓ에 대하여, 점 F에서부터의 거리 $\overline{FP}$대 직선 ℓ에서부터의 거리 l의 비율 $\overline{FP}/l$이 상수 e인 점 P의 자취를 살펴보자. 이때 점 F를 곡선의 **초점**이라고 하며, 직선 ℓ을 곡선의 **준선**이라고 하며, e를 곡선의 **이심률**이라고

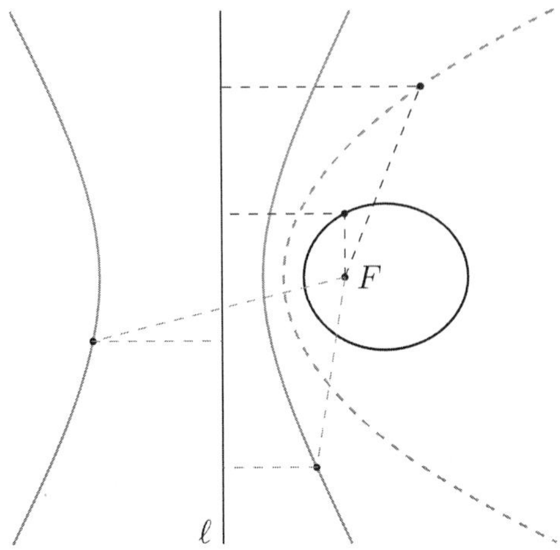

그림 4.11 이심률과 곡선

한다.

그림 4.11에서, 준선 ℓ과 초점 F에 대하여 $e = 1/2$인 타원과 $e = 1$인 포물선과 $e = 2$인 쌍곡선을 볼 수 있다.

양의 상수 k에 대하여, 준선이 $x = -k$이고 초점 F가 원점 O일 때, 점 P의 극좌표를 (r, θ)라고 놓자. $\overline{FP} = r$이므로

$$r = e \cdot l \tag{4.7}$$

이다. $l = k + r\cos\theta$을 식 (4.7)에 대입하면

$$r = e(k + r\cos\theta)$$

이다. 점 P의 직교좌표를 (x, y)로 놓으면

$$r = \sqrt{x^2 + y^2}, \quad r\cos\theta = x$$

이므로 식 (4.7)은

$$\sqrt{x^2 + y^2} = e(k + x) \tag{4.8}$$

로 변형된다.

만약 $e = 1$ 즉 곡선이 포물선이면 식 (4.8)은

$$y^2 = 2k\left(x + \frac{k}{2}\right)$$

로 변형된다.

이제 $e \neq 1$이라고 가정하자. 식 (4.8)을

$$\left(x - \frac{e^2k}{1-e^2}\right)^2 + \frac{y^2}{1-e^2} = \frac{e^2k^2}{(1-e^2)^2}$$

또는

$$\frac{\left(x - \frac{e^2k}{1-e^2}\right)^2}{\frac{e^2k^2}{(1-e^2)^2}} + \frac{y^2}{\frac{e^2k^2}{1-e^2}} = 1 \tag{4.9}$$

로 정리할 수 있다.

만약 $0 < e < 1$라고 가정하자. 여기서

$$a = \sqrt{\frac{e^2k^2}{(1-e^2)^2}} = \frac{ek}{1-e^2}, \qquad b = \sqrt{\frac{e^2k^2}{1-e^2}} = \frac{ek}{\sqrt{1-e^2}}$$

로 놓고

$$c = \sqrt{a^2 - b^2}$$

으로 놓으면

$$c = \sqrt{\frac{e^4k^2}{(1-e^2)^2}} = \frac{e^2k}{1-e^2}$$

이므로

$$\frac{c}{a} = e$$

이고 식 (4.9)은

$$\frac{(x-c)^2}{a^2} + \frac{y^2}{b^2} = 1$$

로 변형된다. 따라서, 곡선은 초점이 $F_1(2c, 0)$과 $F_2(0, 0)$인 타원이다. 이때,

$$k = \frac{a(1-e^2)}{e} = \frac{a}{e} - ae = \frac{a}{e} - c$$

이다. 중심에 대한 타원의 대칭성에 따라서, 초점 $F_2(0, 0)$에 대한 준선이

$$x = -\frac{a}{e} + c$$

이고, 초점 $F_1(2c, 0)$에 대한 준선이

$$x = \frac{a}{e} + c$$

임을 알 수 있다.

만약 $1 < e$라고 가정하자. 여기서

$$a = \sqrt{\frac{e^2k^2}{(1-e^2)^2}} = \frac{ek}{e^2-1}, \qquad b = \sqrt{\frac{e^2k^2}{e^2-1}} = \frac{ek}{\sqrt{e^2-1}}$$

로 놓고

$$c = \sqrt{a^2+b^2}$$

로 놓으면

$$c = \sqrt{\frac{e^4k^2}{(e^2-1)^2}} = \frac{e^2k}{e^2-1}$$

이므로

$$\boxed{e = \frac{c}{a}}$$

이고 식 (4.9)은

$$\boxed{\frac{(x+c)^2}{a^2} - \frac{y^2}{b^2} = 1}$$

로 변경된다. 따라서, 곡선은 초점이 $F_1(0, 0)$과 $F_2(-2c, 0)$인 쌍곡선이다. 이때,

$$k = \frac{a(e^2-1)}{e} = ae - \frac{a}{e} = c - \frac{a}{e}$$

이다. 중심에 대한 쌍곡선의 대칭성에 따라서, 초점 $F_1(0,0)$에 대한 준선이

$$x = \frac{a}{e} - c$$

이고, 초점 $F_2(-2c, 0)$에 대한 준선이

$$x = -\frac{a}{e} - c$$

임을 알 수 있다.

위의 내용을 다음과 같이 정리하자.

정리 4.7: 이심률과 이차곡선

양의 상수 e와 평면에 놓인 점 F와 직선 ℓ에 대하여, 점 F에서부터의 거리 $\overline{FP}$대 직선 ℓ에서부터의 거리 l의 비율 $\overline{FP}/l$이 상수 e인 점 P의 자취는 다음과 같다.

(가) 만약 $e = 1$이면 점의 자취는 포물선이다.

(나) 만약 $0 < e < 1$이면 점의 자취는 타원이다.

(다) 만약 $1 < e$이면 점의 자취는 쌍곡선이다.

예제 4.6. 다음 타원의 방정식

$$\frac{x^2}{25} + \frac{y^2}{16} = 1$$

에서 이심률과 준선을 구하여라.

풀이 상수 $a = \sqrt{25} = 5$와 $b = \sqrt{16} = 4$에 대하여, $c = \sqrt{a^2 - b^2} = 3$이다. 따라서 이심률은

$$e = \frac{c}{a} = \frac{3}{5}$$

이다. 이때, 초점 $F_1(3, 0)$에 대한 준선은

$$x = \frac{25}{3}$$

이고, 초점 $F_2(-3,0)$에 대한 준선은

$$x = -\frac{25}{3}$$

이다. □

예제 4.7. 쌍곡선
$$\frac{(x-1)^2}{3^2} - \frac{(y-2)^2}{4^2} = 1$$
의 초점과 이심률 그리고 준선의 방정식을 구하여라.

풀이 쌍곡선
$$\frac{x^2}{3^2} - \frac{y^2}{4^2} = 1$$
에 대하여, $c = \sqrt{3^2+4^2} = 5$이므로 이심률은 $5/3$이고 초점은 $E_1(5,0)$과 $E_2(-5,0)$이다. 초점 E_1에 대응하는 준선은 $x = 9/5$이고 초점 E_2에 대응하는 준선은 $x = -9/5$이다. 예제의 쌍곡선은 위의 쌍곡선을 $(1,2)$만큼 평행이동시킨 것이므로, 구하려는 이심률은 $5/3$이고 초점은 $F_1(6,2)$과 $F_2(-4,2)$이다. 초점 F_1에 대응하는 준선은 $x = 14/5$이고 초점 F_2에 대응하는 준선은 $x = -4/5$이다. □

4.1.5 이차방정식의 분류

이 절에서는 이차방정식

$$a_1x^2 + a_2y^2 + 2bxy + 2c_1x + 2c_2y + d = 0 \tag{4.10}$$

이 일반적으로 타원, 쌍곡선, 포물선을 나타냄을 보이자. 여기서 방정식이 이차이므로 $(a_1, b, a_2) \neq (0,0,0)$이다.

먼저 앞의 식 (4.10)을 변환시켜서 xy-항이 나타나지 않게 할 수 있음을 살펴보자. 직교좌표축 x-축과 y-축을 원점을 중심으로 α만큼 회전시킨 직교좌표축을 각각 x'-축과 y'-축으로 놓자. 그러면 좌표 (x,y)와 (x',y') 사이에는

$$\begin{aligned} x &= x'\cos\alpha - y'\sin\alpha, \\ y &= x'\sin\alpha + y'\cos\alpha \end{aligned} \tag{4.11}$$

가 성립한다.

식 (4.11)을 식 (4.10)에 대입하면

$$a_1'x'^2 + b'x'y' + a_2'y'^2 + c_1'x' + c_2'y' + d' = 0$$

이다. 여기서

$$\begin{aligned} a_1' &= a_1 \cos^2\alpha + b\cos\alpha\sin\alpha + a_2\sin^2\alpha, \\ b' &= b\cos(2\alpha) + (a_2 - a_1)\sin(2\alpha), \\ a_2' &= a_1\sin^2\alpha - b\sin\alpha\cos\alpha + a_2\cos^2\alpha, \\ c_1' &= c_1\cos\alpha + c_2\sin\alpha, \\ c_2' &= -c_1\sin\alpha + c_2\cos\alpha, \\ d' &= d \end{aligned} \tag{4.12}$$

이다. 그러므로 $b \neq 0$일 때

$$\cot 2\alpha = \frac{a_1 - a_2}{b}$$

이면 $b' = 0$이다.

이제 식 (4.10)에서 $b = 0$일 때, 즉

$$a_1x^2 + a_2y^2 + c_1x + c_2y + d = 0$$

이 나타내는 그래프는 다음과 같음을 알 수 있다. 여기서 $a_1 \neq 0$이거나 $a_2 \neq 0$이다.

1. $a_1 = a_2 \neq 0$인 경우, 그래프는 존재하지 않거나 한 점을 나타내거나 또는 원을 나타낸다;
2. $a_1a_2 > 0$인 경우, 그래프는 존재하지 않거나, 한 점이거나, 원이거나, 또는 타원이다;
3. $a_1a_2 < 0$인 경우, 그래프는 교차하는 두 직선이거나 또는 쌍곡선이다;
4. $a_1a_2 = 0$인 경우, 그래프는 하나의 직선이거나, 평행하는 두 직선이거나, 또는 포물선이다.

4.1.6 이차곡선의 중심

변수 x, y에 대한 이차방정식

$$a_1x^2 + a_2y^2 + 2bxy + 2c_1x + 2c_2y + d = 0 \tag{4.13}$$

로 정의되는 이차곡선의 중심에 대하여 알아보자.

정의 4.2: 이차곡선의 중심

이차방정식 (4.13)으로 정의되는 이차곡선과 점 C에 대하여, 만약 점 C를 지나는 모든 현에 대하여 점 C가 주어진 현의 중점이면 점 C는 주어진 이차곡선의 **중심**이라고 한다.

중심이 유일하게 존재하는지에 따라서 이차곡선을 분류할 수 있다.

정의 4.3: 중심의 유무에 따른 이차곡선의 분류

중심이 유일하게 존재하는 이차곡선을 **유심이차곡선**이라고 하고, 그렇지 않은 이차곡선을 **무심이차곡선**이라고 한다.

다음에서 점이 이차곡선의 중심이기 위한 조건을 이차곡선의 방정식의 계수로 나타내는 방법을 찾아본다. 이를 이용하여 보다 쉽게 이차곡선의 중심을 찾을 수 있다.

정리 4.8: 점이 이차곡선의 중심이기 위한 필요충분조건

이차방정식 (4.13)으로 정의되는 이차곡선과 점 $C(x_0, y_0)$에 대하여,

$$a_1x_0 + by_0 + c_1 = 0, \quad bx_0 + a_2y_0 + c_2 = 0$$

는 점 C가 주어진 이차곡선의 중심이기 위한 필요충분조건이다.

증명 주어진 이차곡선의, 점 C를 지나는, 임의의 현의 방향코사인을 (λ, μ)로 놓자. 점 C를 지나고 방향코사인이 (λ, μ)인 직선을 매개변수방정식

$$\begin{cases} x = x_0 + \lambda t, \\ y = y_0 + \mu t \end{cases} \tag{4.14}$$

로 나타낼 수 있다. 주어진 현의 끝점을 구하기 위하여, 식 (4.14)를 이차곡선의 방정식 (4.13)에 대입하면

$$\begin{aligned} a_1(x_0 + \lambda t)^2 + a_2(y_0 + \mu t)^2 + 2b(x_0 + \lambda t)(y_0 + \mu t) \\ + 2c_1(x_0 + \lambda t) + 2c_2(y_0 + \mu t) + d = 0 \end{aligned}$$

이고, 이를 매개변수 t에 대하여 정리하면

$$(a_1\lambda^2 + a_2\mu^2 + 2b\lambda\mu)t^2 \\ + 2\{(a_1x_0 + by_0 + c_1)\lambda + (a_2y_0 + bx_0 + c_2)\mu\}t + Q(x_0, y_0) = 0$$

이다. 여기서, $Q(x,y) = a_1x^2 + a_2y^2 + 2bxy + 2c_1x + 2c_2y + d$이다. 근과 계수와의 관계에 따라서, 위의 식에서

$$(a_1x_0 + by_0 + c_1)\lambda + (a_2y_0 + bx_0 + c_2)\mu = 0$$

은 점 C가 주어진 현의 중점이기 위한 필요충분조건이다. 점 C가 모든 현의 중심이어야 점 C가 주어진 이차곡면의 중심이므로,

$$a_1x_0 + by_0 + c_1 = 0, \quad a_2y_0 + bx_0 + c_2 = 0$$

가 점 C가 주어진 이차곡선의 중심이기 위한 필요충분조건이다. □

예제 4.8. 양이 상수 a, b에 대한 타원

$$\frac{x^2}{a^2} + \frac{y^2}{b^2} = 1$$

의 중심을 구하여라.

풀이 구하려는 중점을 $C(x_0, y_0)$으로 놓으면, 정리 4.8에 따라서

$$\frac{x_0}{a^2} = 0, \quad \frac{y_0}{b^2} = 0$$

이므로 $x_0 = y_0 = 0$이다. 따라서, 원점 $O(0,0)$이 주어진 타원의 유일한 중심이다. □

위의 예제와 같은 방법으로, 양의 상수 a, b에 대한 쌍곡선

$$\frac{x^2}{a^2} - \frac{y^2}{b^2} = 1$$

의 중심은 원점 $O(0,0)$ 하나뿐임을 알 수 있다.

위의 예제에 따라서, 타원과 쌍곡선은 중심이 존재하는 유심이차곡선임을 알 수 있다.

예제 4.9. 영이 아닌 상수 p에 대한 포물선

$$y^2 = 4px$$

의 중심을 구하여라.

풀이 구하려는 중점을 $C(x_0, y_0)$으로 놓으면, 정리 4.8에 따라서

$$2p = 0, \quad y_0 = 0$$

이어야 하지만 $p \neq 0$이므로 모순이다. 따라서, 주어진 포물선의 중심은 존재하지 않는다. □

포물선은 무심이차곡선이다.

연습문제 4.1

1. 다음 포물선의 초점과 준선을 구하여라.

   (가) $(y-1)^2 = 8x - 12$　　(나) $y^2 - 4y = -12x + 8$

   (다) $x^2 - 2x = 4y - 9$　　(라) $(x+1)^2 = -4y + 8$

2. 다음 포물선의 매개변수방정식을 구하여라.

   (가) $y^2 - 2y = 4x - 13$　　(나) $y^2 - 4y = 8x + 8$

   (다) $x^2 = 4y - 8$　　(라) $(x+2)^2 = 4y + 4$

3. 타원 $25x^2 + 9(y-1)^2 = 225$의 장축의 길이, 단축의 길이, 초점을 구하여라.

4. 타원방정식 $9(x-1)^2 + 16y^2 = 144$을 매개변수 θ에 대한 매개변수방정식으로 나타내어라.

5. 쌍곡선 $(x-1)^2/9 - y^2/16 = -1$의 중심, 초점, 주축의 길이 그리고 켤레축의 길이를 구하여라.

6. 쌍곡선
$$\frac{(x-2)^2}{12^2} - \frac{y^2}{5^2} = -1$$
의 초점과 이심률 그리고 준선의 방정식을 구하여라.

7. 양이 상수 a, b에 대한 쌍곡선
$$\frac{x^2}{a^2} - \frac{y^2}{b^2} = 1$$
의 중심을 구하여라.

4.2 이차곡선의 극선과 접선

변수 x와 y에 대한 이차방정식이 나타나는 이차곡선에 대한 점의 극선에 대하여 알아보자.

정의 4.4: 이차곡선에 대한 점의 극선

이차곡선

$$a_1x^2 + a_2y^2 + 2bxy + 2c_1x + 2c_2y + d = 0 \tag{4.15}$$

와 주어진 이차곡선의 중심이 아닌 점 $P(x_0, y_0)$에 대하여, 직선

$$a_1x_0x + a_2y_0y + b(x_0y + xy_0) + c_1(x + x_0) + c_2(y + y_0) + d = 0 \tag{4.16}$$

를 이차곡선 (4.15)에 대한 P의 **극선**이라고 한다.

직선 (4.16)를

$$(a_1x_0 + by_0 + c_1)x + (bx_0 + a_2y_0 + c_2)y + c_1x_0 + c_2y_0 + d = 0$$

로 나타낼 수 있다. 점 $P(x_0, y_0)$가 이차곡선 (4.15)의 중심이 아니므로, 정리 4.8에 따라서, $(a_1x_0 + by_0 + c_1, bx_0 + a_2y_0 + c_2) \neq (0, 0)$이다. 따라서, 주어진 이차곡선에 대한 점 P의 극선은 직선이다.

방정식 (4.16)로부터 주어진 이차곡선에 대한 점의 극선의 방정식을 쉽게 구할 수 있다. 다음 정리로부터 극선의 기하적인 의미를 알 수 있다.

정리 4.9: 이차곡선에 대한 점의 극선의 성질

이차곡선 $a_1x^2 + a_2y^2 + 2bxy + 2c_1x + 2c_2y + d = 0$와 주어진 이차곡선의 중심이 아닌 점 $P(x_0, y_0)$에 대하여, 점 P를 지나면서 이차곡선과 서로 다른 두 점 A, B에서 만나는 유향직선이 존재하면, 이 직선에 놓인 점 Q에 대하여

$$P, Q; A, B \quad \text{즉} \quad \frac{2}{\overrightarrow{PQ}} = \frac{1}{\overrightarrow{PA}} + \frac{1}{\overrightarrow{PB}}$$

은 점 Q가 이차곡선에 대한 P의 극선에 놓여 있기 위한 필요충분조건이다.

증명 주어진 유향직선 ℓ의 방향코사인을 (λ, μ)으로 놓으면, 방정식

$$\begin{cases} x = x_0 + \lambda t, \\ y = y_0 + \mu t \end{cases} \tag{4.17}$$

은, 유향직선 ℓ의 매개변수방정식이다. 이것을 이차곡선의 방정식에 대입하면

$$a_1(x_0 + \lambda t)^2 + a_2(y_0 + \mu t)^2 + 2b(x_0 + \lambda t)(y_0 + \mu t) \\ + 2c_1(x_0 + \lambda t) + 2c_2(y_0 + \mu t) + d = 0$$

즉,

$$(a_1\lambda^2 + 2b\lambda\mu + a_2\mu^2)t^2 + 2\{(a_1x_0 + by_0 + c_1)\lambda + (bx_0 + a_2y_0 + c_2)\mu\}t \\ a_1x_0^2 + a_2y_0^2 + 2bx_0y_0 + 2c_1x_0 + 2c_2y_0 + d = 0$$

이다. 여기서 $\overrightarrow{PA}$, $\overrightarrow{PB}$가 이 방정식의 두 근이므로, 근과 계수와의 관계로부터

$$\overrightarrow{PA} + \overrightarrow{PB} = -\frac{2\{(a_1x_0 + by_0 + c_1)\lambda + (bx_0 + a_2y_0 + c_2)\mu\}}{a_1\lambda^2 + 2b\lambda\mu + a_2\mu^2},$$
$$\overrightarrow{PA} \cdot \overrightarrow{PB} = \frac{a_1x_0^2 + 2bx_0y_0 + a_2y_0^2 + 2c_1x_0 + 2c_2y_0 + d}{a_1\lambda^2 + 2b\lambda\mu + a_2\mu^2}$$

이다. 한편

$$\frac{2}{\overrightarrow{PQ}} = \frac{1}{\overrightarrow{PA}} + \frac{1}{\overrightarrow{PB}} = \frac{\overrightarrow{PA} + \overrightarrow{PB}}{\overrightarrow{PA} \cdot \overrightarrow{PB}}$$

이므로, 점 Q에 대한 매개변수 t에 대하여

$$\frac{2}{t} = -\frac{2\{(a_1x_0 + by_0 + c_1)\lambda + (bx_0 + a_2y_0 + c_2)\mu\}}{a_1x_0^2 + 2bx_0y_0 + a_2y_0^2 + 2c_2x_0 + 2c_2y_0 + d}$$

즉

$$(a_1x_0 + by_0 + c_1)\lambda t + (bx_0 + a_2y_0 + c_2)\mu t \\ a_1x_0^2 + 2bx_0y_0 + a_2y_0^2 + 2c_1x_0 + 2c_2y_0 + d = 0$$

이다. 이 방정식에 $\lambda t = x - x_0$, $\mu t = y - y_0$을 대입하면

$$
\begin{aligned}
(a_1x_0 + by_0 + c_1)(x - x_0) + (bx_0 + a_2y_0 + c_2)(y - y_0) \\
a_1x_0^2 + 2bx_0y_0 + a_2y_0^2 + 2c_1x_0 + 2c_2y_0 + d = 0
\end{aligned}
$$

즉

$$a_1x_0x + a_2y_0y + b(x_0y + y_0x) + c_1(x + x_0) + c_2(y + y_0) + d = 0$$

이다. □

점 P를 지나는 이차곡선의 접선이 두 개 존재할 때, 접점 A와 B를 연결하는 직선이 이차곡선에 대한 점 P의 극선이다. 점 P가 이차곡선에 놓여 있으면, P의 극선은 P에서의 이차곡선의 접선이다.

정리 4.10: 이차곡선에 놓인 점에서의 접선의 방정식

이차곡선 $a_1x^2 + a_2y^2 + 2bxy + 2c_1x + 2c_2y + d = 0$와 이차곡선에 놓인 점 $P(x_1, y_1)$에 대하여,

$$a_1x_1x + a_2y_1y + b(xy_1 + x_1x) + c_1(x + x_1) + c_2(y + y_1) + d = 0$$

은 점 P에서 이차곡선의 접선의 방정식이다.

예제 4.10. 이차곡선에 대하여, 주어진 이차곡선의 중심이 아닌 점 P_1의 극선 ℓ_1이 점 P_2를 지나면 점 P_2의 극선 ℓ_2는 점 P_1을 지남을 보여라.

풀이 이차곡선 $a_1x^2 + a_2y^2 + 2bxy + 2c_1x + 2c_2y + d = 0$에 대하여, 점 $P_1(x_1, y_1)$의 극선을

$$a_1x_1x + b(x_1y + y_1x) + a_2y_1y + c_1(x + x_1) + c_2(y + y_1) + d = 0$$

로 나타낼 수 있다. 만약 이 극선이 점 $P_2(x_2, y_2)$를 지나면

$$a_1x_1x_2 + b(x_1y_2 + y_1x_2) + a_2y_1y_2 + c_1(x_2 + x_1) + c_2(y_2 + y_1) + d = 0 \quad (4.18)$$

이다. 그런데

$$a_1x_2x + b(x_2y + y_2x) + a_2y_2y + c_1(x + x_2) + c_2(y + y_2) + d = 0$$

이 점 P_2의 극선의 방정식이므로, 식 (4.18)에 따라서 점 P_2의 극선은 점 P_1을 지난다. □

4.2.1 포물선의 극선과 접선

포물선의 중심은 존재하지 않으므로, 주어진 포물선에 대한 임의의 점의 극선은 항상 존재한다.

정리 4.11: 포물선에 대한 점의 극선의 방정식

영이 아닌 상수 p에 대한 포물선 $(y-y_0)^2 = 4p(x-x_0)$와 점 $P(x_1, y_1)$에 대하여,

$$(y_1 - y_0)(y - y_0) = 2p((x - x_0) + (x_1 - x_0))$$

은 주어진 포물선에 대한 점 $P(x_1, y_1)$의 극선의 방정식이다.

증명 포물선의 방정식을 일반형으로 나타내면

$$y^2 - 4px + 4px_0 - 2y_0y + {y_0}^2 = 0$$

이므로,

$$y_1y - 2p(x + x_1) + 4px_0 - y_0(y + y_1) + {y_0}^2 = 0$$

즉

$$(y_1 - y_0)(y - y_0) = 2p((x - x_0) + (x_1 - x_0))$$

가 주어진 포물선에 대한 점 $P(x_1, y_1)$의 극선의 방정식이다. □

예제 4.11. 포물선에 대한 초점의 극선은 주어진 포물선의 준선임을 보여라.

풀이 표준형 방정식으로 나타난 포물선에 대하여 증명하면 되므로, 포물선의 방정식을 $y^2 = 4px$로 놓자. 여기서 p는 영이 아닌 상수이다. 초점 $F(p, 0)$의 극선을

$$0 \cdot y = 2p(x + p)$$

즉

$$x = -p$$

로 나타낼 수 있다. 그런데, 이 방정식은 주어진 포물선의 준선의 방정식이다. □

정리 4.10에 따라서, 포물선의 접선의 방정식을 구할 수 있다.

정리 4.12: 포물선의 접선의 방정식

포물선 $(y - y_0)^2 = 4p(x - x_0)$와 포물선에 놓인 점 $P(x_1, y_1)$에 대하여,

$$(y_1 - y_0)(y - y_0) = 2p((x_1 - x_0) + (x - x_0))$$

은 P에서 포물선의 접선의 방정식이다.

예제 4.12. 영이 아닌 상수 p에 대한 포물선 $(y - y_0)^2 = 4p(x - x_0)$와 영이 아닌 상수 m에 대하여,

$$(y - y_0) = m(x - x_0) + \frac{p}{m}$$

은 기울기가 m인 주어진 포물선의 접선의 방정식임을 보여라.

풀이 방정식

$$(y_1 - y_0)(y - y_0) = 2p((x - x_0) + (x_1 - x_0))$$

이 포물선에 놓인 점 $P(x_1, y_1)$에서의 주어진 포물선의 접선의 방정식이다. 이 접선의 방정식의 기울기가 m이면

$$y - y_0 = m(x - x_0) + c$$

인 상수 c가 존재한다. 위의 두 직선이 일치해야 하므로, 계수의 비

$$m : -1 : -mx_0 + y_0 + c = 2p : -(y_1 - y_0) : -4px_0 + 2px_1 + y_0(y_1 - y_0)$$

가 성립한다. 여기서, 직선의 기울기기 m이므로 $y_1 - y_0 \neq 0$이고

$$m = \frac{2p}{y_1 - y_0}, \qquad -mx_0 + c = -\frac{4p}{y_1 - y_0}x_0 + \frac{2p}{y_1 - y_0}x_1 = -2mx_0 + mx_1$$

이다. 따라서,

$$c = m(x_1 - x_0) = \frac{m^2(x_1 - x_0)}{m} = \frac{1}{m}\frac{4p^2}{(y_1 - y_0)^2}(x_1 - x_0) = \frac{p}{m}$$

이다. □

4.2.2 타원의 극점과 극선

타원에 대한 중심이 아닌 점의 극선을 다름과 같이 구할 수 있다.

정리 4.13: 타원에 대한 점의 극선의 방정식

타원

$$\frac{(x - x_0)^2}{a^2} + \frac{(y - y_0)^2}{b^2} = 1$$

와 주어진 타원의 중심이 아닌 점 $P(x_1, y_1)$에 대하여,

$$\frac{(x_1 - x_0)(x - x_0)}{a^2} + \frac{(y_1 - y_0)(y - y_0)}{b^2} = 1$$

가 주어진 타원에 대한 점 P의 극선의 방정식이다.

증명 주어진 타원의 방정식을 일반형으로 나타내면

$$\frac{x^2}{a^2} + \frac{y^2}{b^2} - 2\frac{x_0}{a^2}x - 2\frac{y_0}{b^2}y + \frac{{x_0}^2}{a^2} + \frac{{y_0}^2}{b^2} - 1 = 0$$

이므로,

$$\frac{x_1 x}{a^2} + \frac{y_1 y}{b^2} - \frac{x_0}{a^2}(x + x_1) - \frac{y_0}{b^2}(y + y_1) + \frac{{x_0}^2}{a^2} + \frac{{y_0}^2}{b^2} - 1 = 0$$

즉

$$\frac{(x_1 - x_0)(x - x_0)}{a^2} + \frac{(y_1 - y_0)(y - y_0)}{b^2} = 1$$

가 주어진 타원에 대한 점 $P(x_1, y_1)$의 극선의 방정식이다. □

예제 4.13. 타원에 대하여, 초점의 극선은 이 타원의 준선임을 보여라.

풀이 표준형 방정식으로 나타난 타원에 대하여 증명하면 되므로, 타원의 방정식을

$$\frac{x^2}{a^2} + \frac{y^2}{b^2} = 1$$

로 놓자. 초점 $F_1(ae, 0)$의 극선을

$$\frac{(ae)x}{a^2} + \frac{0 \cdot y}{b^2} = 1$$

즉 $x = a/e$ 로 나타낼 수 있다. 그런데, 이 방정식은 초점 F_1에 대한 타원의 준선의 방정식이다. 또한 초점 $F_2(-ae, 0)$의 극선을

$$\frac{(-ae)x}{a^2} + \frac{0 \cdot y}{b^2} = 1$$

즉 $x = -a/e$로 나타낼 수 있다. 그런데, 이 방정식은 초점 F_2에 대한 타원의 준선의 방정식이다. □

정리 4.10에 따라서, 타원의 접선의 방정식을 구할 수 있다.

정리 4.14: 타원의 접선의 방정식

타원

$$\frac{(x - x_0)^2}{a^2} + \frac{(y - y_0)^2}{b^2} = 1$$

와 타원에 놓인 점 $P(x_1, y_1)$에 대하여,

$$\frac{(x_1 - x_0)(x - x_0)}{a^2} + \frac{(y_1 - y_0)(y - y_0)}{b^2} = 1$$

는 점 P를 지나는 주어진 타원의 접선의 방정식이다.

예제 4.14. 타원 $x^2/a^2 + y^2/b^2 = 1$와 실수 m에 대하여, 방정식

$$y = mx \pm \sqrt{a^2m^2 + b^2}$$

는 기울기가 m인 타원의 접선의 방정식임을 보여라.

풀이 타원에 놓인 점 $P(x_1, y_1)$에서 주어진 타원의 접선의 방정식은

$$\frac{x_1x}{a^2} + \frac{y_1y}{b^2} = 1$$

이다. 이 접선의 기울기가 m이면

$$y = mx + c$$

인, 0이 아닌 상수 c가 존재한다. 우리의 목표는 상수 c를 구하는 것이다. 위의 두 직선이 일치해야 하므로,

$$\frac{x_1}{a^2} : \frac{y_1}{b^2} : -1 = m : -1 : c$$

이다. 따라서

$$\frac{x_1}{a^2}c = -m, \quad \frac{y_1}{b^2}c = 1$$

즉

$$x_1 = -\frac{a^2m}{c}, \quad y_1 = \frac{b^2}{c}$$

이다. 그런데, $P(x_1, y_1)$가 타원에 놓여 있으므로

$$\frac{{x_1}^2}{a^2} + \frac{{y_1}^2}{b^2} = 1$$

인데, 위의 x_1과 y_1을 대입하면

$$\frac{a^2m^2}{c^2} + \frac{b^2}{c^2} = 1$$

이므로

$$c^2 = a^2m^2 + b^2$$

즉,

$$c = \pm\sqrt{a^2m^2 + b^2}$$

이다. □

4.2.3 쌍곡선에 대한 극점과 극선

쌍곡선에 대한 중심이 아닌 점의 극선을 다름과 같이 구할 수 있다.

정리 4.15: 쌍곡선에 대한 점의 극선의 방정식

쌍곡선
$$\frac{(x-x_0)^2}{a^2} - \frac{(y-y_0)^2}{b^2} = 1$$
와 주어진 쌍곡선의 중심이 아닌 점 $P(x_1, y_1)$에 대하여,
$$\frac{(x_1-x_0)(x-x_0)}{a^2} - \frac{(y_1-y_0)(y-y_0)}{b^2} = 1$$
가 주어진 쌍곡선에 대한 점 P의 극선의 방정식이다.

증명 주어진 쌍곡선의 방정식을 일반형으로 나타내면
$$\frac{x^2}{a^2} - \frac{y^2}{b^2} - 2\frac{x_0}{a^2}x + 2\frac{y_0}{b^2}y + \frac{{x_0}^2}{a^2} - \frac{{y_0}^2}{b^2} - 1 = 0$$
이므로,
$$\frac{x_1x}{a^2} - \frac{y_1y}{b^2} - \frac{x_0}{a^2}(x+x_1) + \frac{y_0}{b^2}(y+y_1) + \frac{{x_0}^2}{a^2} - \frac{{y_0}^2}{b^2} - 1 = 0$$
즉
$$\frac{(x_1-x_0)(x-x_0)}{a^2} - \frac{(y_1-y_0)(y-y_0)}{b^2} = 1$$
가 주어진 쌍곡선에 대한 점 $P(x_1, y_1)$의 극선의 방정식이다. □

예제 4.15. 쌍곡선에 대하여, 초점의 극선은 이 쌍곡선의 준선임을 보여라.

풀이 표준형 방정식으로 나타난 쌍곡선에 대하여 증명하면 되므로, 쌍곡선의 방정식을
$$\frac{x^2}{a^2} - \frac{y^2}{b^2} = 1$$

로 놓자. 초점 $F_1(ae, 0)$의 극선을

$$\frac{(ae)x}{a^2} - \frac{0 \cdot y}{b^2} = 1$$

즉

$$x = \frac{a}{e}$$

로 나타낼 수 있다. 그런데, 이 방정식은 초점 F_1에 대한 쌍곡선의 준선의 방정식이다. 또한 초점 $F_2(-ae, 0)$의 극선을

$$\frac{(-ae)x}{a^2} + \frac{0 \cdot y}{b^2} = 1$$

즉

$$x = -\frac{a}{e}$$

로 나타낼 수 있다. 그런데, 이 방정식은 초점 F_2에 대한 쌍곡선의 준선의 방정식이다. □

정리 4.10에 따라서, 쌍곡선의 접선의 방정식을 구할 수 있다.

정리 4.16: 쌍곡선의 접선의 방정식

쌍곡선

$$\frac{(x-x_0)^2}{a^2} - \frac{(y-y_0)^2}{b^2} = 1$$

와 쌍곡선에 놓인 점 $P(x_1, y_1)$에 대하여,

$$\frac{(x_1-x_0)(x-x_0)}{a^2} - \frac{(y_1-y_0)(y-y_0)}{b^2} = 1$$

는 점 P를 지나는 주어진 쌍곡선의 접선의 방정식이다.

예제 4.16. 쌍곡선 $x^2/a^2 - y^2/b^2 = 1$와 실수 m에 대하여, 방정식

$$y = mx \pm \sqrt{a^2m^2 - b^2}$$

는 기울기가 m인 주어진 쌍곡선의 접선의 방정식임을 보여라.

풀이 주어진 쌍곡선에 놓인 점 $P(x_1, y_1)$에서 주어진 쌍곡선의 접선의 방정식은

$$\frac{x_1 x}{a^2} - \frac{y_1 y}{b^2} = 1$$

이다. 이 접선의 기울기가 m이면

$$y = mx + c$$

인, 0이 아닌 상수 c가 존재한다. 우리의 목표는 상수 c를 구하는 것이다. 위의 두 직선이 일치해야 하므로,

$$\frac{x_1}{a^2} : -\frac{y_1}{b^2} : -1 = m : -1 : c$$

이다. 따라서

$$\frac{x_1}{a^2}c = -m, \quad -\frac{y_1}{b^2}c = 1$$

즉

$$x_1 = -\frac{a^2 m}{c}, \quad y_1 = -\frac{b^2}{c}$$

이다. 그런데, $P(x_1, y_1)$가 주어진 쌍곡선에 놓여 있으므로

$$\frac{x_1^2}{a^2} - \frac{y_1^2}{b^2} = 1$$

인데, 위의 x_1과 y_1을 대입하면

$$\frac{a^2 m^2}{c^2} - \frac{b^2}{c^2} = 1$$

이므로 $c^2 = a^2m^2 - b^2$ 즉,

$$c = \pm\sqrt{a^2m^2 - b^2}$$

이다. □

연습문제 4.2

1. 포물선 $y^2 = 4x$에 대하여, 점 $P(-2, 1)$의 극선의 방정식을 구하여라.

2. 포물선 $y^2 = 4x$에 대하여, 기울기가 m인 접선의 방정식을 구하여라.

3. 포물선과 점 P에 대하여, 점 P를 지나고 포물선의 주축과 평행한 직선이 포물선과 만나는 점을 A라고 놓고 점 P의 극선과 만나는 점을 B라고 놓으면 점 A는 선분 $\overline{PB}$의 중점임을 보여라.

4. 타원 $x^2/4 + y^2/9 = 1$에 대하여, 기울기가 m인 접선의 방정식을 구하여라.

5. 타원에 대하여, 서로 직교하는 접선의 교점의 자취를 구하여라.

6. 타원과 타원의 중심 O가 아닌 점 P에 대하여, 점 P를 지나고 주어진 타원의 중심 O를 지나는 직선이 주어진 타원과 만나는 점을 A라고 놓고 점 P의 극선과 만나는 점을 B라고 놓으면

   $$\overline{OP} \cdot \overline{OB} = \overline{OA}^2$$

   임을 보여라.

7. 쌍곡선 $x^2 - y^2/2 = 1$에 대하여, 점 $P(4, 1)$의 극선의 방정식을 구하여라.

8. 쌍곡선 $x^2 - y^2/9 = 1$에 대하여, 기울기가 m인 접선의 방정식을 구하여라.

9. 쌍곡선에 대하여, 고정된 초점에서 주어진 쌍곡선의 접선에 내린 수선의 발의 자취를 구하여라.

4.3 이차곡선의 지름

원에 대하여,원의 지름은 방향비가 고정된 평행현의 중점의 자취이다. 중심이 $C(x_0, y_0)$이고 반지름이 r인 원 $(x-x_0)^2+(y-y_0)^2=r^2$에 대하여, 방향코사인이 (λ, μ)인 평행현의 중점의 자취는 직선

$$\lambda(x-x_0)+\mu(y-y_0)=0$$

에 놓여 있다.

정의 4.5: 이차곡선의 지름

이차곡선과 방향코사인 (λ, μ)에 대하여, 방향코사인이 (λ, μ)인 평행현들의 중점의 자취를 방향코사인이 (λ, μ)인 평행현을 이등분하는 주어진 이차곡선의 **지름**[a] 이라고 한다. 이때의 평행현을 **종선**이라고 하며, 지름과 이차곡선의 교점을 **지름의 끝**[b]이라고 한다.

[a]지름을 **직경**이라고도 한다.
[b]지금의 끝을 **직경의 끝**이라고도 한다.

일반적으로, 이차곡선의 지름은 직선에 놓여 있다,

정리 4.17: 이차곡선의 지름

이차곡선

$$a_1x^2+a_2y^2+2bxy+2c_1x+2c_2y+d=0 \tag{4.19}$$

에 대하여, 방향코사인이 (λ, μ)인 종선을 이등분하는 지름은 직선

$$\lambda(a_1x+by+c_1)+\mu(bx+a_2y+c_2)=0$$

에 놓여 있다.

증명 점 $P(x_0, y_0)$와 방향코사인 (λ, μ)에 대하여, 연립방정식

$$\begin{cases} x=x_0+\lambda t, \\ y=y_0+\mu t. \end{cases} \tag{4.20}$$

는 점 P를 지나고 방향코사인이 (λ, μ)인 직선 ℓ의 매개변수방정식이다. 이 직선이 곡선과 만나는 점을 찾기 위하여 식 (4.20)을 식 (4.19)에 대입하여 정리하면

$$\alpha t^2 + \beta t + \phi(x_0, y_0) = 0 \tag{4.21}$$

이다. 여기서

$$\begin{aligned} \alpha &= a_1\lambda^2 + 2b\lambda\mu + a_2\mu^2, \\ \beta &= 2[\lambda(a_1x_0 + by_0 + c_1) + \mu(bx_0 + a_2y_0 + c_2)] \\ \phi(x_0, y_0) &= a_1x_0^2 + 2bx_0y_0 + a_2y_0^2 + 2c_1x_0 + 2c_2y_0 + d \end{aligned}$$

이다. 이때 방정식 (4.21)의 두 근 t_1과 t_2는 점 P에서부터의 유향거리를 나타내므로, P가 평행현의 중점이면 $t_1 = -t_2$, 다시 말하면 (4.21)의 일차항의 계수는 0, 즉

$$\lambda(a_1x_0 + by_0 + c_1) + \mu(bx_0 + a_2y_0 + c_2) = 0$$

이다. 따라서, 평형현의 중점의 자취는 직선

$$\lambda(a_1x + by + c_1) + \mu(bx + a_2y + c_2) = 0$$

에 놓여 있다. □

기울기가 m인 평행현의 방향비는 $1 : m$이므로, 기울기가 m인 평행현을 이등분하는 지름은 직선

$$(a_1x + by + c_1) + m(bx + a_2y + c_2) = 0$$

에 놓여 있다.

> **예제 4.17.** 이차곡선 $2x^2 - 2xy + y^2 - 4x + 2y - 6 = 0$에 대하여, 기울기가 2인 평행현을 이등분하는 지름이 놓인 직선의 방정식을 구하여라.

풀이 기울기가 2인 평행현의 방향비는 $1 : 2$이므로, 이차곡선 $2x^2 - 2xy + y^2 - 4x + 2y - 6 = 0$에 대하여, 기울기가 2인 평행현을 이등분하는 지름은 직선

$$(2x - y - 2) + 2(-x + y + 1) = 0$$

즉

$$y = 0$$

에 놓여 있다. □

4.3.1 포물선의 지름

표준형의 포물선 $y^2 = 4px$에 대하여, 기울기가 0인 평행현은 반직선이므로 이 평행현의 중점은 존재하지 않는다.

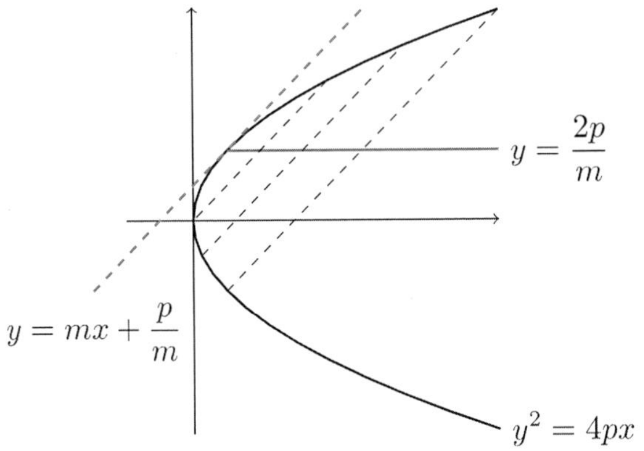

그림 4.12 포물선의 지름

표준형의 포물선 $y^2 = 4px$에 대하여, 그림 4.12에서와 같이, $m \neq 0$일 때 기울기가 m인 평행현을 이등분하는 지름은 정리 4.17에 따라서 직선

$$-2p + my = 0$$

즉,

$$y = \frac{2p}{m}$$

에 놓여 있고 이 직선은 주축에 평행하다. 이때 지름의 끝은

$$\left(\frac{p}{m^2}, \frac{2p}{m}\right)$$

이다. 그리고,

$$\frac{2p}{m}y = 2p\left(x + \frac{p}{m^2}\right)$$

즉

$$y = mx + \frac{p}{m}$$

는 지름의 끝에서의 포물선의 접선이다. 이 접선은 종선(기울기가 m인 평행현)에 평행하다.

예제 4.18. 포물선 $y^2 = 8x$에 대하여, 기울기가 2인 평행현을 이등분하는 포물선의 지름이 놓인 직선의 방정식을 구하여라.

풀이 기울기가 2인 평행현의 방향비는 $1 : 2$이므로, 포물선 $y^2 - 8x = 0$에 대하여, 기울기가 2인 평행현을 이등분하는 지름은 직선

$$(-4) + 2(y) = 0$$

즉

$$y = 2$$

에 놓여 있다. □

4.3.2 타원의 지름

표준형의 타원 $x^2/a^2 + y^2/b^2 = 1$에 대하여, 장축과 단축은 모두 타원의 지름이고 이들의 중점은 타원의 중심이다. 기울기가 m인 평행현에 대한 지름은 다음과 같다.

정리 4.18: 타원의 지름

표준형의 타원 $x^2/a^2 + y^2/b^2 = 1$에 대하여, 기울기가 m인 평행현에 대한 지름은 직선

$$y = -\frac{b^2}{a^2 m}x$$

에 놓여 있다.

증명 표준형의 타원 $x^2/a^2 + y^2/b^2 = 1$에 대하여, 기울기가 m인 평행현에 대한 지름은 정리 4.17에 따라서 직선

$$\frac{x}{a^2} + \frac{my}{b^2} = 0$$

즉

$$y = -\frac{b^2}{a^2 m}x$$

에 놓여 있다. □

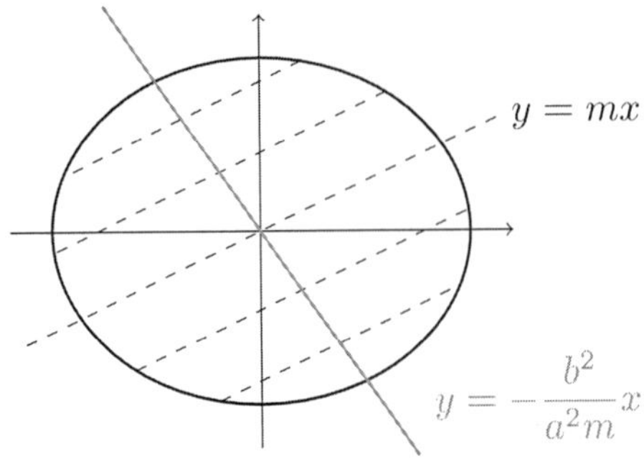

그림 4.13 타원의 지름

타원의 중심에 대한 대칭성에 따라서, 지름의 중점은 원점임을 알 수 있다.

따름정리 4.19: 타원의 지름의 중점

타원에 대하여, 임의의 지름의 중점은 타원의 중심이다.

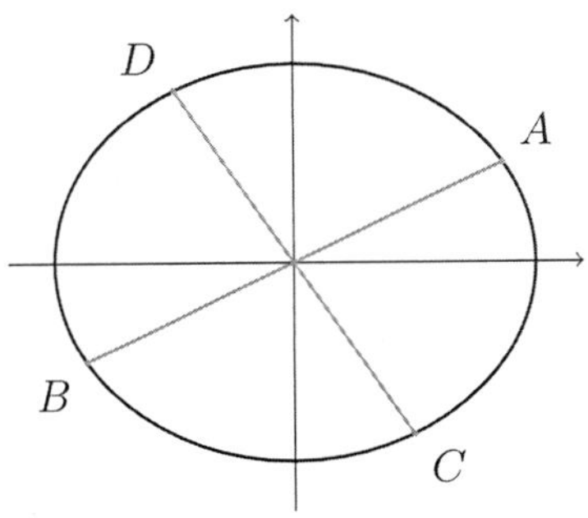

그림 4.14 타원의 켤레지름

타원의 두 지름에 대하여 다음의 특수한 관계를 정의할 수 있다.

정의 4.6: 타원의 켤레지름

타원의 두 지름 $\overline{AB}$와 $\overline{CD}$에 대하여, 지름 $\overline{AB}$가 지름 $\overline{CD}$의 방향비와 같은 방향비의 종선에 대한 지름이고 지름 $\overline{CD}$가 지름 $\overline{AB}$의 방향비와 같은 방향비의 종선에 대한 지름이면 두 지름 $\overline{AB}$와 $\overline{CD}$는 서로 **켤레지름**[a]이라고 한다.

[a]켤레지름을 **공액직경**이라고도 한다.

표준형의 타원 $x^2/a^2+y^2/b^2=1$에 대하여, 타원의 장축과 단축은 서로 켤레지름이다. 지름이 장축과 단축이 아닌 경우는 다음과 같이 정리할 수 있다.

정리 4.20: 타원의 켤레지름

표준형의 타원

$$\frac{x^2}{a^2}+\frac{y^2}{b^2}=1$$

에 대하여, 기울기가 m_1과 m_2인 지름에 대하여,

$$m_1 m_2 = -\frac{b^2}{a^2}$$

은 두 지름이 서로 켤레지름이기 위한 필요충분조건이다.

증명 표준형의 타원 $x^2/a^2+y^2/b^2=1$에 대하여, 기울기가 m인 평행현에 대한 지름은

$$y=-\frac{b^2}{a^2m}x$$

에 놓여 있다. 이때의 지름 방향의 평행현에 대한 지름의 방정식은 정리 4.17에 따라서

$$y=-\frac{b^2}{a^2\left(-\frac{b^2}{a^2m}\right)}x$$

즉

$$y=mx$$

이다. □

표준형의 타원 $x^2/a^2+y^2/b^2=1$을 변수 θ를 이용하여 매개변수방정식

$$\begin{cases} x=a\cos\theta, \\ y=b\sin\theta \end{cases}$$

로 나타내자. 그림 4.14에서와 같이, 타원에 놓인 점 $A(a\cos\theta_1, b\sin\theta_1)$에 대하여, 점 A를 지나는 타원의 지름은 원점을 지나므로 원점에 대한 타원의 대칭성에 따라서 점

$$B(-a\cos\theta_1, -b\sin\theta_1)$$

가 이 지름의 다른 끝점이다. 그리고 정리 4.20에 따라서,

$$C(a\sin\theta_1, -b\cos\theta_1), \qquad D(-a\sin\theta_1, b\cos\theta_1)$$

가 켤레지름의 양 끝점임을 알 수 있다. 여기서 원점 O와 지름의 한 끝을 연결하는 선분을 타원의 **반지름**이라고 한다.

정리 4.21: 타원의 켤레지름의 성질

장축의 길이가 $2a$이고 단축의 길이가 $2b$인 타원의 켤레지름인 $\overline{AB}$와 $\overline{CD}$에 대하여,

$$\left(\frac{\overline{AB}}{2}\right)^2 + \left(\frac{\overline{CD}}{2}\right)^2 = a^2 + b^2$$

이다.

증명 적당한 평행이동과 회전변환을 적용하여,

$$\frac{x^2}{a^2} + \frac{y^2}{b^2} = 1$$

이 타원의 방정식이라고 가정할 수 있다. 변수 θ에 대한 매개변수방정식

$$\begin{cases} x = a\cos\theta, \\ y = b\sin\theta \end{cases}$$

을 적용하면 점 A의 좌표가 $(a\cos\theta_1, b\sin\theta_1)$인 상수 θ_1이 존재한다. 이때, 점 C의 좌표는

$$(a\sin\theta_1, -b\cos\theta_1) \quad \text{또는} \quad (-a\sin\theta_1, b\cos\theta_1)$$

이다. 따라서,

$$\begin{aligned}\left(\frac{\overline{AB}}{2}\right)^2 + \left(\frac{\overline{CD}}{2}\right)^2 &= a^2\cos^2\theta_1 + b^2\sin^2\theta_1 + a^2\sin^2\theta_1 + b^2\cos^2\theta_1 \\ &= a^2 + b^2\end{aligned}$$

이다. □

정리 4.22: 타원의 켤레지름과 접선

타원에 대하여, 지름 $\overline{AB}$의 끝 A에서의 타원의 접선은 지름 $\overline{AB}$의 켤레지름과 평행하다.

증명 적당한 평행이동과 회전변환을 적용하여,

$$\frac{x^2}{a^2} + \frac{y^2}{b^2} = 1$$

이 타원의 방정식이라고 가정할 수 있다. 변수 θ에 대한 매개변수방정식

$$\begin{cases} x = a\cos\theta, \\ y = b\sin\theta \end{cases}$$

을 적용하면 점 A의 좌표가 $(a\cos\theta_1, b\sin\theta_1)$인 상수 θ_1이 존재한다. 방정식

$$\frac{x\cos\theta_1}{a} + \frac{y\sin\theta_1}{b} = 1$$

이 점 A에서의 타원의 접선의 방정식이다. 또한 점 C와 D의 좌표가 각각

$$(-a\sin\theta_1, b\cos\theta_1), \qquad (a\sin\theta_1, -b\cos\theta_1)$$

일 때, 선분 $\overline{CD}$가 지름 $\overline{AB}$의 켤레지름이고 켤레지름 $\overline{CD}$는

$$\frac{x\cos\theta_1}{a} + \frac{y\sin\theta_1}{b} = 0$$

에 놓여 있다. □

예제 4.19. 장축의 길이가 $2a$이고 단축의 길이가 $2b$인 타원의 켤레지름인 $\overline{AB}$와 $\overline{CD}$에 대하여, 선분 $\overline{OA}$와 $\overline{OC}$를 이웃하는 두 변으로 하는 평행사변형의 넓이는 ab임을 보여라. 여기서 점 O는 타원의 중심이다.

풀이 적당한 평행이동과 회전변환을 적용하여,

$$\frac{x^2}{a^2} + \frac{y^2}{b^2} = 1$$

이 타원의 방정식이라고 가정할 수 있다. 변수 θ에 대한 매개변수방정식

$$\begin{cases} x = a\cos\theta, \\ y = b\sin\theta \end{cases}$$

을 적용하면 점 A의 좌표가 $(a\cos\theta_1, b\sin\theta_1)$인 상수 θ_1이 존재하고 점 C의 좌표는

$$(-a\sin\theta_1, b\cos\theta_1) \quad \text{또는} \quad (a\sin\theta_1, -b\cos\theta_1)$$

이다. 따라서 구하는 평행사변형의 넓이는

$$ab\cos^2\theta_1 + ab\sin^2\theta_1 = ab$$

이다. □

4.3.3 쌍곡선의 지름

표준형의 쌍곡선 $x^2/a^2 - y^2/b^2 = 1$에 대하여, 방향비가 $0:1$인 종선에 대한 지름은 직선 $y = 0$에 놓여 있으며 방향비가 $1:0$인 종선에 대한 지름은 직선 $x = 0$에 놓여 있다.

$m \neq 0$일 때, 기울기가 m인 종선에 대한 지름은 다음과 같다.

정리 4.23: 쌍곡선의 지름

표준형의 쌍곡선 $x^2/a^2 - y^2/b^2 = 1$에 대하여, $m \neq 0$일 때 기울기가 m인 종선에 대한 지름은 직선

$$y = \frac{b^2}{a^2 m}x$$

에 놓여 있다.

증명 표준형의 쌍곡선 $x^2/a^2 - y^2/b^2 = 1$에 대하여, $m \neq 0$일 때 기울기가 m인 평행현에 대한 지름은 정리 4.17에 따라서 직선

$$\frac{x}{a^2} - \frac{my}{b^2} = 0$$

즉

$$y = \frac{b^2}{a^2 m}x$$

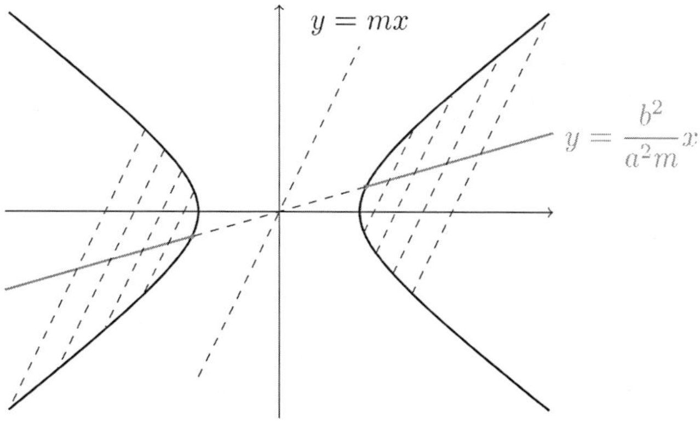

그림 4.15 쌍곡선의 지름

에 놓여 있다. □

쌍곡선의 두 지름에 대하여 다음의 특수한 관계를 정의할 수 있다.

정의 4.7: 쌍곡선 켤레지름

쌍곡원의 두 지름 $\overline{AB}$와 $\overline{CD}$에 대하여, 지름 $\overline{AB}$가 지름 $\overline{CD}$의 방향비와 같은 방향비의 종선에 대한 지름이고 지름 $\overline{CD}$가 지름 $\overline{AB}$의 방향비와 같은 방향비의 종선에 대한 지름이면 두 지름 $\overline{AB}$와 $\overline{CD}$는 서로 **켤레지름**[a]이라고 한다.

[a]켤레지름을 **공액직경**이라고도 한다.

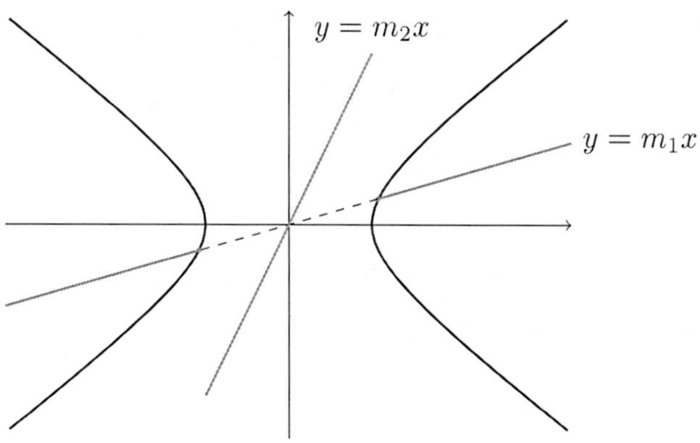

그림 4.16 쌍곡선의 켤레지름

정리 4.24: 쌍곡선의 켤레지름

표준형의 쌍곡선
$$\frac{x^2}{a^2} - \frac{y^2}{b^2} = 1$$
와 $m_1 m_2 \neq 0$일 때 기울기가 m_1과 m_2인 지름에 대하여,
$$m_1 m_2 = \frac{b^2}{a^2}$$
은 두 지름이 서로 켤레지름이기 위한 필요충분조건이다.

증명 표준형의 쌍곡선 $x^2/a^2 - y^2/b^2 = 1$에 대하여, $m \neq 0$일 때 기울기가 m인 종선에 대한 지름은
$$y = \frac{b^2}{a^2 m} x$$
에 놓여 있다. 이때의 지름 방향의 종선에 대한 지름의 방정식은 정리 4.17에 따라서
$$y = \frac{b^2}{a^2 \left(\frac{b^2}{a^2 m}\right)} x$$
즉
$$y = mx$$
이다. □

표준형의 쌍곡선 $x^2/a^2 - y^2/b^2 = 1$을 변수 θ를 이용하여 매개변수방정식
$$\begin{cases} x = a \sec\theta, \\ y = b \tan\theta \end{cases}$$
로 나타내자. 그림 4.16에서와 같이, 쌍곡선에 놓인 점 $A(a\sec\theta_1, b\tan\theta_1)$에 대하여, 점 A를 지나는 쌍곡선의 지름은 원점을 지나는 직선에 놓여 있으므로 원점에 대한 쌍곡선의 대칭성에 따라서 점
$$B(-a\sec\theta_1, -b\tan\theta_1)$$

가 이 지름의 다른 끝점이다. 이때, 지름 $\overline{AB}$의 방향의 종선들에 대한 지름

$$y = \frac{b^2 a \sec\theta_1}{a^2 b \tan\theta_1} x$$

은 주어진 쌍곡선과 만나지 않고 켤레인 쌍곡선

$$\frac{x^2}{a^2} - \frac{y^2}{b^2} = -1$$

과 점

$$C(a\tan\theta_1, b\sec\theta_1), \qquad D(-a\tan\theta_1, -b\sec\theta_1)$$

에서 만난다. 선분 $\overline{CD}$는 주어진 쌍곡선에 대한 지름 $\overline{AB}$의 **켤레지름**이다. 선분 $\overline{OA}$와 $\overline{OB}$는 주어진 쌍곡선의 **반지름**이고 선분 $\overline{OC}$와 $\overline{OD}$는 주어진 쌍곡선에 대한 반지름 $\overline{OA}$ 또는 $\overline{OB}$의 **켤레반지름**이다. 여기서 O는 원점이다.

정리 4.25: 쌍곡선의 켤레지름의 성질

주축의 길이가 $2a$이고 켤레축의 길이가 $2b$인 쌍곡선의 지름 $\overline{AB}$와 켤레지름 $\overline{CD}$에 대하여,

$$\left(\frac{\overline{AB}}{2}\right)^2 - \left(\frac{\overline{CD}}{2}\right)^2 = a^2 - b^2$$

이다.

증명 적당한 평행이동과 회전변환을 적용하여,

$$\frac{x^2}{a^2} - \frac{y^2}{b^2} = 1$$

이 쌍곡선의 방정식이라고 가정할 수 있다. 변수 θ에 대한 매개변수방정식

$$\begin{cases} x = a\sec\theta, \\ y = b\tan\theta \end{cases}$$

을 적용하면

$$A(a\sec\theta_1, b\tan\theta_1)$$

인 상수 θ_1이 존재한다. 이때,

$$C(a\tan\theta_1, b\sec\theta_1) \quad \text{또는} \quad C(-a\tan\theta_1, -b\sec\theta_1)$$

이다. 따라서,

$$\begin{aligned}\left(\frac{\overline{AB}}{2}\right)^2 - \left(\frac{\overline{CD}}{2}\right)^2 &= a^2\sec^2\theta_1 + b^2\tan^2\theta_1 - a^2\tan^2\theta_1 + b^2\sec^2\theta_1 \\ &= a^2 - b^2\end{aligned}$$

이다. □

정리 4.26: 쌍곡선의 켤레지름과 접선

쌍곡선에 대하여, 지름 $\overline{AB}$의 끝 A에서의 쌍곡선의 접선은 지름 $\overline{AB}$의 켤레지름과 평행하다.

증명 적당한 평행이동과 회전변환을 적용하여,

$$\frac{x^2}{a^2} - \frac{y^2}{b^2} = 1$$

이 쌍곡선의 방정식이라고 가정할 수 있다. 변수 θ에 대한 매개변수방정식

$$\begin{cases} x = a\sec\theta, \\ y = b\tan\theta \end{cases}$$

을 적용하면 A의 좌표가

$$(a\sec\theta_1, b\tan\theta_1)$$

인 상수 θ_1이 존재한다. 방정식

$$\frac{x\sec\theta_1}{a} - \frac{y\tan\theta_1}{b} = 1$$

이 점 A에서의 쌍곡선의 접선의 방정식이다. 또한

$$C\left(a\tan\theta_1, b\sec\theta_1\right), \qquad D\left(-a\tan\theta_1, -b\sec\theta_1\right)$$

일 때, 선분 $\overline{CD}$가 지름 $\overline{AB}$의 켤레지름이고 켤레지름 $\overline{CD}$는

$$\frac{x\sec\theta_1}{a} - \frac{y\tan\theta_1}{b} = 0$$

에 놓여 있다. □

예제 4.20. 주축의 길이가 $2a$이고 켤레축의 길이가 $2b$인 쌍곡선의 지름 $\overline{AB}$와 켤레지름$\overline{CD}$에 대하여, 선분 $\overline{OA}$와 $\overline{OC}$를 이웃하는 두 변으로 하는 평행사변형의 넓이는 ab임을 보여라. 여기서 점 O는 쌍곡선의 중심이다.

풀이 적당한 평행이동과 회전변환을 적용하여,

$$\frac{x^2}{a^2} - \frac{y^2}{b^2} = 1$$

이 쌍곡선의 방정식이라고 가정할 수 있다. 변수 θ에 대한 매개변수방정식

$$\begin{cases} x = a\sec\theta, \\ y = b\tan\theta \end{cases}$$

을 적용하면 점 A와 C의 좌표가 각각

$$(a\sec\theta_1, b\tan\theta_1), \quad (a\tan\theta_1, b\sec\theta_1)$$

인 상수 θ_1이 존재한다. 따라서 구하는 평행사변형의 넓이는

$$ab\sec^2\theta_1 - ab\tan^2\theta_1 = ab$$

이다. □

연습문제 4.3

1. 포물선 $y^2 = -4x$에 대하여, 방향비가 $1 : 3$인 평행현을 이등분하는 포물선의 지름이 놓인 직선의 방정식을 구하여라.

2. 타원 $x^2/9 + y^2/25 = 1$에 대하여, 기울기가 2인 평행현을 이등분하는 타원의 지름이 놓인 직선의 방정식을 구하여라.

3. 타원 $5x^2 + 6y^2 = 30$에 대하여, 직선 $x - 3y + 4 = 0$에 평행한 현을 이등분하는 타원의 지름이 놓인 직선의 방정식을 구하여라.

4. 타원 $4x^2 + 5y^2 = 20$에 대하여, 기울기가 2인 타원의 지름의 켤레지름이 놓인 직선의 방정식을 구하여라.

5. 쌍곡선 $x^2/9 - y^2/16 = 1$에 대하여, 기울기가 2인 평행현을 이등분하는 쌍곡선의 지름이 놓인 직선의 방정식을 구하여라.

6. 쌍곡선 $x^2/9 - y^2/16 = 1$에 대하여, 직선 $3x - y + 2 = 0$에 평행한 현을 이등분하는 쌍곡선의 지름이 놓인 직선의 방정식을 구하여라.

제 5 장

공간의 좌표계

평면과 마찬가지로 공간에 좌표를 구성하면 공간에서의 대상체를 알아보는 데에 무척 편리하다. 이 장에선, 공간에 좌표를 구성한다. 그리고, 공간에 놓인 유향직선에 대하여, 유향선분의 분할을 탐구한다. 또한, 공간에 놓인 직선과 평면에 대하여 탐구한다.

5.1 공간의 좌표

5.1.1 직교좌표계

공간에 다음과 같이 **직교좌표계**[1]를 도입한다.

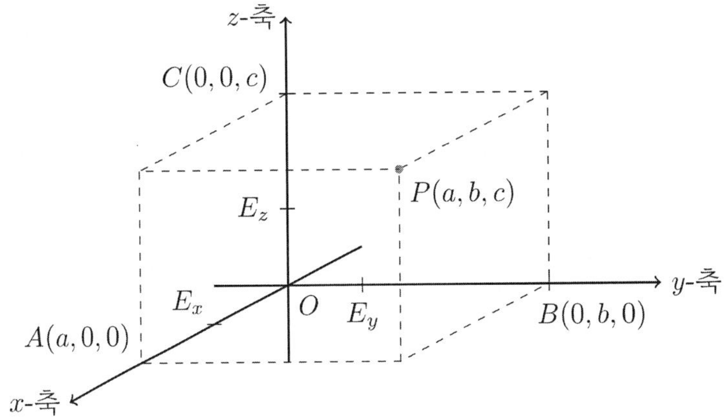

그림 5.1 공간의 직교좌표계

(가) 그림 5.1와 같이, 공간에 놓인 한 유향직선을 x-**축**이라고 한다. 그림 5.1와 같이, x-축에서 원점 O와 단위점 E_x에 각각 0과 1의 좌표값을 지정하는 직선의 좌표를 x-**좌표**라고 한다.

(나) 원점 O에서 x-축과 수직으로 만나는 한 유향직선을 y-**축**이라고 한다. y-축에서 양의 방향에 놓여 있고 원점에서 거리가 $\overline{OE_x}$인 점을 E_y로 놓는다. y-축에서 원점 O와 단위점 E_y에 각각 0과 1의 좌표값을 지정하는 직선의 좌표를 y-**좌표**라고 한다. x-축과 y-축을 지나는 유일한 평면을 xy-**평면**이라고 한다.

(다) 원점 O에서 x-축 그리고 y-축과 수직으로 만나고, 오른손을 xy-평면의 원점에 놓고 오른손의 엄지 손가락을 제외한 나머지 네 개의 손가락들이 x-축의 양의 방향에서 y-축의 양의 방향을 향하게 놓을 때, 엄지 손가락이 가리키는 방향이 양의 방향인 유향직선을 z-**축**이라고 한다. z-축에서 양의 방향에 놓여 있고 원점에서 거리가 $\overline{OE_x}$인 점을 E_z로 놓는다. z-축에서 원점 O와 단위점 E_z에 각각 0과 1의 좌표값을 지정하는 직선의 좌표를 z-**좌표**라고 한다. x-축과 z-축을 지

[1] 직교좌표계를 **데카르트 좌표계**라고도 한다.

나는 유일한 평면을 zx-**평면**이라고 하고, y-축과 z-축을 지나는 유일한 평면을 yz-**평면**이라고 하고, x-축과 y-축과 z-축은 **좌표축**이라고 한다.

(다) 공간에 놓인 점 P에 대하여, P에서 x-축에 내린 수선의 발의 x-좌표가 a이고 P에서 y-축에 내린 수선의 발의 y-좌표가 b이며 P에서 z-축에 내린 수선의 발의 z-좌표가 c이면 삼중순서쌍 (a, b, c)를 점 P의 **좌표**라고 한다.

좌표가 주어진 점을 다음과 같이 정의한다.

정의 5.1: 좌표가 주어진 점

공간에서 좌표가 (a, b, c)인 점 P를 $P(a, b, c)$로 나타낸다.

5.1.2 두 점 사이의 거리

공간에 놓인 점 $P_1(x_1, y_1, z_1)$과 $P_2(x_2, y_2, z_2)$에 대하여, 다음과 같이 P_1과 P_2 사이의 거리를 정의할 수 있다.

(가) 만약 $z_1 = z_2$이면 선분 $\overline{P_1P_2}$는 xy-평면과 평행한 평면

$$A = \{P(x, y, z) \,:\, z = z_1\}$$

에 놓여 있고, 평면 A에 놓인 점 $P(x, y, z_1)$의 좌표는 x-좌표와 y-좌표가 결정하므로 점 P_1과 P_2 사이의 거리를

$$\sqrt{(x_2 - x_1)^2 + (y_2 - y_1)^2}$$

으로 정의하는 것이 자연스럽다.

(나) 만약 $x_1 = x_2$이고 $y_1 = y_2$이고 $z_1 \neq z_2$이면, 두 점 P_1과 P_2는 직선

$$B = \{P(x, y, z) \,:\, x = x_1,\ y = y_1\}$$

에 놓여 있으므로 점 P_1과 P_2 사이의 거리를

$$|z_2 - z_1|$$

으로 정의하는 것이 자연스럽다.

(다) 만약 $(x_1, y_1) \neq (x_2, y_2)$이고 $z_1 \neq z_2$이면, 좌표가 (x_2, y_2, z_1)인 점을 Q로 놓자. 그러면, 그림 5.2과 같이 점 P_1, P_2, Q는 직각삼각형의 꼭지점을 이룬다. 여기서 (가)에 따라서 점 P_1과 Q 사이의 거리는

$$\sqrt{(x_2 - x_1)^2 + (y_2 - y_1)^2}$$

이고 (나)에 따라서 점 Q와 P_2 사이의 거리는 $|z_2 - z_1|$이므로, 피타고라스의 법칙에 따라서 점 P_1과 P_2 사이의 거리를

$$\sqrt{(x_2 - x_1)^2 + (y_2 - y_1)^2 + (z_2 - z_1)^2}$$

으로 정의하는 것이 자연스럽다.

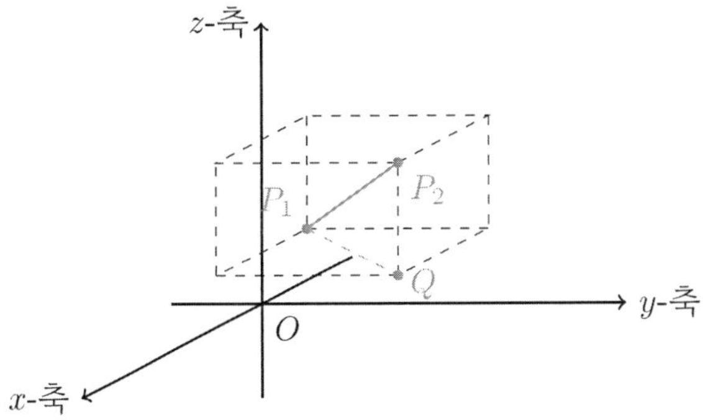

그림 5.2 두 점 사이의 거리

공간에 놓인 두 점 사이의 거리를 다음과 같이 정의한다.

정의 5.2: 공간에서의 두 점 사이의 거리

공간에 놓인 점 $P_1(x_1, y_1, z_1)$과 $P_2(x_2, y_2, z_2)$에 대하여,

$$\sqrt{(x_2 - x_1)^2 + (y_2 - y_1)^2 + (z_2 - z_1)^2}$$

를 점 P_1과 P_2 사이의 **거리**라고 하고 $\overline{P_1P_2}$로 나타낸다.

예제 5.1. 다음의 두 점 사이의 거리를 구하여라.

(가) $P_1(1,-1,2)$과 $P_2(3,2,-1)$ (나) $P_1(1,-2,3)$과 $P_2(1,3,5)$

풀이 (가) 두 점 $P_1(1,-1,2)$과 $P_2(3,2,-1)$ 사이의 거리는

$$\sqrt{(3-1)^2+(2-(-1))^2+((-1)-2)^2}=\sqrt{4+9+9}=\sqrt{22}$$

이다.

(나) 두 점 $P(1,-2,3)$과 $P_2(1,3,5)$ 사이의 거리는

$$\sqrt{(1-1)^2+(3-(-2))^2+(5-3)^2}=\sqrt{0+25+4}=\sqrt{29}$$

이다. □

예제 5.2. 점 $A(2,1,-2), B(4,2,1), C(3,4,2)$를 꼭지점으로 하는 삼각형의 변의 길이를 구하여라.

풀이 삼각형의 변의 길이는 각각

$$\overline{AB}=\sqrt{(4-2)^2+(2-1)^2+(1-(-2))^2}=\sqrt{4+1+9}=\sqrt{14},$$
$$\overline{BC}=\sqrt{(3-4)^2+(4-2)^2+(2-1)^2}=\sqrt{1+4+1}=\sqrt{6},$$
$$\overline{CA}=\sqrt{(2-3)^2+(1-4)^2+(-2-2)^2}=\sqrt{1+9+16}=\sqrt{26}$$

이다. □

5.1.3 유향직선과 유향선분

유향직선 평면에서와 같이 공간에 놓인 직선 ℓ에도 양의 방향을 정하여 유향직선을 정의할 수 있다.

정의 5.3: 유향직선

공간에 놓인 양의 방향이 정해진 직선은 **유향직선**이라고 한다.

공간에 놓인 서로 다른 점 $A(x_1, y_1, z_1)$와 $B(x_2, y_2, z_2)$에 대하여, 점 A와 B를 지나는 직선에 놓인 점 $P(x, y, z)$를

$$\begin{cases} x = x_1 + t(x_2 - x_1), \\ y = y_1 + t(y_2 - y_1), \\ z = z_1 + t(z_2 - z_1) \end{cases}$$

와 같이 t에 대한 매개변수방정식으로 나타낼 수 있다. 이때, 점 P가 A와 일치하면 $t = 0$이며 점 P가 B와 일치하면 $t = 1$이다. 또한 P가 선분 $\overline{AB}$에 놓여 있으면 $0 \leq t \leq 1$이다.

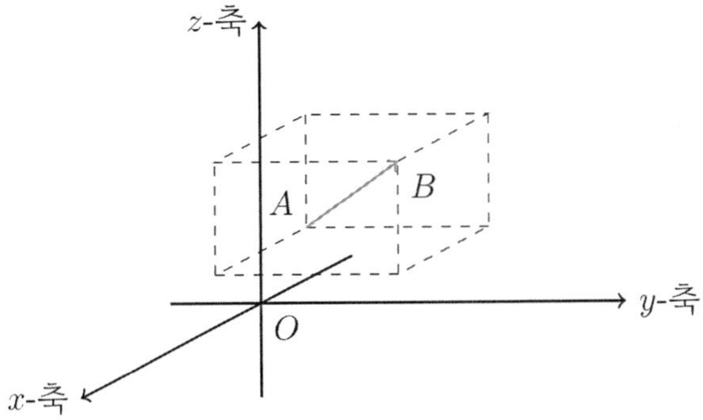

그림 5.3 유향선분

유향선분 방향이 주어진 선분을 다음과 같이 정의한다.

정의 5.4: 유향선분

공간에 놓인 점 A와 B에 대하여, 점 A가 B와 일치하지 않으면 선분 $\overline{AB}$와 함께 중심 A에서 B로의 방향을 A에서 B까지의 **유향선분**이라고 하고 $\overrightarrow{AB}$로 나타낸다. 점 A가 B와 일치하면, 중심 A에서 B로의 방향이 존재하지 않으므로 유향선분 $\overrightarrow{AB}$는 집합 $\{A\}$를 나타낸다. 이때, 점 A와 B를 각각 유향선분 $\overrightarrow{AB}$의 **시작점**과 **끝점**이라고 한다.

유향직선 ℓ에 서로 다른 점 A와 B가 놓여 있을 때, 유향직선의 양의 방향과 유향선분 $\overrightarrow{AB}$의 양의 방향이 같으면 유향직선 ℓ을

$$\text{유향직선 } \overrightarrow{AB}$$

로도 나타낸다.

유향선분의 길이와 유향길이를 다음과 같이 정의한다.

정의 5.5: 유향선분의 길이와 유향길이

공간에 놓인 점 $A(x_1, y_1, z_1)$와 $B(x_2, y_2, z_2)$에 대하여, 유향선분 $\overrightarrow{AB}$의 길이 $\overline{AB}$를

$$\overline{AB} = \sqrt{(x_2 - x_1)^2 + (y_2 - y_1)^2 + (z_2 - z_1)^2}$$

로 정의한다. 유향선분 $\overrightarrow{AB}$이 유향직선 ℓ에 놓여 있으면, 유향직선 ℓ에 대한 유향선분 $\overrightarrow{AB}$의 유향길이 $\overrightarrow{AB}$를

$$\overrightarrow{AB} = \begin{cases} \overline{AB} & \text{유향직선 } \ell\text{의 양의 방향과 유향선분 } \overrightarrow{AB}\text{의 양의 방향이 일치할 때,} \\ -\overline{AB} & \text{유향직선 } \ell\text{의 음의 방향과 유향선분 } \overrightarrow{AB}\text{의 양의 방향이 일치할 때} \end{cases}$$

로 정의한다.

여기서 선분 $\overline{AB}$와 유향선분 $\overrightarrow{AB}$의 길이 $\overline{AB}$를, 그리고 유향선분 $\overrightarrow{AB}$와 이 유향선분의 유향길이 $\overrightarrow{AB}$를 편의상 같은 기호로 나타내는 것에 주의하자.

정의에 따라서, 유향선분 $\overrightarrow{AB}$의 길이는 점 A와 B 사이의 거리와 같음을 알 수 있다.

예제 5.3. 공간에 놓인 다음의 점 A와 B에 대하여, 유향선분 $\overrightarrow{AB}$의 길이를 구하여라.

(가) $A(2, -3, 3)$, $B(4, -1, 2)$ (나) $A(1, 3, -2)$, $B(2, -1, 2)$

풀이 (가) 점 $A(2, -3, 3)$와 $B(4, -1, 2)$에 대하여, 유향선분 $\overrightarrow{AB}$의 길이는

$$\overline{AB} = \sqrt{(4-2)^2 + (-1-(-3))^2 + (2-3)^2} = \sqrt{4+4+1} = 3$$

이다.

(나) 점 $A(1,3,-2)$와 $B(2,-1,2)$에 대하여, 유향선분 $\overrightarrow{AB}$의 길이는

$$\overline{AB} = \sqrt{(2-1)^2 + (-1-3)^2 + (2-(-2))^2} = \sqrt{1+16+16} = \sqrt{33}$$

이다. □

예제 5.4. 점 $A(1,2,1)$, $B(3,6,5)$, $C(2,4,3)$에 대하여, 다음 물음에 답하여라.

(가) 점 C는 유향직선 $\overrightarrow{AB}$에 놓여 있음을 보여라.

(나) 유향직선 $\overrightarrow{AB}$에 대한 유향선분 $\overrightarrow{AC}$의 유향길이를 구하여라.

풀이 (가) 점 $C(2,4,3)$의 좌표에 대하여,

$$2 = 1 + \frac{1}{2}(3-1), \quad 4 = 2 + \frac{1}{2}(6-2), \quad 3 = 1 + \frac{1}{2}(5-1)$$

이므로 점 C는 유향직선 $\overrightarrow{AB}$에 놓여 있다.

(나) 유향선분 $\overrightarrow{AC}$의 길이는

$$\sqrt{(2-1)^2 + (4-2)^2 + (3-1)^2} = \sqrt{1+4+4} = 3$$

이고 유향선분 $\overrightarrow{AC}$의 양의 방향은 유향직선 $\overrightarrow{AB}$의 양의 방향과 일치하므로 유향선분 $\overrightarrow{AC}$의 유향길이는 3이다. □

유향직선의 방향비 서로 다른 점 $A(x_1, y_1, z_1)$와 $B(x_2, y_2, z_2)$에 대한 유향직선 $\overrightarrow{AB}$에 놓인 점 $P(x, y, z)$에 대하여, $P \neq P_1$이면 비례식

$$(x - x_1) : (x - y_1) : (z - z_1) = (x_2 - x_1) : (y_2 - y_1) : (z_2 - z_1)$$

이 성립하므로 유향직선 $\overrightarrow{AB}$에 대한 다음의 비를 정의할 수 있다.

정의 5.6: 유향직선의 방향비

공간에 놓인 서로 다른 점 $A(x_1, y_1, z_1)$와 $B(x_2, y_2, z_2)$에 대하여, 비

$$(x_2 - x_1) : (y_2 - y_1) : (z_2 - z_1)$$

를 유향직선 $\overrightarrow{AB}$의 **방향비**라고 한다.

공간에 놓인 서로 다른 점 $A(x_1, y_1, z_1)$와 $B(x_2, y_2, z_2)$에 대하여,

$$(x_2 - x_1) : (y_2 - y_1) : (z_2 - z_1) = (x_1 - x_2) : (y_1 - y_2) : (z_1 - z_2)$$

이므로 유향직선 $\overrightarrow{AB}$의 방향비와 유향직선 $\overrightarrow{BA}$의 방향비는 같다. 일반적으로 두 유향직선 $\overrightarrow{AB}$와 $\overrightarrow{CD}$의 방향비가 서로 같으면 두 직선은 평행하다. 이때, 두 유향직선의 양의 방향은 서로 같을 수도 있고 서로 반대일 수도 있다.

예제 5.5. 다음의 점 A와 B에 대하여, 유향직선 $\overrightarrow{AB}$의 방향비를 구하여라.
(가) 점 $A(2, 0, 2)$와 $B(1, 2, 5)$ (나) 점 $A(1, -1, 2)$와 $B(4, 1, 3)$

풀이 (가) 점 $A(2, 0, 2)$와 $B(1, 2, 5)$의 x-좌표, y-좌표, z-좌표의 차이는 각각

$$1 - 2 = -1, \quad 2 - 0 = 2, \quad 5 - 2 = 3$$

이므로, $\overrightarrow{AB}$의 방향비는 $-1 : 2 : 3$이다.
(나) 점 $A(1, -1, 2)$와 $B(4, 1, 3)$의 x-좌표, y-좌표, z-좌표의 차이는 각각

$$4 - 1 = 3, \quad 1 - (-1) = 2, \quad 3 - 2 = 1$$

이므로, $\overrightarrow{AB}$의 방향비는 $3 : 2 : 1$이다. □

유향직선의 방향코사인 유향직선의 방향비만으로는 유향직선의 양의 방향과 음의 방향을 구별할 수 없다. 유향직선의 양의 방향을 나타내기 위하여 다음을 정의한다.

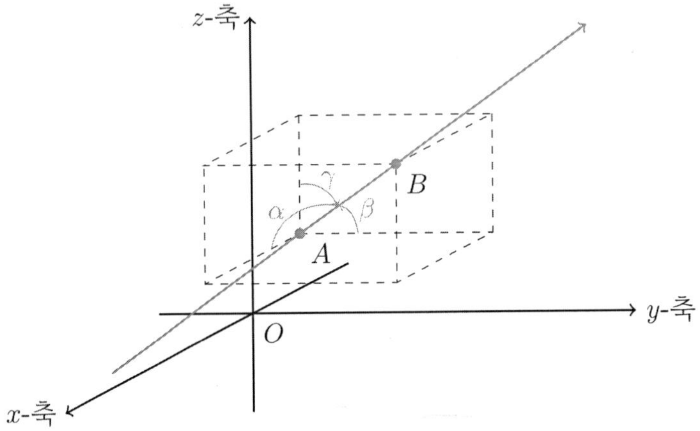

그림 5.4 유향직선의 방향각

정의 5.7: 유향직선의 방향각과 방향코사인

유향직선 $\overrightarrow{AB}$가 x-축, y-축 및 z-축과 이루는 각이 각각 α와 β와 γ이면, (α, β, γ)를 유향직선 $\overrightarrow{AB}$의 **방향각**이라고 하고 $(\cos\alpha, \cos\beta, \cos\gamma)$를 유향직선 $\overrightarrow{AB}$의 **방향코사인**이라고 한다.

이때, 각 α는 유향직선 $\overrightarrow{AB}$와 양의 방향의 x-축 사이의 각이고 각 β는 유향직선 $\overrightarrow{AB}$와 양의 방향의 y-축 사이의 각이며 각 γ는 유향직선 $\overrightarrow{AB}$와 양의 방향의 z-축 사이의 각이므로,

$$0 \le \alpha \le \pi, \qquad 0 \le \beta \le \pi, \qquad 0 \le \gamma \le \pi$$

이다.

방향코사인 (λ, μ, ν)를 좌표로 가지는 점 $P(\lambda, \mu, \nu)$는 원점으로부터의 거리가 1이므로 다음을 확인할 수 있다.

정리 5.1: 유향직선의 방향코사인

서로 다른 점 $A(x_1, y_1, z_1)$와 $B(x_2, y_2, z_2)$에 대하여,

$$\left(\frac{x_2 - x_1}{W}, \frac{y_2 - y_1}{W}, \frac{z_2 - z_1}{W}\right)$$

이 유향직선 $\overrightarrow{AB}$의 방향코사인이다. 여기서

$$W = \sqrt{(x_2 - x_1)^2 + (y_2 - y_1)^2 + (z_2 - z_1)^2}$$

이다.

증명 유향직선 $\overrightarrow{AB}$의 방향코사인을 (λ, μ, ν)로 놓으면,

$$\lambda = \frac{x_2 - x_1}{\overline{AB}}, \qquad \mu = \frac{y_2 - y_1}{\overline{AB}}, \qquad \nu = \frac{z_2 - z_1}{\overline{AB}}$$

이고 $\overline{AB} = \sqrt{(x_2 - x_1)^2 + (y_2 - y_1)^2 + (z_2 - z_1)^2} = W$이므로

$$(\lambda, \mu, \nu) = \left(\frac{x_2 - x_1}{W}, \frac{y_2 - y_1}{W}, \frac{z_2 - z_1}{W}\right)$$

이다. □

정리 5.1에 따라서, 유향직선 $\overrightarrow{AB}$의 방향코사인 (λ, μ, ν)에 대하여,

$$\lambda^2 + \mu^2 + \nu^2 = 1$$

임을 알 수 있다.

예제 5.6. 점 $A(1, -2, 2)$와 $B(4, 0, 5)$에 대하여, 유향직선 $\overrightarrow{AB}$의 방향코사인 (λ, μ, ν)를 구하여라.

풀이 점 $A(1, -2, 2)$와 $B(4, 0, 5)$에 대하여,

$$u = 4 - 1 = 3, \quad v = 0 - (-2) = 2, \quad w = 5 - 2 = 3$$

로 놓으면

$$\lambda = \frac{3}{\sqrt{3^2+2^2+3^2}} = \frac{3}{\sqrt{22}},$$
$$\mu = \frac{2}{\sqrt{3^2+2^2+3^2}} = \frac{2}{\sqrt{22}},$$
$$\nu = \frac{3}{\sqrt{3^2+2^2+3^2}} = \frac{3}{\sqrt{22}}$$

이다. 따라서, 유향직선 $\overrightarrow{AB}$의 방향코사인은

$$(\lambda, \mu, \nu) = \left(\frac{3}{\sqrt{22}}, \frac{2}{\sqrt{22}}, \frac{3}{\sqrt{22}}\right)$$

이다. □

두 유향직선 사이의 각 두 유향직선 사이의 각에 대하여 다음을 알 수 있다.

정리 5.2: 두 유향직선 사이의 각

방향코사인이 $(\lambda_1, \mu_1, \nu_1)$인 유향직선 ℓ_1과 방향코사인이 $(\lambda_2, \mu_2, \nu_2)$인 유향직선 ℓ_2에 대하여, 유향직선 ℓ_1과 유향직선 ℓ_2 사이의 각이 θ이면,

$$\cos\theta = \lambda_1\lambda_2 + \mu_1\mu_2 + \nu_1\nu_2$$

이다.

증명 좌표가 $(\lambda_1, \mu_1, \nu_1)$인 점을 A로 놓고 좌표가 $(\lambda_2, \mu_2, \nu_2)$인 점을 B로 놓자. 그러면 점 A와 원점 O 사이의 거리와 점 B와 원점 사이의 거리는 모두 1이다. 삼각형 $\triangle OAB$에 대한 제2코사인법칙 $\overline{OA}^2 + \overline{OB}^2 = \overline{AB}^2 + 2\overline{OA}\,\overline{OB}\cos\theta$에 따라서

$$\begin{aligned}\cos\theta &= \frac{1}{2}\left(\overline{OA}^2 + \overline{OB}^2 - \overline{AB}^2\right)\\ &= \frac{1}{2}\left({\lambda_1}^2 + {\mu_1}^2 + {\nu_1}^2 + {\lambda_2}^2 + {\mu_2}^2 + {\nu_2}^2\right.\\ &\qquad\left. - (\lambda_2-\lambda_1)^2 - (\mu_2-\mu_1)^2 - (\nu_2-\nu_1)^2\right)\\ &= \lambda_1\lambda_2 + \mu_1\mu_2 + \nu_1\nu_2\end{aligned}$$

이다. □

특히 $\cos\theta = 0$은 유향직선 ℓ_1과 유향직선 ℓ_2가 직교하기 위한 필요충분조건이므로, 다음을 알 수 있다.

따름정리 5.3: 직교하는 두 유향직선

방향코사인이 $(\lambda_1, \mu_1, \nu_1)$인 유향직선 ℓ_1과 방향코사인이 $(\lambda_2, \mu_2, \nu_2)$인 유향직선 ℓ_2에 대하여, 유향직선 ℓ_1과 유향직선 ℓ_2 사이의 각이 θ이면

$$\lambda_1\lambda_2 + \mu_1\mu_2 + \nu_1\nu_2 = 0$$

은 두 유향직선이 직교하기 위한 필요충분조건이다.

예제 5.7. 세 점 $A(1, 0, -2)$, $B(3, 1, 1)$, $C(2, 1, -1)$에 대하여, 유향직선 $\overrightarrow{AB}$와 유향직선 $\overrightarrow{AC}$는 직교함을 보여라.

풀이 유향직선 $\overrightarrow{AB}$의 방향코사인은

$$\left(\frac{2}{\sqrt{14}}, \frac{1}{\sqrt{14}}, \frac{3}{\sqrt{14}}\right)$$

이고 유향직선 $\overrightarrow{AC}$의 방향코사인은

$$\left(\frac{1}{\sqrt{3}}, \frac{1}{\sqrt{3}}, -\frac{1}{\sqrt{3}}\right)$$

이므로, 유향직선 $\overrightarrow{AB}$와 유향직선 $\overrightarrow{AC}$가 이루는 각을 θ로 놓으면

$$\cos\theta = \frac{2\cdot 1 + 1\cdot 1 - 3\cdot 1}{\sqrt{42}} = 0$$

이다. 따라서, 유향직선 $\overrightarrow{AB}$와 유향직선 $\overrightarrow{AC}$는 직교한다. □

5.1.4 분할점

공간에 놓인 서로 다른 두 점 A와 B에 대한 유향직선 $\overrightarrow{AB}$에 대하여, 유향직선 $\overrightarrow{AB}$에 놓인 점 P의 좌표를 두 점 A와 B의 좌표를 이용하여 나타내는 방법을 생각하자.

정의 5.8: 공간에서의 유향직선의 분할점

공간에 놓인 서로 다른 두 점 A와 B에 대한 유향직선 $\overrightarrow{AB}$에 대하여, 유향직선 $\overrightarrow{AB}$에 놓인 점 P는 점 A와 B를 $\overrightarrow{AP} : \overrightarrow{PB}$**로 나눈다**고 한다. 이때, 점 P를 점 A와 B의 $\overrightarrow{AP} : \overrightarrow{PB}$ **분할점**이라고 한다.

예제 5.8. 공간에 놓인 점 $A(2, 1, -1)$와 $B(6, 3, 5)$에 대하여, 다음의 점들이 유향직선 $\overrightarrow{AB}$에 놓여 있는지 판정하고, 유향직선 $\overrightarrow{AB}$에 놓여 있으면 이 점이 점 A와 B의 무슨 비의 분할점인지 밝혀라.

(가) $P_1(4, 2, 2)$ (나) $P_2(3, 1, 2)$

풀이 (가) 점 $P_1(4, 2, 3)$에 대하여, 유향직선 $\overrightarrow{AP_1}$의 방향비

$$(4-2) : (2-1) : (2-(-1)) = 2 : 1 : 3$$

는 유향직선 $\overrightarrow{AB}$의 방향비

$$(6-2) : (3-1) : (5-(-1)) = 4 : 2 : 6$$

와 같으므로, 점 P_1는 유향직선 $\overrightarrow{AB}$에 놓여 있다. 이때, 유향직선 $\overrightarrow{AB}$에 대한 유향선분 $\overrightarrow{AP_1}$의 유향길이는

$$\overrightarrow{AP_1} = \sqrt{(4-2)^2 + (2-1)^2 + (2-(-1))^2} = \sqrt{14}$$

이고 유향직선 $\overrightarrow{AB}$에 대한 유향선분 $\overrightarrow{P_1B}$의 유향길이는

$$\overrightarrow{P_2B} = \sqrt{(6-4)^2 + (3-2)^2 + (5-2)^2} = \sqrt{14}$$

이므로, 점 P_1는 점 A와 B의 $1 : 1$ 분할점이다.

(나) 점 $P_2(3, 1, 2)$에 대하여, 유향직선 $\overrightarrow{AP_2}$의 방향비

$$(3-2) : (1-1) : (2-(-1)) = 1 : 0 : 3$$

는 유향직선 $\overrightarrow{AB}$의 방향비

$$(6-2):(3-1):(5-(-1)) = 4:2:6$$

와 같지 않으므로, 점 P_2는 유향직선 $\overrightarrow{AB}$에 놓여 있지 않다. □

직선에서의 두 점의 분할점에 대한 기본적인 성질인 정리 1.10의 증명과 같은 방법으로 공간에서의 두 점의 분할점에 대한 기본적인 성질이 성립한다.

정리 5.4: 분할점의 기본적인 성질

공간에 놓인 서로 다른 두 점 A와 B에 대하여, 유향직선 $\overrightarrow{AB}$에 놓인 점 P가 점 A와 B의 $m:n$ 분할점이면 다음이 성립한다.

(가) 만약 $m=0$이면 점 P는 A와 일치하고, 만약 $n=0$이면 점 P는 B와 일치한다.

(나) $m \neq 0$ 또는 $n \neq 0$.

(다) $m+n \neq 0$.

정리 1.11의 증명과 같은 방법으로, 공간에서 점 A와 B의 좌표를 이용하면 A와 B의 $m:n$ 분할점 P의 좌표를 구할 수 있다.

정리 5.5: 분할점의 좌표

공간에 놓인 서로 다른 점 $A(x_1, y_1, z_1)$와 $B(x_2, y_2, z_3)$에 대하여, 점 $P(x, y, z)$가 유향직선 $\overrightarrow{AB}$에 대한 A와 B의 $m:n$ 분할점이면

$$x = \frac{nx_1 + mx_2}{m+n}, \qquad y = \frac{ny_1 + my_2}{m+n}, \qquad z = \frac{nz_1 + mz_2}{m+n}$$

이다.

예제 5.9. 공간에 놓인 점 $A(1,2,-1)$와 $B(5,-2,7)$에 대하여, 다음 점들의 좌표를 구하여라.

(가) A와 B의 $-1:2$ 분할점 $P_1(x_1,y_1,z_1)$

(나) A와 B의 $1:3$ 분할점 $P_2(x_2,y_2,z_2)$

(다) A와 B의 $2:-1$ 분할점 $P_3(x_3,y_3,z_3)$

풀이 (가) 점 $A(1,2,-1)$와 $B(5,-2,7)$에 대하여,

$$x_1 = \frac{2\cdot 1 + (-1)\cdot 5}{(-1)+2} = -3,$$
$$y_1 = \frac{2\cdot 2 + (-1)\cdot(-2)}{(-1)+2} = 6,$$
$$z_1 = \frac{2\cdot(-1) + (-1)\cdot 7}{(-1)+2} = -9$$

이므로, 점 A와 B의 $-1:2$ 분할점 P_1의 좌표는 $(-3,6,-9)$이다.

(나) 점 $A(1,2,-1)$와 $B(5,-2,7)$에 대하여,

$$x_2 = \frac{3\cdot 1 + 1\cdot 5}{1+3} = 2,$$
$$y_2 = \frac{3\cdot 2 + 1\cdot(-2)}{1+3} = 1,$$
$$z_2 = \frac{3\cdot(-1) + 1\cdot 7}{1+3} = 1$$

이므로 점 A와 B의 $1:3$ 분할점 P_2의 좌표는 $(2,1,1)$이다.

(다) 점 $A(1,2,-1)$와 $B(5,-2,7)$에 대하여,

$$x_3 = \frac{(-1)\cdot 1 + 2\cdot 5}{2+(-1)} = 9,$$
$$y_3 = \frac{(-1)\cdot 2 + 2\cdot(-2)}{2+(-1)} = -6,$$
$$z_3 = \frac{(-1)\cdot(-1) + 2\cdot 7}{2+(-1)} = 15$$

이므로, 점 A와 B의 $2:-1$ 분할점 P_3의 좌표는 $(9,-6,15)$이다. □

점 P가 A와 B의 중점이면 P는 A와 B의 $1:1$ 분할점이다. 따라서 다음이 성립한다.

따름정리 5.6: 중점의 좌표

공간에 놓인 서로 다른 점 $A(x_1, y_1, z_1)$와 $B(x_2, y_2, z_2)$에 대하여, 점 $P(x, y, z)$가 선분 $\overline{AB}$의 중점이면

$$x = \frac{x_1 + x_2}{2}, \qquad y = \frac{y_1 + y_2}{2}, \qquad z = \frac{z_1 + z_2}{2}$$

이다.

예제 5.10. 공간에 놓인 점 $A(x_1, y_1, z_1)$, $B(x_2, y_2, z_2)$, $C(x_3, y_3, z_3)$에 대한 $\triangle ABC$에 대하여, $\triangle ABC$의 무게중심 G의 좌표가

$$\left(\frac{x_1 + x_2 + x_3}{3}, \frac{y_1 + y_2 + y_3}{3}, \frac{z_1 + z_2 + z_3}{3}\right)$$

임을 보여라.

풀이 변 $\overline{BC}$의 중점 M은 점 B와 C의 $1:1$ 분할점이므로, 점 M의 좌표는

$$\left(\frac{x_2 + x_3}{2}, \frac{y_2 + y_3}{2}, \frac{z_2 + z_3}{2}\right)$$

이다. $\triangle ABC$의 무게중심 G는 점 A와 M의 $2:1$ 분할점이고 점 $A(x_1, y_1, z_1)$와 M의 $2:1$ 분할점 G의 좌표는

$$\left(\frac{1 \cdot x_1 + 2 \cdot \frac{x_2+x_3}{2}}{2+1}, \frac{1 \cdot y_1 + 2 \cdot \frac{y_2+y_3}{2}}{2+1}, \frac{1 \cdot z_1 + 2 \cdot \frac{z_2+z_3}{2}}{2+1}\right)$$
$$= \left(\frac{x_1 + x_2 + x_3}{3}, \frac{y_1 + y_2 + y_3}{3}, \frac{z_1 + z_2 + z_3}{3}\right)$$

이다. □

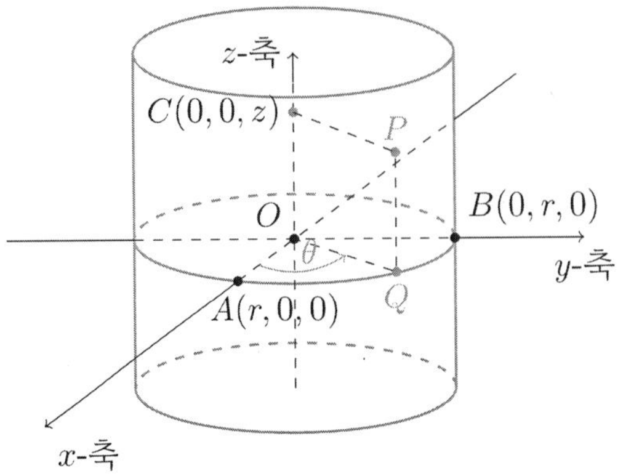

그림 5.5 원기둥좌표

5.1.5 원기둥좌표계

공간에 정의된 직교좌표계에 대하여, xy-평면에서의 극좌표계와 z-축을 이용하여 다음의 좌표계를 정의한다.

정의 5.9: 원기둥좌표계

공간에 놓인 원점이 아닌 점 $P(x, y, z)$에 대하여, P에서 xy-평면에 내린 수선의 발을 Q로 놓자. xy-평면에서 Q의 극좌표가 (r, θ)일 때, (r, θ, z)를 점 P의 **원기둥좌표**라고 한다.

원기둥좌표 방정식 $r = a$는 반지름 a인 원기둥을 나타낸다. 이와 같이 원기둥을 표시할 때, 원기둥좌표가 편리하다.

공간에 놓인 원점이 아닌 점 P의 직교좌표가 (x, y, z)이고 원기둥좌표가 (r, θ, z)이면

$$x = r\cos\theta, \quad y = r\sin\theta, \quad z = z$$

이고

$$z = z, \quad r = \sqrt{x^2 + y^2}, \quad \theta = \begin{cases} \tan^{-1}\frac{y}{x} & (x > 0\text{일 때}) \\ \pi + \tan^{-1}\frac{y}{x} & (x < 0\text{일 때}) \\ \frac{\pi}{2} & (x = 0\text{이고 } y > 0\text{일 때}), \\ -\frac{\pi}{2} & (x = 0\text{이고 } y < 0\text{일 때}) \end{cases}$$

이다.

예제 5.11. 원기둥좌표가 $(6, \pi/3, 4)$인 점 P의 직교좌표를 구하여라.

풀이 점 $P(x_1, y_1, z_1)$의 원기둥좌표가 $(6, \pi/3, 4)$이므로

$$x_1 = 6\cos\frac{\pi}{3} = 3, \quad y_1 = 6\sin\frac{\pi}{3} = 3\sqrt{3}$$

이다. 따라서, 점 P의 직교좌표는 $(3, 3\sqrt{3}, 4)$이다. □

정리 5.7: 원기둥좌표가 주어진 두 점 사이의 거리

공간에 놓인 두 점 P_1과 P_2에 대하여, P_1과 P_2의 원기둥좌표가 각각 (r_1, θ_1, z_1)과 (r_2, θ_2, z_2)이면

$$\overline{P_1P_2} = \sqrt{{r_1}^2 + {r_2}^2 - 2r_1r_2\cos(\theta_2 - \theta_1) + (z_2 - z_1)^2}$$

이다.

증명 점 P_1과 P_2에서 xy-평면에 내린 수선의 발을 각각 Q_1과 Q_2로 놓자. 그러면 Q_1과 Q_2의 원기둥좌표가 각각 $(r_1, \theta_1, 0)$과 $(r_2, \theta_2, 0)$이므로 xy-평면에서의 극좌표에서의 두 점 사이의 거리의 공식에 따라서

$$\overline{Q_1Q_2} = {r_1}^2 + {r_2}^2 - 2r_1r_2\cos(\theta_2 - \theta_1)$$

이다.

이제 점 P_1에서 직선 $\overline{P_2Q_2}$에 내린 수선의 발을 A로 놓자. 그러면, $\overline{P_1A} = \overline{Q_1Q_2}$이고 $\overline{P_2A} = |z_2 - z_1|$이며 $\triangle P_1P_2A$가 직각삼각형이므로

$$\begin{aligned}\overline{P_1P_2}^2 &= \overline{P_1A}^2 + \overline{P_2A}^2 = \overline{Q_1Q_2}^2 + \overline{P_2A}^2 \\ &= {r_1}^2 + {r_2}^2 - 2r_1r_2\cos(\theta_2 - \theta_1) + (z_2 - z_1)^2\end{aligned}$$

이다. □

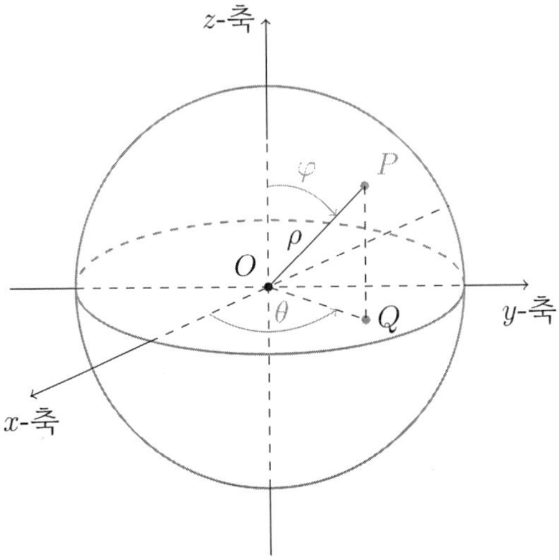

그림 5.6 구면좌표

5.1.6 구면좌표계

공간에 놓인 점의 좌표를 구면을 이용하여 다음과 같이 정의할 수 있다.

정의 5.10: 구면좌표계

그림 5.6와 같이, 공간에 놓인 원점이 아닌 점 P에 대하여,

(가) $\rho = \overline{OP}$로 놓고,

(나) z-축의 양의 방향에서 유향선분 $\overrightarrow{OP}$까지의 각의 크기를 φ로 놓으며,

(다) P에서 xy-평면에 내린 수선의 발을 Q라고 놓고 xy-평면에서 x-축의 양의 방향에서 유향선분 $\overrightarrow{OQ}$까지의 각의 크기를 θ로 놓자.

이때, (ρ, φ, θ)를 점 P의 **구면좌표**라고 한다.

$\rho = 0$인 경우, 즉 구면좌표 $(0, \varphi, \theta)$는 직교좌표 $(0, 0, 0)$을 나타낸다. 구면좌표 방정식 $\rho = a$는 반지름이 a인 구면을 나타낸다. 이렇게 구면좌표는 구면을 나타낼 때 편리하다.

공간에 놓인 원점이 아닌 점 P의 직교좌표가 (x, y, z)이고 원기둥좌표가 (r, θ, z)

이며 구면좌표가 $(\rho, \varphi, \tilde{\theta})$일 때 직교좌표와 구면좌표 사이에는

$$x = \rho \sin\varphi \cos\theta, \quad y = \rho \sin\varphi \sin\theta, \quad z = \rho\cos\varphi$$

와

$$\rho = \sqrt{x^2 + y^2 + z^2}, \quad \varphi = \cos^{-1}\frac{z}{\sqrt{x^2+y^2+z^2}},$$
$$\theta = \begin{cases} \tan^{-1}\frac{y}{x} & (x > 0\text{일 때}) \\ \pi + \tan^{-1}\frac{y}{x} & (x < 0\text{일 때}) \\ \frac{\pi}{2} & (x = 0\text{이고 } y > 0\text{일 때}), \\ -\frac{\pi}{2} & (x = 0\text{이고 } y < 0\text{일 때}) \end{cases}$$

가 성립한다. 또한 원기둥좌표와 구면좌표 사이에는

$$r = \rho\sin\varphi, \quad \theta = \tilde{\theta}, \quad z = \rho\cos\varphi$$

와

$$\rho = \sqrt{r^2 + z^2}, \quad \tilde{\theta} = \theta, \quad \varphi = \frac{z}{\sqrt{r^2 + z^2}}$$

가 성립한다.

예제 5.12. 구면좌표가 $(6, \pi/3, \pi/6)$인 점 P의 직교좌표를 구하여라.

풀이 점 $P(x_1, y_1, z_1)$의 구면좌표가 $(6, \pi/3, \pi/6)$이므로

$$\begin{aligned} x_1 &= 6\sin\frac{\pi}{3}\cos\frac{\pi}{6} = 6\cdot\frac{\sqrt{3}}{2}\cdot\frac{\sqrt{3}}{2} = \frac{9}{2}, \\ y_1 &= 6\sin\frac{\pi}{3}\sin\frac{\pi}{6} = 6\cdot\frac{\sqrt{3}}{2}\cdot\frac{1}{2} = \frac{3\sqrt{3}}{2}, \\ z_1 &= 6\cos\frac{\pi}{3} = 6\cdot\frac{1}{2} = 3 \end{aligned}$$

이다. 따라서, 점 P의 직교좌표는 $(9/2, 3\sqrt{3}/2, 3)$이다.

□

5.1.7 평행이동

공간에 정의된 직교좌표계인 xyz-좌표계에 대하여, 그림 5.7에서와 같이 좌표축 x-축, y-축, z-축을 모두 $O'(a,b,c)$만큼 평행이동시킨 후의 새로운 좌표축을 각각 x'-축, y'-축, z'-축이라고 놓자. 그러면 xyz-좌표계에 대한 점 P의 좌표가 (x,y,z)이고 $x'y'z'$-좌표계에 대한 점 P의 좌표가 (x',y',z')이면

$$\begin{cases} x' = x - a, \\ y' = y - b, \\ z' = z - c \end{cases} \qquad \begin{cases} x = x' + a, \\ y = y' + b, \\ z = z' + c \end{cases}$$

이다.

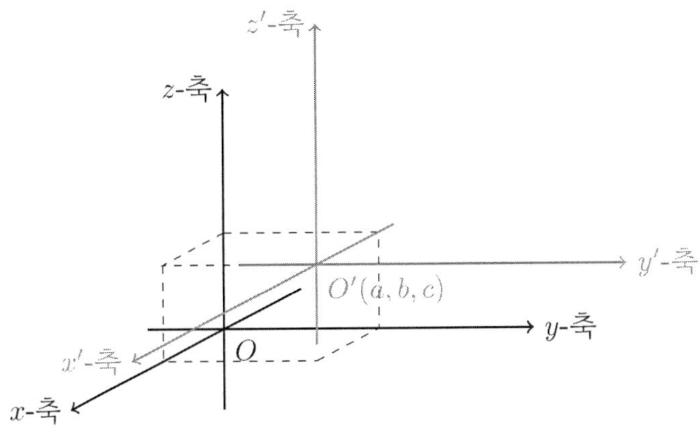

그림 5.7 평행이동

예제 5.13. 직교좌표계인 xyz-좌표계에서 좌표축을 $O'(2,1,-3)$만큼 평행이동시켜 구한 직교좌표계인 $x'y'z'$-좌표계에 대하여, xyz-좌표계에서

$$x + 2y - 4z + 3 = 0$$

로 나타나는 영역은 $x'y'z'$-좌표계에서 어떻게 나타나는가?

풀이 xyz-좌표계에 대한 점 P의 좌표가 (x,y,z)이고 $x'y'z'$-좌표계에 대한 점 P의 좌

표가 (x', y', z')이면

$$\begin{cases} x = x' + 2, \\ y = y' + 1, \\ z = z' - 3 \end{cases}$$

이므로,

$$(x' + 2) + 2(y' + 1) - 4(z' - 3) + 3 = 0$$

즉

$$x' + 2y' - 4z' + 19 = 0$$

이다. □

5.1.8 회전변환

공간에서 정의된 직교좌표계인 xyz-좌표계에 대하여, x-축과 y-축과 z-축의 양의 방향으로 길이가 1인 위치벡터는 각각

$$\mathbf{e}_1 = (1, 0, 0), \quad \mathbf{e}_2 = (0, 1, 0), \quad \mathbf{e}_3 = (0, 0, 1)$$

이다. 이제 x-축, y-축, z-축을 원점 O를 중심으로 회전변환시켜 x'-축, y'-축, z'-축으로 대응시키는 방법을 살펴보자. 새로운 좌표축인 x'-축, y'-축, z'-축의 양의 방향으로 길이가 1인 위치벡터를

$$\mathbf{e}_1' = (\lambda_1, \mu_1, \nu_1), \quad \mathbf{e}_2' = (\lambda_2, \mu_2, \nu_2), \quad \mathbf{e}_3' = (\lambda_3, \mu_3, \nu_3)$$

로 놓자. 그러면 벡터 $\mathbf{e}_1'$과 $\mathbf{e}_2'$과 $\mathbf{e}_3'$은 길이가 1이고 서로 직교하므로,

$$\mathbf{e}_i' \cdot \mathbf{e}_j' = \begin{cases} 1 & i = j\text{인 경우}, \\ 0 & i \neq j\text{인 경우} \end{cases}$$

이다.

점 P의 xyz-좌표가 (x, y, z)이고, $x'y'z'$-좌표가 (x', y', z')이라고 놓자. 그러면

$$\begin{aligned} (x, y, z) &= x\mathbf{e}_1 + y\mathbf{e}_2 + z\mathbf{e}_3 \\ &= x'\mathbf{e}_1' + y'\mathbf{e}_2' + z'\mathbf{e}_3' \\ &= (x'\lambda_1 + y'\lambda_2 + z'\lambda_3, x'\mu_1 + y'\mu_2 + z'\mu_3, x'\nu_1 + y'\nu_2 + z'\nu_3) \end{aligned}$$

이므로

$$\begin{cases} x = \lambda_1 x' + \lambda_2 y' + \lambda_3 z', \\ y = \mu_1 x' + \mu_2 y' + \mu_3 z', \\ z = \nu_1 x' + \nu_2 y' + \nu_3 z' \end{cases} \tag{5.1}$$

이다. 식 (5.1)은

$$\begin{cases} x' = \lambda_1 x + \mu_1 y + \nu_1 z, \\ y' = \lambda_2 x + \mu_2 y + \nu_2 z, \\ z' = \lambda_3 x + \mu_3 y + \nu_3 z \end{cases}$$

로 나타낼 수 있다.

연습문제 5.1

1. 다음의 두 점 사이의 거리를 구하여라.

   (가) $P_1(2,-1,-2)$과 $P_2(3,1,2)$ (나) $P_1(3,-1,2)$과 $P_2(1,3,1)$

2. 서로 다른 상수 a와 b와 c에 대하여, 꼭지점이 $A(a,b,c)$, $B(b,c,a)$, $C(c,a,b)$인 $\triangle ABC$가 정삼각형임을 보여라.

3. 점 $A(1,1,2)$, $B(4,-5,8)$, $C(2,-1,4)$에 대하여, 다음 물음에 답하여라.

   (가) 점 C는 유향직선 $\overrightarrow{AB}$에 놓여 있음을 보여라.

   (나) 유향직선 $\overrightarrow{AB}$에 대한 유향선분 $\overrightarrow{AC}$의 유향길이를 구하여라.

4. 점 $A(2,4,-1)$와 $B(5,3,1)$에 대하여, 유향직선 $\overrightarrow{AB}$의 방향코사인 (λ,μ,ν)를 구하여라.

5. 한 직선에 놓여 있지 않은 세 점 $A(x_1,y_1,z_1)$, $B(x_2,y_2,z_2)$, $C(x_3,y_3,z_3)$에 대하여. 유향직선 $\overrightarrow{AB}$와 $\overrightarrow{AC}$가 이루는 각이 θ일 때,

$$\cos\theta = \frac{(x_2-x_1)(x_3-x_1)+(y_2-y_1)(y_3-y_1)+(z_2-z_1)(z_3-z_1)}{\overline{AB}\cdot\overline{AC}}$$

   임을 보여라.

6. 세 점 $A(3,1,-2)$, $B(1,2,0)$, $C(2,1,-3)$에 대하여, 유향직선 $\overrightarrow{AB}$와 유향직선 $\overrightarrow{AC}$는 직교함을 보여라.

7. 공간에 놓인 점 $A(3,2,-2)$와 $B(6,2,4)$에 대하여, 다음의 점이 유향직선 $\overrightarrow{AB}$에 놓여 있는지 판정하고, 유향직선 $\overrightarrow{AB}$에 놓여 있으면 이 점이 점 A와 B의 무슨 비의 분할점인지 밝혀라.

   (가) $P_1(4,2,0)$ (나) $P_2(2,1,-2)$

8. 공간에 놓인 점 $A(3,-1,2)$와 $B(0,5,-4)$에 대하여, 다음 점의 좌표를 구하여라.

   (가) A와 B의 $-1:2$ 분할점 $P_1(x_1,y_1,z_1)$

   (나) A와 B의 $1:2$ 분할점 $P_2(x_2,y_2,z_2)$

   (다) A와 B의 $2:-1$ 분할점 $P_3(x_3,y_3,z_3)$

9. 원기둥좌표가 $(4, \pi/6, 3)$인 점 P의 직교좌표를 구하여라.

10. 공간에 놓인 두 점 P_1과 P_2에 대하여, P_1과 P_2의 원기둥좌표가 각각 $(2, 2\pi/3, 4)$과 $(3, \pi/3, 2)$일 때 $\overline{P_1P_2}$를 구하여라.

11. 구면좌표가 $(4, \pi/6, \pi)$인 점 P의 직교좌표를 구하여라.

12. 공간에 놓인 두 점 P_1과 P_2에 대하여, P_1과 P_2의 구면좌표가 각각 $(\rho_1, \varphi_1, \theta_1)$과 $(\rho_2, \varphi_2, \theta_2)$이면

$$\overline{P_1P_2} = \sqrt{{r_1}^2 + {r_2}^2 - 2r_1r_2\left(\sin\varphi_1 \sin\varphi_2 \cos(\theta_1 - \theta_2) + \cos\varphi_1 \cos\varphi_2\right)}$$

임을 보여라.

13. 직교좌표계인 xyz-좌표계에서 좌표축을 $O'(3, -2, 1)$만큼 평행이동시켜 구한 직교좌표계인 $x'y'z'$-좌표계에 대하여, xyz-좌표계에서 다음의 방정식으로 나타나는 영역은 $x'y'z'$-좌표계에서 어떻게 나타나는가?

(가) $\dfrac{x-3}{2} = \dfrac{y+2}{3} = \dfrac{z-1}{3}$.

(나) $x^2 + y^2 + z^2 - 6x + 4y + 2z + 10 = 0$.

5.2 벡터공간

공간에서의 좌표는 순서 삼중쌍으로 나타나는데, 이런 좌표에 벡터의 덧셈과 실수배 그리고 벡터의 내적과 외적을 정의할 수 있다.

정의 5.11: 벡터공간

모든 순서 삼중쌍들의 집합

$$\{(a, b, c) \mid a \in \mathbb{R},\ b \in \mathbb{R},\ c \in \mathbb{R}\}$$

을 **3차원 벡터공간** 또는 간단히 **벡터공간**이라고 하고 $\mathbb{R}^3$으로 나타낸다. 벡터공간 $\mathbb{R}^3$의 원소를 **벡터**라고 한다.

이 절에서, 벡터를 $\mathbf{v}, \mathbf{w}$와 같이 진한 알파벳 소문자로 나타내자.

5.2.1 벡터의 합과 실수배

벡터공간에는 벡터의 합이 정의된다.

정의 5.12: 벡터의 합

벡터공간 $\mathbb{R}^3$에 놓인 벡터 $\mathbf{v} = (v_1, v_2, v_3)$와 $\mathbf{w} = (w_1, w_2, w_3)$에 대하여, 벡터

$$(v_1 + w_1, v_2 + w_2, v_3 + w_3)$$

을 $\mathbf{v}$와 $\mathbf{w}$의 **합**이라고 하고 $\mathbf{v} + \mathbf{w}$로 나타낸다. 이때의 연산 $+$를 **벡터의 덧셈**이라고 한다.

그림 5.8에서와 같이, 벡터는 원점 $\mathbf{o} = (0, 0)$에서부터 그 점까지의 화살표로 나타낼 수 있다. 두 벡터 $\mathbf{v}$와 $\mathbf{w}$의 합에서, 벡터 $\mathbf{v} + \mathbf{w}$와 $\mathbf{w}$ 사이의 차는 벡터 $\mathbf{v}$와 원점 $\mathbf{o}$의 차와 같기 때문에, 일반적으로 원점 $\mathbf{o}$와 벡터 $\mathbf{v}$, $\mathbf{w}$, $\mathbf{v}+\mathbf{w}$는 평행사변형을 이룬다.

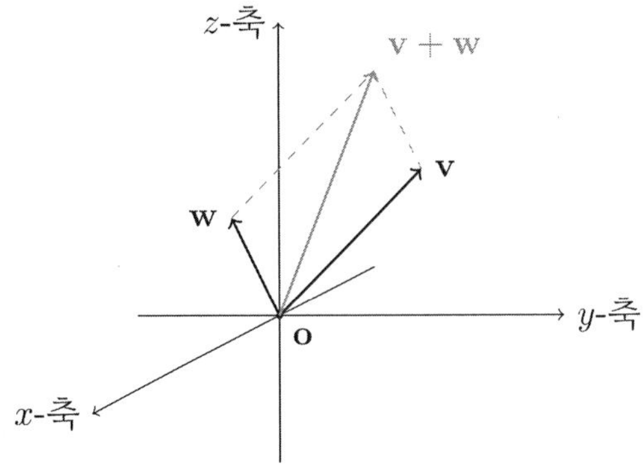

그림 5.8 벡터의 합

벡터와 실수 사이에 다음을 정의할 수 있다.

정의 5.13: 벡터의 실수배

벡터 $\mathbf{v} = (v_1, v_2, v_3) \in \mathbb{R}^3$와 실수 $t \in \mathbb{R}$에 대하여, 벡터

$$(tv_1, tv_2, tv_3)$$

을 벡터 $\mathbf{v}$의 t배라고 하고 $t\mathbf{v}$로 나타낸다. 이때의 연산을 **실수배**[a]라고 한다.

[a]실수배를 **스칼라배**라고도 한다.

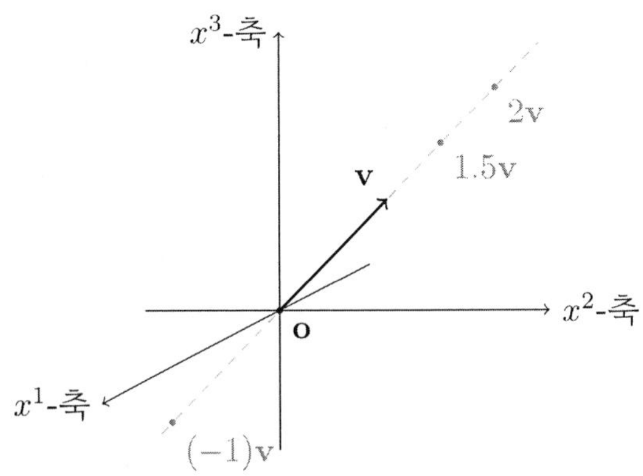

그림 5.9 벡터의 실수배

벡터 $\mathbf{v}$가 영벡터가 아닐 때, 그림 5.9에서와 같이 실수배 $t\mathbf{v}$는 영벡터 $\mathbf{o}$와 벡터 $\mathbf{v}$를 지나는 직선에 놓여 있다. 이때, $t > 0$이면 실수배 $t\mathbf{v}$는 직선에서 영벡터를 기준으로 벡터 $\mathbf{v}$ 방향에 놓여 있고, $t < 0$이면 실수배 $t\mathbf{v}$는 직선에서 영벡터를 기준으로 벡터 $\mathbf{v}$와 다른 방향에 놓여 있다.

예제 5.14. 벡터 $\mathbf{v} = (2, 1, -1)$, $\mathbf{w} = (-2, 0, 3)$에 대하여, 다음 벡터를 구하여라.

(가) $3\mathbf{v} - 2\mathbf{w}$.　　　　(나) $2\mathbf{v} + \mathbf{w}$

풀이 (가) $3\mathbf{v}-2\mathbf{w} = 3(2,1,-1)-2(-2,0,3) = (3\cdot2+2\cdot2,\ 3\cdot1-2\cdot0,\ -3\cdot1-2\cdot3) = (10, 3, -9)$.

(나) $2\mathbf{v}+\mathbf{w} = 2(2,1,-1)+(-2,0,3) = (2\cdot2-2,\ 2\cdot1+0,\ -2\cdot1+3) = (2, 2, 1)$. □

고등학교 과정에서 스칼라는 크기만 있는 값이고, 벡터는 크기와 방향이 있는 값이라고 배웠을 것이다. 여기서 벡터의 크기와 방향에 대하여 알아보자.

정의 5.14: 벡터의 크기

벡터 $\mathbf{v} = (v_1, v_2, v_3)$에 대하여, $\sqrt{{v_1}^2 + {v_2}^2 + {v_3}^2}$를 벡터 $\mathbf{v}$의 **크기**라고 하고 $\|\mathbf{v}\|$로 나타낸다.

즉, 벡터 $\mathbf{v}$의 크기는 점 $\mathbf{o}$에서 점 $\mathbf{v}$까지의 거리이다.

영벡터의 방향은 존재하지 않는다. 영벡터가 아닌 벡터 $\mathbf{v} = (v_1, v_2, v_3)$의 방향에 대하여 알아보자. 원점 $\mathbf{o}$을 중심으로 원점에서 출발하는 반직선을 방향이라고 할 수 있다. 이때, 반직선에 놓인 영벡터가 아닌 벡터는 그 방향으로의 벡터들로서, 이들 벡터들이 모두 같은 방향을 나타낸다. 이때, 크기가 1인 벡터를 방향이라고 정의할 수 있다.

정의 5.15: 방향

크기가 1인 벡터는 **방향** 또는 **단위벡터**라고 한다.

영벡터가 아닌 벡터 $\mathbf{v} = (v_1, v_2, v_3)$의 크기를 $r = \sqrt{{v_1}^2 + {v_2}^2 + {v_3}^2}$로 놓으면, 벡터 $\mathbf{v}$의 방향은

$$\left(\frac{v_1}{r}, \frac{v_2}{r}, \frac{v_3}{r}\right)$$

이다. 따라서, 벡터 $\mathbf{v}$는 방향 $(v_1/r, v_2/r, v_3/r)$의 r배 즉,

$$\mathbf{v} = r\left(\frac{v_1}{r}, \frac{v_2}{r}, \frac{v_3}{r}\right)$$

이다.

예제 5.15. 다음 벡터의 크기와 방향을 구하여라.

(가) $\mathbf{v} = (2, 1, -1)$.
(나) $\mathbf{v} = (1, 3, -1)$.
(다) $\mathbf{v} = (3, -1, 2)$.
(라) $\mathbf{v} = (-1, 2, 2)$.

풀이 (가) 벡터 $\mathbf{v}$의 크기는 $\sqrt{2^2+1^2+1^2} = \sqrt{6}$이고 방향은 $(2/\sqrt{6}, 1/\sqrt{6}, -1/\sqrt{6})$ 이다.

(나) 벡터 $\mathbf{v}$의 크기는 $\sqrt{1^2+3^2+1^2} = \sqrt{11}$이고 방향은 $(1/\sqrt{11}, 3/\sqrt{11}, -1/\sqrt{11})$ 이다.

(다) 벡터 $\mathbf{v}$의 크기는 $\sqrt{3^2+1^2+2^2} = \sqrt{14}$이고 방향은 $(3/\sqrt{14}, -1/\sqrt{14}, 2/\sqrt{14})$ 이다.

(라) 벡터 $\mathbf{v}$의 크기는 $\sqrt{1^2+2^2+2^2} = 3$이고 방향은 $(-1/3, 2/3, 2/3)$이다. □

예제 5.16. 다음의 벡터를 구하여라.

(가) 크기가 2이고 방향은 $(1/\sqrt{2}, 0, -1/\sqrt{2})$인 벡터.
(나) 크기가 3이고 방향은 $(2/3, 1/3, -2/3)$인 벡터.
(다) 크기가 4이고 방향은 벡터 $(1, 2, 2)$와 같은 벡터.
(라) 크기는 벡터 $(2, 1, 1)$과 같고 방향이 $(1/\sqrt{2}, 1/2, -1/2)$인 벡터.

풀이 (가) $2(1/\sqrt{2}, 0, -1/\sqrt{2}) = (2/\sqrt{2}, 0, -2/\sqrt{2})$.

(나) $3(2/3, 1/3, -2/3) = (2, 1, -2)$.

(다) 벡터 $(1, 2, 2)$의 크기는 $\sqrt{1^2+2^2+2^2} = 3$이므로 방향은 $(1/3, 2/3, 2/3)$이다. 따라서 구하는 벡터는 $4(1/3, 2/3, 2/3) = (4/3, 8/3, 8/3)$이다.

(라) 벡터 $(2, 1, 1)$의 크기는 $\sqrt{2^2+1^2+1^2} = \sqrt{6}$이므로, 구하는 벡터는

$$\sqrt{6}\left(\frac{1}{\sqrt{2}}, \frac{1}{2}, -\frac{1}{2}\right) = \left(\sqrt{3}, \frac{\sqrt{6}}{2}, -\frac{\sqrt{6}}{2}\right)$$

이다. □

실수의 합에 대한 성질에 따라서, 벡터의 합에 대하여 다음의 성질이 성립한다.

정리 5.8: 벡터의 합에 대한 성질

벡터 $\mathbf{v}_1 = (v_1, v_2, v_3)$, $\mathbf{v}_2$, $\mathbf{v}_3$와 영벡터 $\mathbf{o}$에 대하여,

(가) (결합법칙) $\mathbf{v}_1 + (\mathbf{v}_2 + \mathbf{v}_3) = (\mathbf{v}_1 + \mathbf{v}_2) + \mathbf{v}_3$,

(나) (항등원) $\mathbf{v}_1 + \mathbf{o} = \mathbf{v}_1, \qquad \mathbf{o} + \mathbf{v}_1 = \mathbf{v}_1$,

(다) (역원) $\mathbf{v}_1 + (-v_1, -v_2, -v_3) = \mathbf{o}, \qquad (-v_1, -v_2, -v_3) + \mathbf{v} = \mathbf{o}$,

(라) (교환법칙) $\mathbf{v}_1 + \mathbf{v}_2 = \mathbf{v}_2 + \mathbf{v}_1$

이다.

증명 벡터 $\mathbf{v}_2$와 $\mathbf{v}_3$을 $\mathbf{v}_2 = (v_1^2, v_2^2, v_3^2)$와 $\mathbf{v_3} = (v_1^3, v_2^3, v_3^3)$로 놓자.

(가) 실수에 대한 결합법칙에 따라서

$$\begin{aligned}\mathbf{v}_1 + (\mathbf{v}_2 + \mathbf{v}_3) &= (v_1, v_2, v_3) + (v_1^2 + v_1^3,\ v_2^2 + v_2^3, v_3^2 + v_3^3) \\ &= (v_1 + (v_1^2 + v_1^3),\ v_2 + (v_2^2 + v_2^3),\ v_3 + (v_3^2 + v_3^3)) \\ &= ((v_1 + v_1^2) + v_1^3,\ (v_2 + v_2^2) + v_2^3),\ (v_3 + v_3^2) + v_3^3) \\ &= (\mathbf{v}_1 + \mathbf{v}_2) + \mathbf{v}_3\end{aligned}$$

이다.

(나) 실수에 대한 항등원의 성질에 따라서,

$$\mathbf{v}_1 + \mathbf{o} = (v_1 + 0, v_2 + 0, v_3 + 0) = (v_1, v_2, v_3)$$

이고

$$\mathbf{o} + \mathbf{v}_1 = (0 + v_1, 0 + v_2, 0 + v_3) = (v_1, v_2, v_3)$$

이다.

(다) 실수에 대한 역원의 성질에 따라서,

$$\mathbf{v}_1 + (-v_1, -v_2, -v_3) = (v_1 - v_1, v_2 - v_2, v_3 - v_3) = (0, 0, 0)$$

이고

$$(-v_1, -v_2, -v_3) + \mathbf{v}_1 = (-v_1 + v_1, -v_2 + v_2, -v_3 + v_3) = (0, 0, 0)$$

이다.

(라) 실수에 대한 교환법칙에 따라서

$$\mathbf{v}_1 + \mathbf{v}_2 = (v_1 + v_1^2, v_2 + v_2^2, v_3 + v_3^2) = (v_1^2 + v_1, v_2^2 + v_2, v_3^2 + v_3) = \mathbf{v}_2 + \mathbf{v}_1$$

이다. □

앞으로 벡터 $(-v_1, -v_2, -v_3)$를 $-\mathbf{v}$로 나타낸다.

벡터의 합과 실수배는 성분들에 대한 덧셈과 곱셈으로 계산되므로, 벡터의 합과 실수배에 대하여, 실수의 합과 곱에 대한 성질이 성립한다.

정리 5.9: 벡터의 실수배에 대한 성질

벡터 $\mathbf{v}_1$, $\mathbf{v}_2$에 대하여,

(가) $(ab)\mathbf{v}_1 = a(b\mathbf{v}_1)$,

(나) $a(\mathbf{v}_1 + \mathbf{v}_2) = a\mathbf{v}_1 + a\mathbf{v}_2$,

(다) $(a+b)\mathbf{v}_1 = a\mathbf{v}_1 + b\mathbf{v}_1$

이다.

증명 벡터 $\mathbf{v}_1$과 $\mathbf{v}_2$를 $\mathbf{v}_1 = (v_1, v_2, v_3)$과 $\mathbf{v}_2 = (v_1^2, v_2^2, v_3^2)$로 놓자.

(가) 실수의 곱에 대한 결합법칙에 따라서

$$\begin{aligned}(ab)\mathbf{v}_1 &= ((ab)v_1, (ab)v_2, (ab)v_3)\\ &= (a(bv_1), a(bv_2), a(bv_3))\\ &= a(bv_1, bv_2, bv_3) = a(b\mathbf{v}_1)\end{aligned}$$

이다.

(나) 실수에 대한 분배법칙에 따라서

$$\begin{aligned}a(\mathbf{v}_1 + \mathbf{v}_2) &= a(v_1 + v_1^2, v_2 + v_2^2, v_3 + v_3^2)\\ &= (a(v_1 + v_1^2, a(v_2 + v_2^2), a(v_3 + v_3^2)))\\ &= (av_1 + av_1^2, av_2 + av_2^2, av_3 + av_3^2)\\ &= (av_1, av_2, av_3) + (av_1^2, av_2^2, av_3^2)\\ &= a\mathbf{v}_1 + a\mathbf{v}_2\end{aligned}$$

이다.

(다) 실수에 대한 분배법칙에 따라서

$$\begin{aligned}(a+b)\mathbf{v}_1 &= ((a+b)v_1, (a+b)v_2, (a+b)v_3)\\ &= (av_1+bv_1, av_2+bv_2, av_3+bv_3)\\ &= (av_1, av_2, av_3) + (bv_1+bv_2+bv_3)\\ &= a\mathbf{v}_1 + b\mathbf{v}_1\end{aligned}$$

이다. □

5.2.2 벡터의 내적

두 벡터의 내적을 다음과 같이 정의한다.

정의 5.16: 벡터의 내적

벡터공간 $\mathbb{R}^3$에 놓인 벡터 $\mathbf{v}$와 $\mathbf{w}$에 대하여,

$$\|\mathbf{v}\|\,\|\mathbf{w}\|\,\cos\theta$$

를 $\mathbf{v}$와 $\mathbf{w}$의 **내적**[a]이라고 하고 $\mathbf{v}\cdot\mathbf{w}$로 나타낸다. 여기서 θ는 두 벡터 $\mathbf{v}$와 $\mathbf{w}$의 사이각이다.

[a] 내적을 **스칼라곱**이라고도 한다.

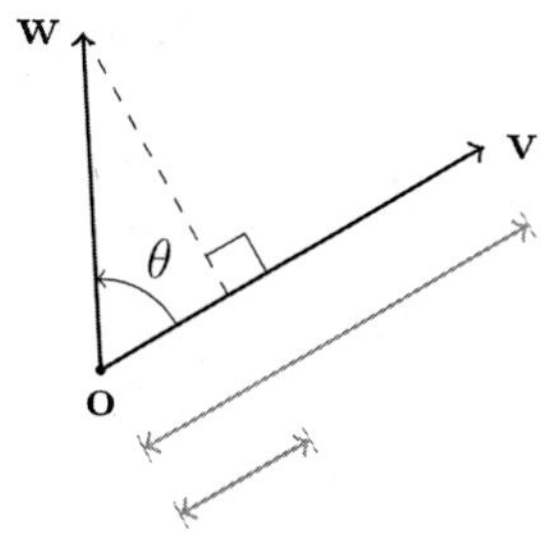

그림 5.10 벡터의 내적

그림 5.10는 두 벡터 $\mathbf{v}$와 $\mathbf{w}$의 내적의 의미를 살펴보기 위하여 두 벡터를 포함하는 평면에서 두 벡터를 나타낸 것이다. 이때, 벡터 $\mathbf{v}$와 $\mathbf{w}$의 내적 $\mathbf{v}\cdot\mathbf{w}$는 벡터 $\mathbf{v}$의 크기

$\|\mathbf{v}\|$에 벡터 $\mathbf{w}$의 벡터 $\mathbf{v}$ 방향의 성분 $\|\mathbf{w}\|\cos\theta$를 곱한 값이다. 다르게 보면, 이것은 벡터 $\mathbf{w}$의 크기 $\|\mathbf{w}\|$에 벡터 $\mathbf{v}$의 벡터 $\mathbf{w}$ 방향의 성분 $\|\mathbf{v}\|\cos\theta$를 곱한 값이다.

보기 5.1. 역학에서, 물체가 변위 $\overrightarrow{\mathbf{pq}}$만큼 움직일 때 일정한 힘 $\mathbf{F}$가 작용되면 이 때 힘이 한 일의 양은

$$\mathbf{F}\cdot\overrightarrow{\mathbf{pq}}$$

이다.

내적의 정의에 따라서, 벡터 $\mathbf{v}$에 대하여

$$\|\mathbf{v}\|^2 = \mathbf{v}\cdot\mathbf{v}$$

이다. 또한, 영벡터가 아닌 두 벡터 $\mathbf{v}$와 $\mathbf{w}$의 사이각을 θ로 놓으면

$$\cos\theta = \frac{\mathbf{v}\cdot\mathbf{w}}{\|\mathbf{v}\|\,\|\mathbf{w}\|}$$

이다.

한편, 두 벡터의 내적을 다음과 같이 벡터의 성분으로 나타낼 수 있다.

정리 5.10: 벡터 내적의 성분표현

벡터 $\mathbf{v}=(v_1, v_2, v_3)$와 $\mathbf{w}=(w_1, w_2, w_3)$에 대하여,

$$\mathbf{v}\cdot\mathbf{w} = v_1\,w_1 + v_2\,w_2 + v_3\,w_3$$

이다.

증명 벡터 $\mathbf{v}=(v_1, v_2, v_3)$와 $\mathbf{w}=(w_1, w_2, w_3)$에 대하여, 벡터 $\mathbf{u}$를 $\mathbf{u}=\mathbf{w}-\mathbf{v}$로 놓으면, 제2코사인법칙에 따라서

$$\cos\theta = \frac{\|\mathbf{v}\|^2 + \|\mathbf{w}\|^2 - \|\mathbf{u}\|^2}{2\|\mathbf{v}\|\,\|\mathbf{w}\|}$$

이므로

$$\begin{aligned}\|\mathbf{v}\|\,\|\mathbf{w}\|\cos\theta &= \frac{1}{2}\,\left(\|\mathbf{v}\|^2+\|\mathbf{w}\|^2-\|\mathbf{u}\|^2\right)\\ &= \frac{1}{2}\,[v_1v_1+v_2v_2+v_3v_3+w_1w_1+w_2w_2+w_3w_3\\ &\qquad -(w_1-v_1)^2-(w_2-v_2)^2-(w_3-v_3)^2]\\ &= \frac{1}{2}(2v_1\,w_1+2v_2\,w_2+2v_3\,w_3)\\ &= v_1\,w_1+v_2\,w_2+v_3\,w_3\\ &= \mathbf{v}\cdot\mathbf{w}\end{aligned}$$

이다. □

예제 5.17. 다음 벡터의 내적을 구하여라.
(가) $\mathbf{v}=(1,-2,2)$, $\mathbf{w}=(0,1,3)$. (나) $\mathbf{v}=(2,0,3)$, $\mathbf{w}=(1,4,2)$.

풀이 (가) $\mathbf{v}\cdot\mathbf{w}=1\cdot 0+(-2)\cdot 1+2\cdot 3=4$.
(나) $\mathbf{v}\cdot\mathbf{w}=2\cdot 1+0\cdot 4+3\cdot 2=8$. □

5.2.3 벡터의 외적

이 절에서는 두 벡터의 외적에 대하여 알아본다. 먼저, 세 벡터 $\mathbf{u},\mathbf{v},\mathbf{w}$를 이웃하는 변으로 하는 평행육면체의 부피를 측정하는 다음의 함수를 정의하자.

정의 5.17: 행렬식함수

벡터 $\mathbf{u}=(u_1,u_2,u_3)$, $\mathbf{v}=(v_1,v_2,v_3)$, $\mathbf{w}=(w_1,w_2,w_3)$에 대하여,

$$\det(\mathbf{u},\mathbf{v},\mathbf{w})=u_1(v_2w_3-v_3w_2)+u_2(v_3w_1-v_1w_3)+u_3(v_1w_2-v_2w_1)$$

로 정의되는 함수 $\det\colon\mathbb{R}^3\to\mathbb{R}$를 **행렬식함수**라고 한다.

예제 5.18. 다음 벡터에 대하여, $\det(\mathbf{u}, \mathbf{v}, \mathbf{w})$를 구하여라.

(가) $\mathbf{u} = (1, 2, -1)$, $\mathbf{v} = (3, 1, 0)$, $\mathbf{w} = (1, 0, -1)$.
(나) $\mathbf{u} = (1, 2, -1)$, $\mathbf{v} = (3, 1, 0)$, $\mathbf{w} = (3, 1, 0)$.
(다) $\mathbf{u} = (1, 0, 0)$, $\mathbf{v} = (0, 0, 1)$, $\mathbf{w} = (0, 1, 0)$.
(라) $\mathbf{u} = (1, 0, 0)$, $\mathbf{v} = (0, 1, 0)$, $\mathbf{w} = (0, 0, 1)$.

풀이 (가) $\det(\mathbf{u}, \mathbf{v}, \mathbf{w}) = 1(1(-1) - 0 \cdot 0) + 2(0 \cdot 1 + 3 \cdot 1) - (3 \cdot 0 - 1 \cdot 1) = 6.$
(나) $\det(\mathbf{u}, \mathbf{v}, \mathbf{w}) = 1(1 \cdot 0 - 0 \cdot 1) + 2(0 \cdot 3 - 3 \cdot 0) - (3 \cdot 1 - 1 \cdot 3) = 0.$
(다) $\det(\mathbf{u}, \mathbf{v}, \mathbf{w}) = 1(0 \cdot 0 - 1 \cdot 1) + 0(1 \cdot 0 + 0 \cdot 0) + 0(0 \cdot 1 + 0 \cdot 0) = -1.$
(라) $\det(\mathbf{u}, \mathbf{v}, \mathbf{w}) = 1(1 \cdot 1 - 0 \cdot 0) + 0(0 \cdot 0 - 0 \cdot 1) + 0(0 \cdot 0 - 1 \cdot 0) = 1.$ □

행렬식함수의 성질을 나타내기 위하여 다음을 정의하자.

정의 5.18: 삼중선형함수

함수 $f\colon \mathbb{R}^3 \to \mathbb{R}$에 대하여, 벡터 $\mathbf{u}_1, \mathbf{u}_2, \mathbf{v}, \mathbf{w}$와 실수 a, b에 대하여

$$f(a\mathbf{u}_1 + b\mathbf{u}_2, \mathbf{v}, \mathbf{w}) = af(\mathbf{u}_1, \mathbf{v}, \mathbf{w}) + bf(\mathbf{u}_2, \mathbf{v}, \mathbf{w}),$$
$$f(\mathbf{v}, a\mathbf{u}_1 + b\mathbf{u}_2, \mathbf{w}) = af(\mathbf{v}, \mathbf{u}_1, \mathbf{w}) + bf(\mathbf{v}, \mathbf{u}_2, \mathbf{w}),$$
$$f(\mathbf{v}, \mathbf{w}, a\mathbf{u}_1 + b\mathbf{u}_2) = af(\mathbf{v}, \mathbf{w}, \mathbf{u}_1) + bf(\mathbf{v}, \mathbf{w}, \mathbf{u}_2)$$

이면 f는 **삼중선형함수**라고 한다.

함숫값 $f(\mathbf{u}, \mathbf{v}, \mathbf{w})$에서, 다음과 같이 $\mathbf{u}, \mathbf{v}, \mathbf{w}$ 중에서 두 개를 교환한 함숫값의 부호가 원래의 함숫값의 부호와 다른 함수를 정의하자.

정의 5.19: 교대함수

함수 $f\colon \mathbb{R}^3 \to \mathbb{R}$에 대하여, 벡터 $\mathbf{u}, \mathbf{v}, \mathbf{w}$에 대하여

$$f(\mathbf{u}, \mathbf{v}, \mathbf{w}) = -f(\mathbf{v}, \mathbf{u}, \mathbf{w}) = -f(\mathbf{w}, \mathbf{v}, \mathbf{u}) = -f(\mathbf{u}, \mathbf{w}, \mathbf{v})$$

이면 f는 **교대함수**라고 한다.

이제 행렬식함수를 결정하는 다음의 성질을 알 수 있다.

정리 5.11: 사상이 행렬식함수이기 위한 필요충분조건

함수 $f: \mathbb{R}^3 \to \mathbb{R}$에 대하여,

함수 f는 삼중선형함수이고 교대함수이고 $f(\mathbf{e}_1, \mathbf{e}_2, \mathbf{e}_3) = 1$이다

는 $f = \det$이기 위한 필요충분조건이다. 여기서 $\mathbf{e}_1 = (1,0,0)$, $\mathbf{e}_2 = (0,1,0)$, $\mathbf{e}_3 = (0,0,1)$ 이다.

증명 $f = \det$라고 가정하자. 벡터 $\mathbf{u}_1, \mathbf{u}_2, \mathbf{v}, \mathbf{w}$를 각각

$$\mathbf{u}_1 = (u_1^1, u_2^1, u_3^1), \quad \mathbf{u}_2 = (u_1^2, u_2^2, u_3^2), \quad \mathbf{v} = (v_1, v_2, v_3), \quad \mathbf{w} = (w_1, w_2, w_3)$$

로 놓으면, 실수 a, b에 대하여 행렬식함수의 정의에 따라서

$$\begin{aligned}
&f(a\mathbf{u}_1 + b\mathbf{u}_2, \mathbf{v}, \mathbf{w}) \\
&\qquad = (au_1^1 + bu_1^2)(v_2w_3 - v_3w_2) + (au_2^1 + bu_2^2)(v_3w_1 - v_1w_3) \\
&\qquad\quad + (au_3^1 + bu_3^2)(v_1w_2 - v_2w_1) \\
&\qquad = au_1^1(v_2w_3 - v_3w_2) + au_2^1(v_3w_1 - v_1w_3) + au_3^1(v_1w_2 - v_2w_1) \\
&\qquad\quad + bu_1^2(v_2w_3 - v_3w_2) + bu_2^2(v_3w_1 - v_1w_3) + bu_3^2(v_1w_2 - v_2w_1) \\
&\qquad = af(\mathbf{u}_1, \mathbf{v}, \mathbf{w}) + bf(\mathbf{u}_2, \mathbf{v}, \mathbf{w})
\end{aligned}$$

이다. 식

$$\begin{aligned}
f(\mathbf{v}, a\mathbf{u}_1 + b\mathbf{u}_2, \mathbf{w}) = af(\mathbf{v}, \mathbf{u}_1, \mathbf{w}) + bf(\mathbf{v}, \mathbf{u}_2, \mathbf{w}), \\
f(\mathbf{v}, \mathbf{w}, a\mathbf{u}_1 + b\mathbf{u}_2) = af(\mathbf{v}, \mathbf{w}, \mathbf{u}_2) + bf(\mathbf{v}, \mathbf{w}, \mathbf{u}_2)
\end{aligned}$$

도 같은 방식으로 보일 수 있다. 따라서, f는 삼중선형함수이다. 벡터 $\mathbf{u}, \mathbf{v}, \mathbf{w}$를 각각 $\mathbf{u} = (u_1, u_2, u_3)$, $\mathbf{v} = (v_1, v_2, v_3)$, $\mathbf{w} = (w_1, w_2, w_3)$로 놓으면, 행렬식함수의 정의에 따라서

$$\begin{aligned}
f(\mathbf{v}, \mathbf{u}, \mathbf{w}) &= v_1(u_2w_3 - u_3w_2) + v_2(u_3w_1 - u_1w_3) + v_3(u_1w_2 - u_2w_1) \\
&= -u_1(v_2w_3 - v_3w_2) - u_2(v_3w_1 - v_1w_3) - u_3(v_1w_2 - v_2w_1) \\
&= -f(\mathbf{u}, \mathbf{v}, \mathbf{w})
\end{aligned}$$

이다. $f(\mathbf{w}, \mathbf{v}, \mathbf{u}) = -f(\mathbf{u}, \mathbf{v}, \mathbf{w})$와 $f(\mathbf{u}, \mathbf{w}, \mathbf{v}) = -f(\mathbf{u}, \mathbf{v}, \mathbf{w})$도 같은 방식으로 보일 수 있다. 따라서, f는 교대함수이다. 그리고

$$f(\mathbf{e}_1, \mathbf{e}_2, \mathbf{e}_3) = 1(1 \cdot 1 - 0 \cdot 0) + 0(0 \cdot 0 - 0 \cdot 1) + 0(0 \cdot 0 - 1 \cdot 0) = 1$$

이다.

함수 f가 삼중선형함수이고 교대함수이고 $f(\mathbf{e}_1, \mathbf{e}_2, \mathbf{e}_3) = 1$이라고 가정하자. 그러면,

$$\begin{aligned} f(\mathbf{u}, \mathbf{v}, \mathbf{w}) &= f(u_1\mathbf{e}_1 + u_2\mathbf{e}_2 + u_3\mathbf{e}_3, v_1\mathbf{e}_1 + v_2\mathbf{e}_2 + v_3\mathbf{e}_3, w_1\mathbf{e}_1 + w_2\mathbf{e}_2 + w_3\mathbf{e}_3) \\ &= u_1v_2w_3 f(\mathbf{e}_1, \mathbf{e}_2, \mathbf{e}_3) + u_1v_3w_2 f(\mathbf{e}_1, \mathbf{e}_3, \mathbf{e}_2) \\ &\quad + u_2v_3w_1 f(\mathbf{e}_2, \mathbf{e}_3, \mathbf{e}_1) + u_2v_1w_3 f(\mathbf{e}_2, \mathbf{e}_1, \mathbf{e}_3) \\ &\quad + u_3v_1w_2 f(\mathbf{e}_3, \mathbf{e}_1, \mathbf{e}_2) + u_3v_2w_1 f(\mathbf{e}_3, \mathbf{e}_2, \mathbf{e}_1) \\ &= u_1(v_2w_3 - v_3w_2) + u_2(v_3w_1 - v_1w_3) + u_3(v_1w_2 - v_2w_1) \end{aligned}$$

이다. □

벡터의 평행성에 대하여 정의하자.

정의 5.20: 평행한 두 벡터

영벡터는 모든 벡터와 **평행하다**고 한다. 영벡터가 아닌 두 벡터 $\mathbf{v}$와 $\mathbf{w}$에 대하여, $\mathbf{w} = a\mathbf{v}$인 실수 a가 존재하면 벡터 $\mathbf{v}$와 $\mathbf{w}$는 **평행하다**고 한다.

벡터공간 $\mathbb{R}^3$에서, 벡터 $\mathbf{v}$와 $\mathbf{w}$가 평행하지 않으면 벡터 $\mathbf{v}$와 $\mathbf{w}$ 모두에 직각인 단위벡터는 정확하게 두 개 존재한다. 이 두 벡터를 $\mathbf{n}_1$과 $\mathbf{n}_2$로 놓으면 두 벡터 $\mathbf{n}_1$과 $\mathbf{n}_2$는 평행하며 $\mathbf{n}_2 = -\mathbf{n}_1$이다.

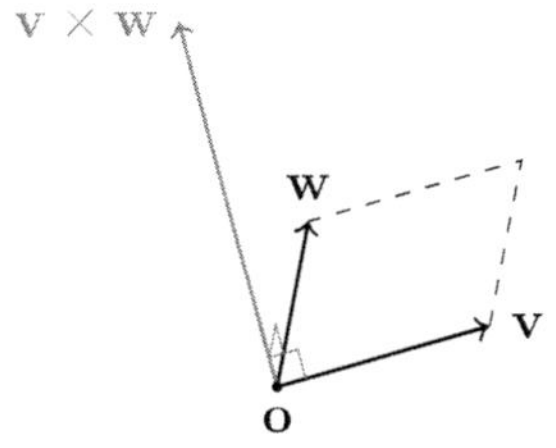

그림 5.11 벡터의 외적

벡터 $\mathbf{v}$와 $\mathbf{w}$에 대하여, 그림 5.11와 같은 다음의 벡터를 정의하자.

정의 5.21: 벡터의 외적

벡터공간 $\mathbb{R}^3$에 놓인 벡터 $\mathbf{v}$와 $\mathbf{w}$에 대하여, 벡터

$$\begin{cases} (\|\mathbf{v}\|\,\|\mathbf{w}\|\sin\theta)\,\mathbf{n}, & \text{벡터 } \mathbf{v}\text{와 } \mathbf{w}\text{가 평행하지 않은 경우,} \\ \mathbf{o}, & \text{벡터 } \mathbf{v}\text{와 } \mathbf{w}\text{가 평행한 경우.} \end{cases}$$

을 벡터 $\mathbf{v}$와 $\mathbf{w}$의 **외적**[a]이라고 하고 $\mathbf{v} \times \mathbf{w}$로 나타낸다. 여기서 θ는 $\mathbf{v}$와 $\mathbf{w}$의 사이각이고, 벡터 $\mathbf{n}$는 벡터 $\mathbf{v}$와 $\mathbf{w}$에 직교하는 단위벡터로서 $\det(\mathbf{n}, \mathbf{v}, \mathbf{w}) > 0$이다.

[a] 벡터의 외적을 **벡터곱**이라고도 한다.

예제 5.19. 벡터 $\mathbf{v}$와 $\mathbf{w}$에 대하여,

$$\|\mathbf{v} \times \mathbf{w}\|^2 = \|\mathbf{v}\|^2\,\|\mathbf{w}\|^2 - (\mathbf{v}\cdot\mathbf{w})^2$$

임을 보여라.

풀이 벡터 $\mathbf{v}$ 또는 $\mathbf{w}$이 영벡터이면, $\mathbf{v}\times\mathbf{w} = \mathbf{o}$이고 $\|\mathbf{v}\|\,\|\mathbf{w}\| = 0$이고 $\mathbf{v}\cdot\mathbf{w} = 0$이므로 위의 등식이 성립한다.

벡터 $\mathbf{v}$와 $\mathbf{w}$이 모두 영벡터가 아니라고 가정하자. 벡터 $\mathbf{v}$와 $\mathbf{w}$의 사이각을 θ로 놓으면

$$\begin{aligned} \|\mathbf{v} \times \mathbf{w}\|^2 &= \|\mathbf{v}\|^2\|\mathbf{w}\|^2\sin^2\theta \\ &= \|\mathbf{v}\|^2\|\mathbf{w}\|^2\left(1 - \cos^2\theta\right) \\ &= \|\mathbf{v}\|^2\,\|\mathbf{w}\|^2 - (\mathbf{v}\cdot\mathbf{w})^2 \end{aligned}$$

이다. □

벡터의 외적의 정의로부터 다음의 정리가 성립한다.

정리 5.12: 외적의 비교환성

벡터 $\mathbf{v}$와 $\mathbf{w}$에 대하여,

$$\mathbf{v} \times \mathbf{w} = -(\mathbf{w} \times \mathbf{v})$$

이다.

증명 만약 $\mathbf{v}$ 또는 $\mathbf{w}$이 영벡터이면 $\mathbf{v} \times \mathbf{w} = \mathbf{o} = -\mathbf{o} = -(\mathbf{w} \times \mathbf{v})$이다. 이제 $\mathbf{v}$와 $\mathbf{w}$가 모두 영벡터가 아니라고 가정하고 $\mathbf{v}$와 $\mathbf{w}$와 직교하면서 $\det(\mathbf{n}, \mathbf{v}, \mathbf{w}) > 0$인 단위벡터를 $\mathbf{n}$으로 놓자. 그러면, 벡터 $\mathbf{v}$와 $\mathbf{w}$의 사이각이 θ일 때 $\mathbf{v} \times \mathbf{w} = (\|\mathbf{v}\| \|\mathbf{w}\| \sin\theta)\mathbf{n}$이고 $\det(-\mathbf{n}, \mathbf{w}, \mathbf{v})$이면서 벡터 $-\mathbf{n}$이 $\mathbf{w}$와 $\mathbf{v}$에 직교하므로

$$\mathbf{w} \times \mathbf{v} = \|\mathbf{w}\| \|\mathbf{v}\| \sin\theta(-\mathbf{n}) = -(\mathbf{v} \times \mathbf{w})$$

이다. □

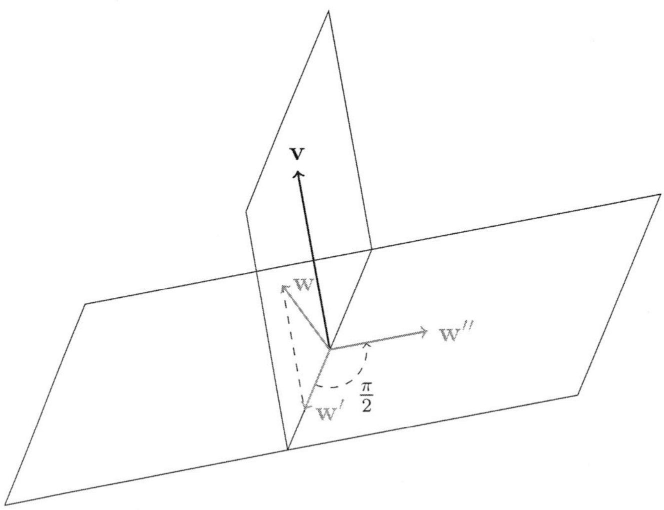

그림 5.12 벡터의 외적

정리 5.13: 외적의 이중선형성

벡터 $\mathbf{v}, \mathbf{w}, \mathbf{u}$와 실수 s, t에 대하여,

(가) $\mathbf{v} \times (s\mathbf{w} + t\mathbf{u}) = s(\mathbf{v} \times \mathbf{w}) + t(\mathbf{v} \times \mathbf{u})$,

(나) $(s\mathbf{w} + t\mathbf{u}) \times \mathbf{v} = s(\mathbf{w} \times \mathbf{v}) + t(\mathbf{u} \times \mathbf{v})$

이다.

증명 (가) 먼저, $\mathbf{v} \times (s\mathbf{w}) = s(\mathbf{v} \times \mathbf{w})$를 보이자. 만약 $\mathbf{v}$와 $\mathbf{w}$가 평행하면 $\mathbf{v}$와 $s\mathbf{w}$도 평행하므로,

$$\mathbf{v} \times (s\mathbf{w}) = \mathbf{o} = s\mathbf{o} = s(\mathbf{v} \times \mathbf{w})$$

이다. 이제 $\mathbf{v}$와 $\mathbf{w}$가 평행하지 않다고 가정하자. 만약 $s = 0$이면 $\mathbf{v} \times (s\mathbf{w}) = \mathbf{o} = s(\mathbf{v} \times \mathbf{w})$이다. $s \neq 0$이라고 가정하자. 벡터 $\mathbf{v}$와 $\mathbf{w}$의 사이각을 θ로 놓으면 $\mathbf{v} \times \mathbf{w} = (\|\mathbf{v}\| \|\mathbf{w}\| \sin\theta)\mathbf{n}$인 단위벡터 $\mathbf{n}$가 존재한다. 만약 $s > 0$이면

$$\mathbf{v} \times (s\mathbf{w}) = (\|\mathbf{v}\| \|s\mathbf{w}\| \sin\theta)\mathbf{n} = s(\|\mathbf{v}\| \|\mathbf{w}\| \sin\theta)\mathbf{n} = s(\mathbf{v} \times \mathbf{w})$$

이고, $s < 0$이면 $\det(-\mathbf{n}, \mathbf{v}, s\mathbf{w}) = (-s)\det(\mathbf{n}, \mathbf{v}, \mathbf{w}) > 0$이므로

$$\mathbf{v} \times (s\mathbf{w}) = (\|\mathbf{v}\| \|s\mathbf{w}\| \sin\theta)(-\mathbf{n}) = s(\|\mathbf{v}\| \|\mathbf{w}\| \sin\theta)\mathbf{n} = s(\mathbf{v} \times \mathbf{w})$$

이다.

이제 $\mathbf{v} \times (\mathbf{w} + \mathbf{u}) = \mathbf{v} \times \mathbf{w} + \mathbf{v} \times \mathbf{u}$를 보이면 (가)가 증명된다. 만약 $\mathbf{v} = \mathbf{o}$이면 $\mathbf{v} \times (\mathbf{w} + \mathbf{u}) = \mathbf{o} = \mathbf{v} \times \mathbf{w} + \mathbf{v} \times \mathbf{u}$이다. 이제 $\mathbf{v} \neq \mathbf{o}$이라고 가정하자. 위의 등식을 보이기 위하여, 벡터의 외적 $\mathbf{v} \times \mathbf{w}$의 기하학적 해석을 다음과 같이 하자. 그림 5.12에서와 같이 원점을 지나고 벡터 $\mathbf{v}$에 수직인 평면을 P이라고 놓자. 벡터 $\mathbf{w}$를 평면 $\mathbf{P}$에 사영한 벡터를 $\mathbf{w}'$이라고 놓자. 평면 $\mathbf{P}$에서, 벡터 $\mathbf{v}$를 기준으로 벡터 $\mathbf{w}'$을 $2/\pi$만큼 회전시킨 벡터를 $\mathbf{w}''$라고 놓자. 그러면, $\mathbf{v} \times \mathbf{w} = \|\mathbf{v}\|\mathbf{w}''$이다. 한편, $\mathbf{w}' + \mathbf{u}' = (\mathbf{w} + \mathbf{u})'$이고 $\mathbf{w}'' + \mathbf{u}'' = (\mathbf{w} + \mathbf{u})''$이므로

$$\mathbf{v} \times (\mathbf{w} + \mathbf{u}) = \|\mathbf{v}\|(\mathbf{w} + \mathbf{u})'' = \|\mathbf{v}\|\mathbf{w}'' + \|\mathbf{v}\|\mathbf{u}'' = \mathbf{v} \times \mathbf{w} + \mathbf{v} \times \mathbf{u}$$

이다.

(나) 외적의 비교환성과 (가)에 따라서

$$(s\mathbf{w} + t\mathbf{u}) \times \mathbf{v} = -\mathbf{v} \times (s\mathbf{w} + t\mathbf{u}) = -s(\mathbf{v} \times \mathbf{w}) - t(\mathbf{v} \times \mathbf{u}) = s(\mathbf{w} \times \mathbf{v}) + t(\mathbf{u} \times \mathbf{v})$$

이다. □

벡터 $\mathbf{v}$와 $\mathbf{w}$의 외적 $\mathbf{v} \times \mathbf{w}$를 성분으로 나타내는 방법을 알아보자.

정리 5.14: 벡터 외적의 성분표현

벡터 $\mathbf{v} = (v_1, v_2, v_3)$와 $\mathbf{w} = (w_1, w_2, w_3)$에 대하여,

$$\mathbf{v} \times \mathbf{w} = (v_2 w_3 - v_3 w_2,\ v_3 w_1 - v_1 w_3,\ v_1 w_2 - v_2 w_1)$$

이다.

증명 벡터 $\mathbf{e_1}$, $\mathbf{e_2}$, $\mathbf{e_3}$를

$$\mathbf{e_1} = (1, 0, 0), \quad \mathbf{e_2} = (0, 1, 0), \quad \mathbf{e_3} = (0, 0, 1)$$

로 놓으면, 외적의 이중선형성에 따라서

$$\begin{aligned} \mathbf{v} \times \mathbf{w} &= (v_1\mathbf{e}_1 + v_2\mathbf{e}_2 + v_3\mathbf{e}_3) \times (w_1\mathbf{e}_1 + w_2\mathbf{e}_2 + w_3\mathbf{e}_3) \\ &= (v_2w_3 - v_3w_2)\mathbf{e}_1 + (v_3w_1 - v_1w_3)\mathbf{e}_2 + (v_1w_2 - v_2w_1)\mathbf{e}_3 \end{aligned}$$

이다. □

정리 5.14에 따라서, 벡터 $\mathbf{u}$와 $\mathbf{v}$와 $\mathbf{w}$에 대하여,

$$\mathbf{u} \cdot (\mathbf{v} \times \mathbf{w}) = \det(\mathbf{u}, \mathbf{v}, \mathbf{w})$$

임을 알 수 있다.

예제 5.20. 다음 벡터의 외적을 구하여라.

(가) $\mathbf{v} = (1, 0, 2)$, $\mathbf{w} = (2, 3, 1)$.

(나) $\mathbf{v} = (3, -1, 0)$, $\mathbf{w} = (1, 0, 2)$.

풀이 (가) 벡터 $\mathbf{v} = (1, 0, 2)$와 $\mathbf{w} = (2, 3, 1)$의 외적은

$$\mathbf{v} \times \mathbf{w} = (0 \cdot 1 - 2 \cdot 3,\ 2 \cdot 2 - 1 \cdot 1,\ 1 \cdot 3 - 0 \cdot 2) = (-6, 3, 3)$$

이다.

(나) 벡터 $\mathbf{v} = (3, -1, 0)$, $\mathbf{w} = (1, 0, 2)$의 외적은

$$\mathbf{v} \times \mathbf{w} = (-1 \cdot 2 - 0 \cdot 0,\ 0 \cdot 1 - 3 \cdot 2,\ 3 \cdot 0 + 1 \cdot 1) = (-2, -6, 1)$$

이다. □

연습문제 5.2

1. 벡터 $\mathbf{v} = (3, -1, 2)$, $\mathbf{w} = (2, 0, -3)$에 대하여, 다음의 벡터를 구하여라.

   (가) $\mathbf{v} - 3\mathbf{w}$. (나) $2\mathbf{v} - \mathbf{w}$

2. 다음 벡터의 크기와 방향을 구하여라.

   (가) $\mathbf{p} = (1, 3, -2)$ (나) $\mathbf{p} = (4, 1, -1)$
   (다) $\mathbf{p} = (1, -1, 2)$ (라) $\mathbf{p} = (-1, 1, 1)$

3. 다음의 벡터를 구하여라.

   (가) 크기가 2이고 방향은 $(1/2, 1/2, -1/\sqrt{2})$인 벡터

   (나) 크기가 4이고 방향은 $(1/3, 2/3, -2/3)$인 벡터

   (다) 크기가 3이고 방향은 벡터 $(1, 3, 2)$와 같은 벡터

   (라) 크기는 벡터 $(2, 2, 1)$과 같고 방향이 $(1/\sqrt{6}, 1/\sqrt{2}, -1/\sqrt{3})$인 벡터

4. 다음 벡터의 내적을 구하여라.

   (가) $\mathbf{v} = (3, 1, -2)$, $\mathbf{w} = (1, -4, 2)$. (나) $\mathbf{v} = (-1, 2, 3)$, $\mathbf{w} = (2, -1, -2)$.

5. 두 벡터 $\mathbf{v} = (2, -1, 4)$와 $\mathbf{w} = (2, 4, 0)$가 직교함을 보여라.

6. 벡터 $\mathbf{v} = (v_1, v_2, v_3)$와 $\mathbf{w} = (w_1, w_2, w_3)$을 이웃하는 두 변으로 하는 평행사변형의 넓이를 구하여라.

7. 벡터 $\mathbf{v}$와 $\mathbf{w}$에 대하여,

$$\mathbf{v} \cdot \mathbf{w} = \frac{\|\mathbf{v} + \mathbf{w}\|^2 - \|\mathbf{v}\|^2 - \|\mathbf{w}\|^2}{2}$$

   임을 보여라.

8. 다음 벡터에 대하여, $\det(\mathbf{u}, \mathbf{v}, \mathbf{w})$를 구하여라.

   (가) $\mathbf{u} = (1, -1, 0)$, $\mathbf{v} = (3, 2, 1)$, $\mathbf{w} = (2, 0, -1)$.

   (나) $\mathbf{u} = (1, 0, 0)$, $\mathbf{v} = (0, 1, 0)$, $\mathbf{w} = (1, 1, 1)$.

9. 행렬식함수 det: $\mathbb{R}^3 \to \mathbb{R}$에 대하여, 다음을 증명하여라.

(가) $f(\mathbf{v}, a\mathbf{u}_1 + b\mathbf{u}_2, \mathbf{w}) = af(\mathbf{v}, \mathbf{u}_1, \mathbf{w}) + bf(\mathbf{v}, \mathbf{u}_2, \mathbf{w})$.

(나) $f(\mathbf{v}, \mathbf{w}, a\mathbf{u}_1 + b\mathbf{u}_2) = af(\mathbf{v}, \mathbf{w}, \mathbf{u}_2) + bf(\mathbf{v}, \mathbf{w}, \mathbf{u}_2)$.

10. 행렬식함수 det: $\mathbb{R}^3 \to \mathbb{R}$에 대하여, 다음을 증명하여라.

(가) $\det(\mathbf{w}, \mathbf{v}, \mathbf{u}) = -\det(\mathbf{u}, \mathbf{v}, \mathbf{w})$. (나) $\det(\mathbf{u}, \mathbf{w}, \mathbf{v}) = -\det(\mathbf{u}, \mathbf{v}, \mathbf{w})$.

11. 다음 벡터의 외적을 구하여라.

(가) $\mathbf{v} = (2, 1, -1)$, $\mathbf{w} = (3, 0, -1)$.

(나) $\mathbf{v} = (1, -3, 0)$, $\mathbf{w} = (1, 1, 2)$.

12. 공간에 놓인 점 $\mathbf{p} = (1, -1, 0)$, $\mathbf{q} = (2, 2, 1)$, $\mathbf{r} = (3, 1, 1)$을 꼭지점으로 하는 삼각형의 넓이를 구하여라.

13. 벡터 $\mathbf{u}, \mathbf{v}, \mathbf{w} \in \mathbb{R}^3$에 대하여,

$$\mathbf{u} \cdot (\mathbf{v} \times \mathbf{w}) = \det(\mathbf{u}, \mathbf{v}, \mathbf{w})$$

임을 보여라.

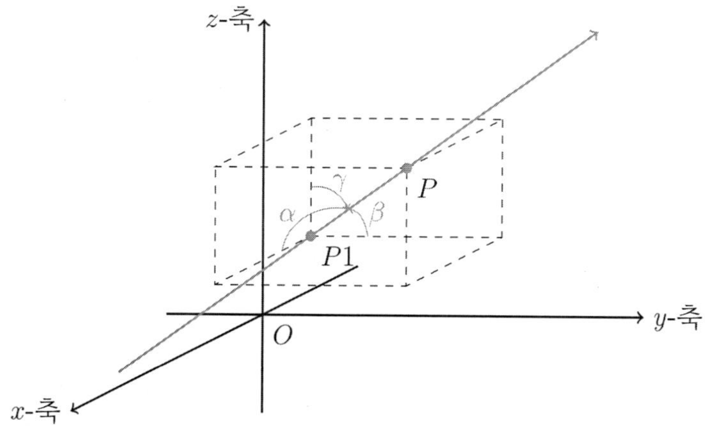

그림 5.13 한 점을 지나고 방향각이 주어진 직선

5.3 직선의 방정식

5.3.1 한 점을 지나고 방향각이 주어진 직선의 방정식

그림 5.13에서의 점 $P_0(x_0, y_0, z_0)$을 지나고 방향각이 (α, β, γ)인 직선을 매개변수 t를 이용한 매개변수방정식

$$\begin{cases} x = x_0 + t\cos\alpha, \\ y = y_0 + t\cos\beta, \\ z = z_0 + t\cos\gamma \end{cases}$$

로 나타낼 수 있다. 직선에 놓인 점 $P(x, y, z)$를 위의 매개변수방정식으로 나타내면, 매개변수 t는 방향각이 (α, β, γ)인 유향선분 $\overrightarrow{P_0P}$의 유향거리이다. 만약 (a, b, c)가 직선의 방향코사인 $(\cos\alpha, \cos\beta, \cos\gamma)$와 평행하면, 직선을 나타내는 매개변수방정식을

$$\begin{cases} x = x_0 + ta, \\ y = y_0 + tb, \\ z = z_0 + tc \end{cases}$$

로도 나타낼 수 있다. 이 경우에, 일반적으로 매개변수 t는 유향선분 $\overrightarrow{P_0P}$의 유향거리가 아니다.

위의 직선을 나타내는 식에서 x, y, z를 나타내는 식에 공통으로 t가 들어간다. 여기서, 만약 $\cos\alpha \neq 0$, $\cos\beta \neq 0$, $\cos\gamma \neq 0$이면

$$\frac{x - x_0}{\cos\alpha} = \frac{y - y_0}{\cos\beta} = \frac{z - z_0}{\cos\gamma}$$

은 점 $P_0(x_0, y_0, z_0)$을 지나고 방향코사인이 $(\cos\alpha, \cos\beta, \cos\gamma)$인 직선의 방정식이다. 이 경우에, 만약 (a, b, c)이 직선의 방향코사인 $(\cos\alpha, \cos\beta, \cos\gamma)$와 평행하면 직선의 방정식을

$$\frac{x - x_0}{a} = \frac{y - y_0}{b} = \frac{z - z_0}{c}$$

로도 나타낼 수 있다.

만약 $\cos\alpha = 0$ 또는 $\cos\beta = 0$ 또는 $\cos\gamma = 0$이면,

(가) $\cos\beta \neq 0$, $\cos\gamma \neq 0$인 경우 (즉, 주어진 직선이 x-축에 수직인 경우):

$$x = x_0, \quad \frac{y - y_0}{\cos\beta} = \frac{z - z_0}{\cos\gamma},$$

(나) $\cos\alpha \neq 0$, $\cos\gamma \neq 0$인 경우 (즉, 주어진 직선이 y-축에 수직인 경우):

$$y = y_0, \quad \frac{x - x_0}{\cos\alpha} = \frac{z - z_0}{\cos\gamma},$$

(다) $\cos\alpha \neq 0$, $\cos\beta \neq 0$인 경우 (즉, 주어진 직선이 z-축에 수직인 경우):

$$z = z_0, \quad \frac{x - x_0}{\cos\alpha} = \frac{y - y_0}{\cos\beta},$$

(라) $\cos\beta = 0$, $\cos\gamma = 0$인 경우 (즉, 주어진 직선이 y-축과 z-축에 수직인 경우):

$$y = y_0, \quad z = z_0,$$

(마) $\cos\alpha = 0$, $\cos\gamma = 0$인 경우 (즉, 주어진 직선이 z-축과 x-축에 수직인 경우):

$$x = x_0, \quad z = z_0,$$

(바) $\cos\alpha = 0$, $\cos\beta = 0$인 경우 (즉, 주어진 직선이 x-축과 y-축에 수직인 경우):

$$x = x_0, \quad y = y_0$$

이 점 $P_0(x_0, y_0, z_0)$을 지나고 방향코사인이 $(\cos\alpha, \cos\beta, \cos\gamma)$인 직선의 방정식이다.

예제 5.21. 매개변수 t를 이용하여

$$x = 4 - 3t, \quad y = 2 + t, \quad z = 1 + 3t$$

로 표현되는 직선을, 매개변수가 없는 방정식으로 나타내어라.

풀이 매개변수 t에 대하여,

$$\frac{x-4}{-3} = t, \quad \frac{y-2}{1} = t, \quad \frac{z-1}{3} = t$$

이므로

$$\frac{x-4}{-3} = \frac{y-2}{1} = \frac{z-1}{3}$$

이 주어진 직선의 방정식이다. □

5.3.2 두 점을 지나는 직선의 방정식

서로 다른 두 점 $P_0(x_0, y_0, z_0)$과 $P_1(x_1, y_1, z_1)$을 지나는 직선의 방향비는 $(x_1 - x_0) : (y_1 - y_0) : (z_1 - z_0)$이므로 만약 $x_0 \neq x_1$, $y_0 \neq y_1$, $z_0 \neq z_1$이면

$$\frac{x - x_0}{x_1 - x_0} = \frac{y - y_0}{y_1 - y_0} = \frac{z - z_0}{z_1 - z_0}$$

가 두 점 P_0과 P_1을 지나는 직선의 방정식이다. 만약 $x_0 = x_1$ 또는 $y_0 = y_1$ 또는 $z_0 = z_1$이면

(가) $y_0 \neq y_1$, $z_0 \neq z_1$인 경우 (즉, 주어진 직선이 x-축에 수직인 경우):

$$x = x_0, \quad \frac{y - y_0}{y_1 - y_0} = \frac{z - z_0}{z_1 - z_0},$$

(나) $x_0 \neq x_1$, $z_0 \neq z_1$인 경우 (즉, 주어진 직선이 y-축에 수직인 경우):

$$y = y_0, \quad \frac{x - x_0}{x_1 - x_0} = \frac{z - z_0}{z_1 - z_0},$$

(다) $x_0 \neq x_1$, $y_0 \neq y_1$인 경우 (즉, 주어진 직선이 z-축에 수직인 경우):

$$z = z_0, \quad \frac{x - x_0}{x_1 - x_0} = \frac{y - y_0}{y_1 - y_0},$$

(라) $y_0 = y_1$, $z_0 = z_1$인 경우 (즉, 주어진 직선이 y-축과 z-축에 수직인 경우):

$$y = y_0, \quad z = z_0,$$

(마) $x_0 = x_1$, $z_0 = z_1$인 경우 (즉, 주어진 직선이 z-축과 x-축에 수직인 경우):

$$x = x_0, \quad z = z_0,$$

(바) $x_0 = x_1$, $y_0 = y_1$인 경우 (즉, 주어진 직선이 x-축과 y-축에 수직인 경우):

$$x = x_0, \quad y = y_0$$

이 두 점 P_0과 P_1을 지나는 직선의 방정식이다.

예제 5.22. 두 점 $P_0(1, 0, 2)$과 $P_1(2, -1, 2)$을 지나는 직선의 방정식을 구하여라.

풀이 구하는 방정식은 점 P_0을 지나고 유향직선 $\overrightarrow{P_0P_1}$의 방향코사인이 벡터 $(1, -1, 0)$와 평행하므로

$$\frac{x - 1}{1} = \frac{y}{-1}, \quad z = 2$$

이 두 점 P_0과 P_1을 지나는 직선의 방정식이다. □

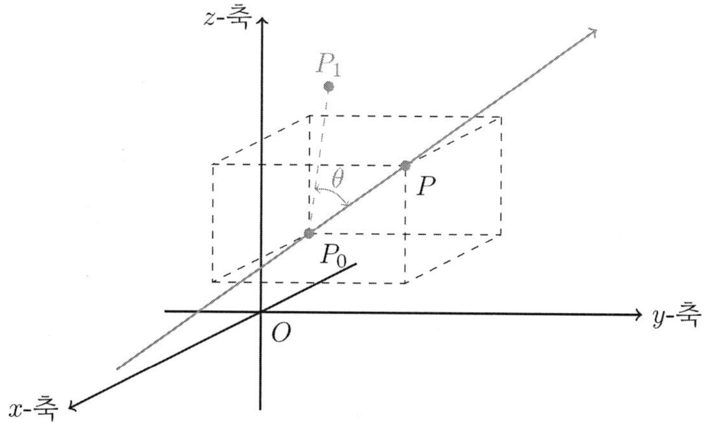

그림 5.14 점에서 직선까지의 거리

5.3.3 점에서 직선까지의 거리

점 $P_0(x_0, y_0, z_0)$를 지나고 방향코사인이 (λ, μ, ν)인 직선 ℓ에 대하여, 점 $P_1(x_1, y_1, z_0)$에서 직선 ℓ까지의 거리 d를 구하자.

정리 5.15: 점에서 직선까지의 거리

점 $P_0(x_0, y_0, z_0)$를 지나고 방향코사인이 (λ, μ, ν)인 직선 ℓ과 점 $P_1(x_1, y_1, z_0)$에 대하여, 점 P_1에서 직선 ℓ까지의 거리는

$$\sqrt{(x_1 - x_0)^2 + (y_1 - y_0)^2 + (z_1 - z_0)^2 - [\lambda(x_1 - x_0) + \mu(y_1 - y_0) + \nu(z_1 - z_0)]^2}$$

이다.

증명 그림 5.14에서와 같이, 방향코사인 (λ, μ, ν)와 유향선분 $\overrightarrow{P_1P_2}$ 사이의 각을 θ로 놓으면 놓으면 $0 \leq \theta \leq \pi$이다. 한편,

$$(x_1 - x_0, y_1 - y_0, z_1 - z_0) \cdot (\lambda, \mu, \nu) = \overline{P_0P_1} \cos\theta$$

이므로

$$\lambda(x_1 - x_0) + \mu(y_1 - y_0) + \nu(z_1 - z_0) = \overline{P_0P_1} \cos\theta$$

이다. 따라서, 점 P_1에서 직선 ℓ까지의 거리는

$$\overline{P_0P_1}\sin\theta = \overline{P_0P_1}\sqrt{1-\cos^2\theta} = \sqrt{\overline{P_0P_1}^2 - (\overline{P_0P_1}\cos\theta)^2}$$

이다. □

여기서 점 P_1에서 직선 ℓ에 내린 수선의 발의 좌표는

$$(x_0, y_0, z_0) + \overline{P_0P_1}\cos\theta(\lambda, \mu, \nu)$$

이므로 다음을 알 수 있다.

정리 5.16: 점에서 직선에 내린 수선의 발

점 $P_0(x_0, y_0, z_0)$를 지나고 방향코사인이 (λ, μ, ν)인 직선 ℓ과 점 $P_1(x_1, y_1, z_0)$에 대하여, 점 P_1에서 직선 ℓ에 내린 수선의 발 A의 좌표는

$$(x_0, y_0, z_0) + t_0(\lambda, \mu, \nu) = (x_0 + \lambda t_0, y_0 + \mu t_0, z_0 + \nu t_0)$$

이다. 여기서 $t_0 = \lambda(x_1 - x_0) + \mu(y_1 - y_0) + \nu(z_1 - z_0)$이다.

예제 5.23. 직선 $\dfrac{x+1}{2} = \dfrac{y-1}{-2} = z-2$와 점 $P_1(1, -2, 3)$에 대하여 다음 물음에 답하여라.

(가) 주어진 직선의 방향코사인을 구하여라.

(나) 점 P_1에서 주어진 직선에 내린 수선의 발의 좌표를 구하여라.

(다) 주어진 직선과 점 P_1 사이의 거리를 구하여라.

풀이 (가) 주어진 직선의 방향코사인은

$$\left(\frac{2}{3}, -\frac{2}{3}, \frac{1}{3}\right)$$

이다.

(나) 주어진 직선에 놓인 점 $P_0(-1,1,2)$에 대하여,

$$\overline{P_0P_1}\cos\theta = (x_1-x_0)\frac{2}{3}+(y_1-y_0)\left(-\frac{2}{3}\right)+(z_1-z_0)\frac{1}{3}$$
$$= 2\cdot\frac{2}{3}-3\cdot\frac{-2}{3}+1\cdot\frac{1}{3}=\frac{11}{3}$$

이므로, 점 P_1에서 주어진 직선에 내린 수선의 발의 좌표는

$$(-1,1,2)+\overline{P_0P_1}\cos\theta\left(\frac{2}{3},-\frac{2}{3},\frac{1}{3}\right)=(-1,1,2)+\frac{11}{3}\left(\frac{2}{3},-\frac{2}{3},\frac{1}{3}\right)$$
$$=\left(\frac{13}{9},-\frac{13}{9},\frac{29}{9}\right)$$

이다.

(다) 주어진 직선에 놓인 점 $P_0(-1,1,2)$에 대하여,

$$\overline{P_0P_1}^2=(1-(-1))^2+(-2-1)^2+(3-2)^2=14$$

이고

$$\left(\overline{P_0P_1}\cos\theta\right)^2=\left(2\cdot\frac{2}{3}-3\cdot\frac{-2}{3}+1\cdot\frac{1}{3}\right)^2=\frac{121}{9}$$

이므로, 주어진 직선과 점 P_1 사이의 거리는

$$d=\sqrt{\overline{P_0P_1}^2-(\overline{P_0P_1}\cos\theta)^2}=\sqrt{14-\frac{121}{9}}=\frac{\sqrt{5}}{3}$$

이다. □

5.3.4 두 직선 사이의 최단거리

방향벡터가 각각 (u_1,v_1,w_1)와 (u_2,v_2,w_2)인 두 직선 ℓ_1과 ℓ_2에 대하여, 두 방향벡타 사이의 각 θ를 두 직선 ℓ_1과 ℓ_2의 **사이각**이라고 한다. 그러면

$$(u_1,v_1,w_1)\cdot(u_2,v_2,w_2)=\sqrt{u_1^2+v_1^2+w_1^2}\sqrt{u_2^2+v_2^2+w_2^2}\cos\theta$$

이므로

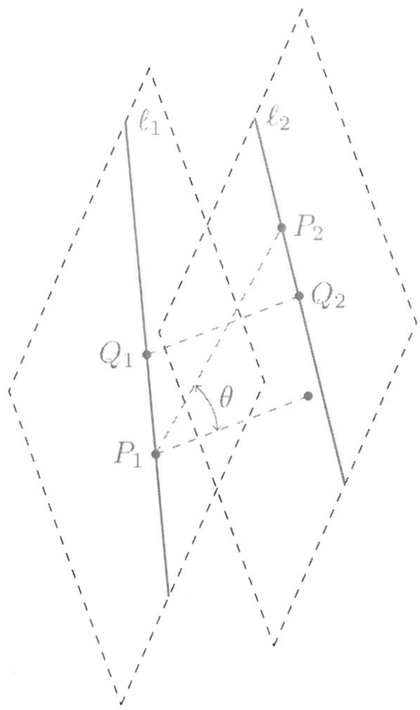

그림 5.15 두 직선 사이의 최단거리

$$\cos\theta = \frac{u_1u_2 + v_1v_2 + w_1w_2}{\sqrt{u_1^2 + v_1^2 + w_1^2}\sqrt{u_2^2 + v_2^2 + w_2^2}}$$

이다. 특히,

$$u_1u_2 + v_1v_2 + w_1w_2 = 0$$

은 두 직선 ℓ_1과 ℓ_2의 사이각이 직각이기 위한 필요충분조건이다.

만약 두 직선 ℓ_1과 ℓ_2가 평행하면, 직선 ℓ_1에 놓인 임의의 점 P_1에서 직선 ℓ까지의 거리는 두 직선 ℓ_1과 ℓ_2 사이의 최단거리와 같다.

평행하지 않은 두 직선 사이의 최단거리는 다음과 같다.

정리 5.17: 평행하지 않은 두 직선 사이의 최단거리

방향벡터가 각각 (u_1, v_1, w_1)와 (u_2, v_2, w_2)인 두 직선 ℓ_1과 ℓ_2와 두 직선 ℓ_1과 ℓ_2에 각각 놓인 점 $P_1(x_1, y_1, z_1)$과 $P_2(x_2, y_2, z_2)$에 대하여, 방향벡터 (u_1, v_1, w_1)과 (u_2, v_2, w_2)가 평행하지 않으면 두 직선 ℓ_1과 ℓ_2 사이의 최단거리는

$$\frac{|[(u_1, v_1, w_1) \times (u_2, v_2, w_2)] \cdot (x_2 - x_1, y_2 - y_1, z_2 - z_1)|}{\sqrt{(v_1w_2 - v_2w_1)^2 + (w_1u_2 - w_2u_1)^2 + (u_1v_2 - u_2v_1)^2}}$$

이다.

증명 구하는 최단거리는 직선 ℓ_1과 ℓ_2를 동시에 직각으로 만나는 직선 ℓ이 ℓ_1과 ℓ_2와 각각 만드는 교점 Q_1과 Q_2 사이의 거리이다. 직선 ℓ의 방향코사인을 (λ, μ, ν)라고 놓자. 그러면 $\ell \perp \ell_1$와 $\ell \perp \ell_2$이므로

$$\begin{cases} \lambda u_1 + \mu v_1 + \nu w_1 = 0, \\ \lambda u_2 + \mu v_2 + \nu w_2 = 0 \end{cases}$$

이다. 이들과 $\lambda^2 + \mu^2 + \nu^2 = 1$의 연립방정식을 풀면 해는

$$\lambda = \pm\frac{v_1w_2 - v_2w_1}{D}, \quad \mu = \pm\frac{w_1u_2 - w_2u_1}{D}, \quad \nu = \pm\frac{u_1v_2 - u_2v_1}{D}$$

이다. 여기서

$$D = \sqrt{(v_1w_2 - v_2w_1)^2 + (w_1u_2 - w_2u_1)^2 + (u_1v_2 - u_2v_1)^2}$$

이다. 이것을 벡터곱으로 나타내면

$$(\lambda, \mu, \nu) = \pm\frac{(u_1, v_1, w_1) \times (u_2, v_2, w_2)}{\|(u_1, v_1, w_1) \times (u_2, v_2, w_2)\|}$$

이다. 이제 $P_1(x_1, y_1, z_1), P_2(x_2, y_2, z_2)$가 각각 ℓ_1과 ℓ_2에 놓인 점이라고 놓자. 그러면 $\overrightarrow{P_1P_2}$의 방향코사인은

$$\left(\frac{x_2 - x_1}{\overline{P_1P_2}}, \frac{y_2 - y_1}{\overline{P_1P_2}}, \frac{z_2 - z_1}{\overline{P_1P_2}}\right)$$

이다.

이제 ℓ과 $\overrightarrow{P_1P_2}$의 사이각을 θ로 놓으면

$$\cos\theta = \frac{\lambda(x_2 - x_1) + \mu(y_2 - y_1) + \nu(z_2 - z_1)}{\overline{P_1P_2}}$$

이므로, 구하는 최단거리는

$$d = \left|\, \overline{P_1P_2}\cos\theta \,\right| = |\lambda(x_2 - x_1) + \mu(y_2 - y_1) + \nu(z_2 - z_1)|$$

이다. 즉,

$$d = \frac{|[(u_1, v_1, w_1) \times (u_2, v_2, w_2)] \cdot (x_2 - x_1, y_2 - y_1, z_2 - z_1)|}{D}$$

이다. □

특히,

$$[(u_1, v_1, w_1) \times (u_2, v_2, w_2)] \cdot (x_2 - x_1, y_2 - y_1, z_2 - z_1) = 0$$

은 ℓ_1과 ℓ_2가 만나기 위한 필요충분조건이다.

예제 5.24. 두 직선 $\dfrac{x-1}{2} = y + 2 = \dfrac{z+1}{3}$ 와 $\dfrac{x+1}{3} = \dfrac{y-1}{2} = \dfrac{z+1}{3}$ 사이의 최단거리를 구하여라.

풀이 점 $P_1(1, -2, -1)$과 $P_2(-1, 1, -1)$는 각각 주어진 직선에 놓여 있고, 벡터 $(2, 1, 3)$과 $(3, 2, 3)$이 각각 주어진 직선의 방향벡터이다. 두 방향벡터의 벡터곱이

$$(2, 1, 3) \times (3, 2, 3) = (-3, 3, 1)$$

이고 유향선분 $\overrightarrow{P_1P_2}$의 방향벡터가 $(-2, 3, 0)$이므로

$$((2, 1, 3) \times (3, 2, 3)) \cdot (-2, 3, 0) = 15$$

이다. 따라서, 두 직선의 최단곡선은

$$\frac{((2, 1, 3) \times (3, 2, 3)) \cdot (-2, 3, 0)}{\|(2, 1, 3) \times (3, 2, 3)\|} = \frac{15}{\sqrt{19}}$$

이다. □

한편 두 직선 ℓ_1과 ℓ_2가 평행한 경우는 ℓ_1의 한 점에서 ℓ_2까지의 거리가 두 직선 사이의 최단거리이다.

예제 5.25. 두 직선 $x+2=\dfrac{y-1}{2}=\dfrac{z-2}{3}$ 와 $x-1=\dfrac{y-2}{2}=\dfrac{z-1}{3}$ 사이의 최단거리를 구하여라.

풀이 두 직선이 평행하므로, 첫 번째 직선에 놓인 점 $P_1(-2,1,2)$에서 두 번째 직선 $x-1=\dfrac{y-2}{2}=\dfrac{z-1}{3}$까지의 거리를 구하면 된다.

두 번째 직선이 점 $P_0(1,2,1)$을 지나므로, 유향직선 $\overrightarrow{P_0P_1}$과 두 번째 직선 사이의 각의 크기를 θ로 놓으면 점 P_1에서 두 번째 직선까지의 거리는

$$\sqrt{\overline{P_0P_1}^2-\left(\overline{P_0P_1}\cos\theta\right)^2}$$

이다. 여기서

$$\overline{P_0P_1}^2=3^2+1^2+1^2=11$$

이고

$$\left(\overline{P_0P_1}\cos\theta\right)^2=\left(\frac{1}{\sqrt{14}}\cdot(-3)+\frac{2}{\sqrt{14}}\cdot(-1)+\frac{3}{\sqrt{14}}\cdot 1\right)^2=\frac{2}{7}$$

이므로, 구하는 두 직선의 최단거리는

$$\sqrt{11-\frac{2}{7}}=\frac{\sqrt{75}}{7}=\frac{5\sqrt{3}}{7}$$

이다. □

연습문제 5.3

1. 교점 $P_0(x_0, y_0, z_0)$에서 만나는 두 직선

$$\frac{x-x_0}{a} = \frac{y-y_0}{b} = \frac{z-z_0}{c}, \qquad \frac{x-x_0}{b-c} = \frac{y-y_0}{c-a} = \frac{z-z_0}{a-b}$$

이 직교함을 보여라.

2. 두 점 $P_1(2, -1, 3)$과 $P_2(4, 1, 2)$를 지나는 직선의 방정식을 구하여라.

3. 직선 $\frac{x-2}{3} = \frac{y+1}{2} = \frac{z-1}{4}$와 점 $P_1(2, -2, 3)$에 대하여 다음 물음에 답하여라.

(가) 주어진 직선의 방향코사인을 구하여라.

(나) 점 P_1에서 주어진 직선에 내린 수선의 발의 좌표를 구하여라.

(다) 주어진 직선과 점 P_1 사이의 거리를 구하여라.

4. 다음 두 직선 사이의 최단거리를 구하여라.

(가) $\frac{x-2}{3} = \frac{y+1}{2} = \frac{z-1}{3}$와 $\frac{x+1}{2} = \frac{y+2}{3} = \frac{z+1}{2}$

(나) $x+1 = \frac{y-2}{3} = \frac{z-1}{2}$와 $\frac{x+2}{3} = \frac{y+1}{2} = \frac{z}{2}$

(다) $\frac{x-3}{2} = \frac{y}{3} = z-1$와 $\frac{x-2}{2} = \frac{y+2}{3} = z+1$

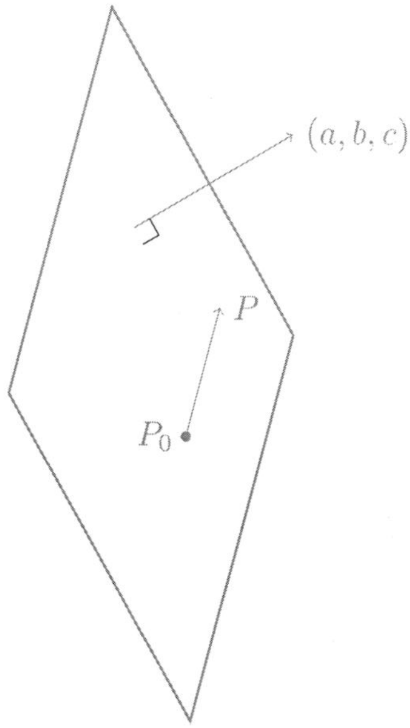

그림 5.16 한 점을 지나고 법선벡터가 주어진 평면

5.4 평면의 방정식

공간에 놓여 있는 평면을 나타내는 방정식을 생각하여 보자.

5.4.1 한 점을 지나고 법선벡터가 주어진 평면의 방정식

점 P_0을 지나고 영벡터가 아닌 벡터 (a, b, c)에 수직인 평면의 방정식을 구하자.

정리 5.18: 한 점을 지나고 법선벡터가 주어진 평면의 방정식

점 $P_0(x_0, y_0, z_0)$와 영벡터가 아닌 벡터 (a, b, c)에 대하여, 방정식

$$a(x - x_0) + b(y - y_0) + c(z - z_0) = 0 \tag{5.2}$$

는 점 P_0을 지나고 법선벡터가 (a, b, c)인 평면의 방정식이다.

증명 그림 5.16에서와 같이, 구하는 평면에 놓인 임의의 점을 $P(x, y, z)$로 놓으면 유향선분 $\overrightarrow{P_0P}$은 벡터 (a, b, c)와 직교하므로

$$(x - x_0, y - y_0, z - z_0) \cdot (a, b, c) = 0$$

이다. 따라서, 방정식 (5.2)가 점 $P_0(x_0, y_0, z_0)$을 지나고 벡터 (a, b, c)에 수직인 평면의 방정식이다. □

이때,

$$d = -ax_0 - by_0 - cz_0$$

로 놓으면, 방정식 (5.2)를

$$ax + by + cz + d = 0$$

로 나타낼 수 있다. 다시 말하면, $P_0(x_0, y_0, z_0)$을 지나고 벡터 (a, b, c)에 수직인 평면은 벡터 (a, b, c)와의 내적이 $ax_0 + by_0 + cz_0$인 점의 자취이다.

영벡터가 아닌 벡터 (a, b, c)와 실수 d에 대하여, 일차방정식

$$ax + by + cz + d = 0$$

를 생각하자. 그러면 위의 일차방정식이 성립하는 점의 자취는 벡터 (a, b, c)와의 내적이 $-d$인 점의 집합이다. 그러므로, 공간에 놓인 평면은 일차방정식

$$ax + by + cz + d = 0$$

로 나타난다. 이때, 벡터 (a, b, c)는 주어진 평면의 법선벡터이다.

예제 5.26. 점 $P(1, 0, 2)$를 지나고 평면 $x - 2y + 3z - 2 = 0$과 평행한 평면의 방정식을 구하여라.

풀이 구하는 평면은 점 P를 지나고 벡터 $(1, -2, 3)$에 수직이므로

$$(x - 1) - 2(y - 0) + 3(z - 2) = 0$$

즉

$$x - 2y + 3z - 7 = 0$$

이 구하는 평면의 방정식이다. □

예제 5.27. 점 $P(1, -3, 2)$를 지나고 평면 $x + 3y - 2z + 4 = 0$에 수직인 직선의 방정식을 구하여라.

풀이 구하는 직선은 점 P를 지나고 벡터 $(1, 3, -2)$와 평행하므로

$$x - 1 = \frac{y+3}{3} = \frac{z-2}{-2}$$

가 구하는 직선의 방정식이다. □

예제 5.28. 공간에서 x-축에 평행한 평면의 방정식의 일반형을 구하여라.

풀이 공간에서 x-축에 평행한 평면의 법선벡터는 $(0, b, c)$이므로 $0 \cdot x + by + cz + d = 0$ 즉

$$by + cz + d = 0$$

이 구하는 평면의 방정식의 일반형이다. □

5.4.2 세 점이 주어진 경우

일직선에 있지 않는 세 점을 지나는 평면을 찾아 보자.

정리 5.19: 세 점을 지나는 평면의 방정식

일직선에 놓여 있지 않은 세 점 $P_1(x_1, y_1, z_1)$, $P_2(x_2, y_2, z_2)$, $P_3(x_3, y_3, z_3)$에 대하여,

$$\begin{aligned} a &= (y_2 - y_1)(z_3 - z_1) - (y_3 - y_1)(z_2 - z_1), \\ b &= (z_2 - z_1)(x_3 - x_1) - (z_3 - z_1)(x_2 - x_1), \\ c &= (x_2 - x_1)(y_3 - y_1) - (x_3 - x_1)(y_2 - y_1) \end{aligned}$$

로 놓으면 방정식

$$a(x - x_1) + b(y - y_1) + c(z - z_1) = 0$$

는 세 점 P_1, P_2, P_3을 지나는 평면의 방정식이다.

풀이 먼저, P_1과 P_2와 P_3이 일직선에 놓여 있지 않으므로, 벡터

$$(x_2 - x_1, y_2 - y_1, z_2 - z_1) \quad \text{그리고} \quad (x_3 - x_1, y_3 - y_1, z_3 - z_1)$$

의 곱벡터

$$(x_2 - x_1, y_2 - y_1, z_2 - z_1) \times (x_3 - x_1, y_3 - y_1, z_3 - z_1) = (a, b, c)$$

는 영벡터가 아니고 벡터 $(x_2 - x_1, y_2 - y_1, z_2 - z_1)$과 $(x_3 - x_1, y_3 - y_1, z_3 - z_1)$에 수직이다. 세 점 $P_1(x_1, y_1, z_1)$, $P_2(x_2, y_2, z_2)$, $P_3(x_3, y_3, z_3)$을 지나는 평면은 점 $P_1(x_1, y_1, z_1)$을 지나고 방향벡터 (a, b, c)에 수직인 평면이므로,

$$(a, b, c) \cdot (x - x_1, y - y_1, z - z_1) = 0$$

즉

$$a(x - x_1) + b(y - y_1) + c(z - z_1) = 0$$

이 구하는 평면의 방정식이다. □

예제 5.29. 영이 아닌 상수 a, b, c에 대하여, 방정식

$$\frac{x}{a} + \frac{y}{b} + \frac{z}{c} = 1$$

는 세 점 $P_1(a, 0, 0)$, $P_2(0, b, 0)$, $P_3(0, 0, c)$을 지나는 평면의 방정식임을 보여라.

풀이 유향직선 $\overrightarrow{P_1P_2}$의 방향벡터 $(-a, b, 0)$과 유향직선 $\overrightarrow{P_1P_3}$의 방향벡터 $(-a, 0, c)$에 대하여

$$\begin{aligned}(-a, b, 0) \times (-a, 0, c) &= (bc - 0 \cdot 0,\ 0 \cdot (-a) - (-a)c,\ (-a) \cdot 0 - b(-a)) \\ &= (bc, ac, ab)\end{aligned}$$

이고, 점 P_1, P_2, P_3을 지나는 평면은 점 P_1을 지나고 방향벡터 (bc, ac, ab)에 수직인 평면이므로,

$$bc(x - a) + cay + abz = 0$$

즉

$$\frac{x}{a} + \frac{y}{b} + \frac{z}{c} = 1$$

이 구하는 평면의 방정식이다. □

만약, $a = 0$, $b \neq 0$, $c \neq 0$이면 방정식 $x = 0$가 세 점 $P_1(a, 0, 0)$, $P_2(0, b, 0)$, $P_3(0, 0, c)$을 지나는 평면의 방정식이다. 마찬가지로, 만약 $a \neq 0$, $b = 0$, $c \neq 0$이면,

방정식 $y=0$가 세 점 $P_1(a,0,0)$, $P_2(0,b,0)$, $P_3(0,0,c)$을 지나는 평면의 방정식이다. 또한, 만약 $a \neq 0$, $b \neq 0$, $c=0$이면, 방정식 $z=0$가 세 점 $P_1(a,0,0)$, $P_2(0,b,0)$, $P_3(0,0,c)$을 지나는 평면의 방정식이다.

5.4.3 평면의 방정식의 표준형

평면에 대한 표준형 방정식을 알아 보자.

먼저 평면 Π가 원점을 지나지 않는 경우를 생각하자. 원점 O에서 평면에 내린 수선의 발을 H로 놓을 때, $p=\overline{OH}$이고 유향선분 $\overrightarrow{OH}$의 방향코사인을 (λ,μ,ν)로 놓자. 평면 Π에 놓인 임의의 점 $P(x,y,z)$에 대하여, 유향선분 $\overrightarrow{OP}$와 $\overrightarrow{OH}$이 사이각을 θ로 놓으면

$$(x,y,z)\cdot(\lambda,\mu,\nu)=\overline{OP}\cdot 1\cdot\cos\theta=\overline{OP}\cdot\frac{\overline{OH}}{\overline{OP}}=p$$

이므로,

$$\lambda x+\mu y+\nu z=p \tag{5.3}$$

이 평면 Π의 방정식이다. 이 방정식을 평면 Π의 **표준방정식**이라고 한다.

평면 Π가 원점을 지나는 경우를 생각하자. 평면 Π에 직교하는 단위벡터를 (λ,μ,ν)로 놓으면, 평면 Π의 임의의 점 $P(x,y,z)$에 대하여

$$(x,y,z)\cdot(\lambda,\mu,\nu)=0$$

이므로,

$$\lambda x+\mu y+\nu z=0$$

이 평면 Π의 방정식이다. 이것은 방정식 (5.3)에서 $p=0$인 경우이다.

예제 5.30. 공간에서 yz-평면의 방정식을 구하여라.

풀이 벡터 $(1,0,0)$은 yz-평면에 수직이고 크기가 1인 벡터이고 원점에서 yz-평면까지의 거리는 0이므로

$$1\cdot x+0\cdot y+0\cdot z=0$$

즉, $x=0$이 yz-평면의 방정식이다. □

5.4.4 점에서 평면까지의 거리

한 점에서 평면까지의 거리를 구하자.

정리 5.20: 한 점에서 평면까지의 거리

점 $P_0(x_0, y_0, z_0)$와 평면 $ax + by + cz + d = 0$에 대하여, 점 P_0에서 주어진 평면까지의 거리는

$$\frac{|ax_0 + by_0 + cy_0 + d|}{\sqrt{a^2 + b^2 + c^2}}$$

이다.

증명 먼저 원점에서 평면 $ax+by+cz+d = 0$까지의 거리를 구하자. $u = \sqrt{a^2 + b^2 + c^2}$로 놓으면 주어진 평면의 표준방정식은

$$\pm\frac{a}{u}x \pm \frac{b}{u}y \pm \frac{c}{u}z = \mp\frac{d}{u}$$

이다. 여기서 부호는 오른쪽 항의 부호가 양이 되게 정한다. 그러므로 원점 O에서 주어진 평면까지의 거리는

$$\frac{|d|}{\sqrt{a^2 + b^2 + c^2}}$$

이다.

이제 점 $P_0(x_0, y_0, z_0)$에서 평면 $ax + by + cz + d = 0$까지의 거리를 구하자. 먼저 점 P_0을 원점으로 옮기는 평행이동에 따른 새로운 좌표를 $x'y'z'$-좌표로 놓자. 그러면

$$x = x' + x_0, \quad y = y' + y_0, \quad z = z' + z_0$$

이므로 주어진 평면의 방정식을 $x'y'z'$-좌표로 나타내면

$$a(x' + x_0) + b(y' + y_0) + d(z' + z_0) = -d$$

또는

$$ax' + by' + cz' = -(ax_0 + by_0 + cz_0 + d)$$

이다. $x'y'z'$-좌표의 원점에서 주어진 평면까지의 거리는

$$\frac{|ax_0 + by_0 + cy_0 + d|}{\sqrt{a^2 + b^2 + c^2}}$$

이다. 이것은 점 $P_0(x_0, y_0, z_0)$에서 주어진 평면까지의 거리이다. □

예제 5.31. 점 $P(1, 5, -2)$에서 평면 $2x - y + 3z + 3 = 0$까지의 거리를 구하여라.

풀이 점 P에서 주어진 평면까지의 거리는

$$\frac{|2 \cdot 1 + (-1) \cdot 5 + 3 \cdot (-2) + 3|}{\sqrt{2^2 + (-1)^2 + 3^2}} = \frac{6}{\sqrt{14}}$$

이다. □

5.4.5 직선과 평면

벡터 (u, v, w)와 평행한 직선 ℓ과 평면 $\Pi : ax + by + cz + d = 0$에 대하여, 벡터 (a, b, c)에서 (u, v, w)까지의 사이각을 θ라고 놓자. 그러면 $0 \le \theta \le \pi$이다. 이때, $\psi = \frac{\pi}{2} - \theta$를 평면 Π와 직선 ℓ의 **사이각**이라고 한다. 이때

$$-\frac{\pi}{2} \le \psi \le \frac{\pi}{2}$$

임을 확인할 수 있다.

그러면,

$$au + bv + cw = \sqrt{a^2 + b^2 + c^2}\sqrt{u^2 + v^2 + w^2}\cos\theta$$

이므로,

$$\sin\psi = \cos\left(\frac{\pi}{2} - \psi\right) = \cos\theta = \frac{au + bv + cw}{\sqrt{u^2 + v^2 + w^2}\sqrt{a^2 + b^2 + c^2}}$$

이다. 따라서,

$$au + bv + cw = 0$$

은 직선 ℓ과 평면 Π이 평행하기 위한 필요충분조건이고, (u, v, w)이 (a, b, c)에 평행한 것은 직선 ℓ이 평면 Π과 직교하기 위한 필요충분조건이다.

예제 5.32. 점 $P(1, 3, -2)$를 지나고 평면 $2x - y + 5z + 3 = 0$에 수직인 직선을 구하고, 이 직선과 평면의 교점을 구하여라.

풀이 구하는 직선이 점 P를 지나고 주어진 평면에 수직이므로

$$\frac{x-1}{2} = \frac{y-3}{-1} = \frac{z+2}{5}$$

이 구하는 직선의 방정식이다. 이제 이 직선과 주어진 평면의 교점을 구하기 위하여, 평면의 매개변수방정식

$$\begin{cases} x = 1 + 2t, \\ y = 3 - t, \\ z = -2 + 5t \end{cases}$$

를 평면의 방정식에 대입하면 $2(1+2t) - (3-t) + 5(-2+5t) + 3 = 0$ 즉,

$$30t - 8 = 0 \quad t = \frac{7}{30}$$

이다. 따라서,

$$\begin{aligned} x_0 &= 1 + \frac{16}{30} = \frac{46}{30}, \\ y_0 &= 3 - \frac{8}{30} = \frac{82}{30}, \\ z_0 &= -2 + \frac{40}{30} = -\frac{20}{30} \end{aligned}$$

이므로, 교점의 좌표는 $(46/30, 82/30, -20/30)$이다. □

점과 직선이 만나지 않을 때, 주어진 점과 직선을 포함하는 평면은 유일하다. 이 평면의 방정식을 다음과 같이 구할 수 있다.

정리 5.21: 점과 직선을 포함하는 평면의 방정식

점 $P_0(x_0, y_0, z_0)$과 점 P_0을 지나지 않는 직선

$$x = x_1 + tu, \quad y = y_1 + tv, \quad z = z_1 + tw$$

에 대하여, 방정식

$$\det((x - x_0, y - y_0, z - z_0), (x_1 - x_0, y_1 - y_0, z_1 - z_0), (u, v, w)) = 0$$

는 점 P_0과 주어진 직선을 포함하는 평면의 방정식이다.

증명 주어진 직선과 점 P_0을 포함하는 평면을

$$ax + by + cz + d = 0$$

로 놓으면, P_0이 평면에 놓여 있으므로

$$ax_0 + by_0 + cz_0 + d = 0$$

이고

$$a(x - x_0) + b(y - y_0) + c(z - z_0) = 0 \tag{5.4}$$

이다. 또한 주어진 직선에 놓인 점 $P_1(x_1, y_1, z_1)$도 평면에 놓여 있으므로

$$a(x_1 - x_0) + b(y_1 - y_0) + c(z_1 - z_0) = 0 \tag{5.5}$$

이다. 주어진 직선은 평면과 평행하므로

$$ua + vb + wc = 0 \tag{5.6}$$

이다. 식 (5.4), (5.5), (5.6)에 따라서

$$\det((x - x_0, y - y_0, z - z_0), (x_1 - x_0, y_1 - y_0, z_1 - z_0), (u, v, w)) = 0$$

이다. 이 식이 점 P_0와 직선 ℓ을 포함하는 평면의 방정식이다. □

예제 5.33. 점 $P(1, 3, -2)$와 직선 $\frac{x-2}{4} = y - 3 = \frac{z-2}{3}$을 포함하는 평면의 방정식을 구하여라.

풀이 방정식

$$\det((x - 1, y - 3, z + 2), (1, 0, 4), (4, 1, 3)) = 0$$

즉

$$-4(x - 1) + 13(y - 3) + (z + 2) = 0$$

이 주어진 점과 직선을 포함하는 평면의 방정식이다. □

5.4.6 두 평면의 교선을 지나는 평면

두 평면

$$a_1x + b_1y + c_1z + d_1 = 0, \qquad a_2x + b_2y + c_2z + d_2 = 0$$

에 대하여, 두 평면이 이루는 각 θ는 법선벡터 (a_1, b_1, c_1)와 (a_2, b_2, c_2)의 사이각과 같다. 따라서,

$$\cos\theta = \frac{a_1a_2 + b_1b_2 + c_1c_2}{\sqrt{{a_1}^2 + {b_1}^2 + {c_1}^2}\sqrt{{a_2}^2 + {b_2}^2 + {c_2}^2}}$$

이다. 특히,

$$a_1a_2 + b_1b_2 + c_1c_2 = 0$$

은 두 평면이 직교하기 위한 필요충분조건이고,

$$a_1 : b_1 : c_1 = a_2 : b_2 : c_2$$

은 두 평면이 평행하기 위한 필요충분조건이다. 만약 $a_1 : b_1 : c_1 \neq a_2 : b_2 : c_2$이면 주어진 두 평면은 교집합은 직선이다. 이 직선을 주어진 두 평면의 **교선**이라고 한다.

두 평면이 교선에서 만날 때, 이 교선을 포함하는 평면의 방정식을 다음과 같이 주어진 두 평면을 이용하여 나타낼 수 있다.

정리 5.22: 두 평면의 교선을 지나는 평면의 방정식

$a_1 : b_1 : c_1 \neq a_2 : b_2 : c_2$인 두 평면

$$a_1x + b_1y + c_1z + d_1 = 0, \qquad a_2x + b_2y + c_2z + d_2 = 0$$

에 대하여, $(k_1, k_2) \neq (0, 0)$인 상수 k_1과 k_2에 대한

$$k_1(a_1x + b_1y + c_1z + d_1) + k_2(a_2x + b_2y + c_2z + d_2) = 0$$

는 주어진 두 평면의 교선을 지나는 평면의 방정식이다. 역으로 주어진 두 평면의 교선을 지나는 평면은 $(k_1, k_2) \neq (0, 0)$인 상수 k_1과 k_2에 대한 일차방정식

$$k_1(a_1x + b_1y + c_1z + d_1) + k_2(a_2x + b_2y + c_2z + d_2) = 0$$

로 나타난다.

증명 $a_1 : b_1 : c_1 \neq a_2 : b_2 : c_2$이므로 $(k_1, k_2) \neq (0,0)$인 상수 k_1과 k_2에 대한 방정식

$$k_1(a_1x + b_1y + c_1z + d_1) + k_2(a_2x + b_2y + c_2z + d_2) = 0$$

은 일차방정식이다. 여기서 주어진 두 평면의 교선에 놓인 임의의 점 $P(x_1, y_1, z_1)$에 대하여,

$$a_1x_1 + b_1y_1 + c_1z_1 + d_1 = 0, \qquad a_2x_2 + b_2y_2 + c_2z_2 + d_2 = 0$$

이므로 주어진 두 평면의 교선은 위의 평면에 포함된다.

주어진 두 평면의 교선을 지나는 평면의 방정식을 $ax + by + cz + d = 0$로 놓자. 주어진 평면의 교선의 방향코사인을 (λ, μ, ν)로 놓으면 이 방향코사인은 (a_1, b_1, c_1)과 (a_2, b_2, c_2) 모두에 수직이므로 $(a_1, b_1, c_1) \times (a_2, b_2, c_2)$에 평행하다. 평면의 법선벡터 (a, b, c)는 (λ, μ, ν)에 수직이므로

$$(a, b, c) = k_1(a_1, b_1, c_1) + k_2(a_2, b_2, c_2), \qquad (k_1, k_2) \neq (0, 0)$$

인 상수 k_1과 k_2가 존재한다. 한편

$$k_1(a_1x + b_1y + c_1z + d_1) + k_2(a_2x + b_2y + c_2z + d_2) = 0$$

도 주어진 두 평면의 교선을 지나는 평면이고 벡터 $k_1(a_1, b_1, c_1) + k_2(a_2, b_2, c_2)$에 수직이므로

$$d = k_1d_1 + k_2d_2$$

이다. □

예제 5.34. 점 $P(1, -2, 2)$를 지나고 두 평면

$$x - y + 3z + 2 = 0, \qquad 2x + 3y - z + 1 = 0$$

에 수직인 평면의 방정식을 구하여라.

풀이 벡터 $(1, -1, 3)$와 $(2, 3, -1)$은 각각 주어진 평면의 법선벡터이므로

$$(1 - 1, 3) \times (2, 3, -1) = (-8, 7, 5)$$

는 구하는 평면의 법선벡터이고, 구하는 평면이 점 P를 지나므로

$$-8(x-1)+7(y+2)+5(z-2)=0$$

이 구하는 평면의 방정식이다. □

예제 5.35. 두 평면

$$2x-y+3z+2=0, \qquad x+3y-z+1=0$$

의 교선을 포함하고 원점을 지나는 평면의 방정식을 구하여라.

풀이 주어진 두 평면의 교선을 포함하는 평면의 방정식을

$$k_1(2x-y+3z+2)+k_2(x+3y-z+1)=0$$

로 나타내는 상수 k_1과 k_2가 존재한다. 이 평면이 원점을 지나므로

$$2k_1+k_2=0$$

이다. 따라서, $k_1(2x-y+3z+2)-2k_1(x+3y-z+1)=0$이 구하는 평면의 방정식인데 여기서, k_1은 0이 아니므로, 이 평면의 방정식을

$$(2x-y+3z+2)-2(x+3y-z+1)=0$$

즉,

$$-7y+5z=0$$

로 나타낼 수 있다. □

연습문제 5.4

1. 원점 $O(0,0,0)$을 지나고 평면 $x+3y-4z-6=0$과 평행한 평면의 방정식을 구하여라.

2. 점 $P(2,-2,1)$를 지나고 평면 $x-2y+4z+3=0$에 수직인 직선의 방정식을 구하여라.

3. 공간에서 zx-평면의 방정식을 구하여라.

4. 공간에서 x-축에 평행한 평면의 방정식의 일반형을 구하여라.

5. 다음의 점에서 평면까지의 거리를 구하여라.

   (가) 점 $P(1,3,-4)$와 평면 $x-3y+z+5=0$

   (나) 점 $P(-2,1,5)$와 평면 $2x-y+2z+1=0$

   (다) 점 $P(0,4,2)$와 평면 $x-y+3z+4=0$

6. 평면 $x-3y+z+2=0$에 대한 점 $P(1,0,3)$의 대칭점을 구하여라.

7. 원점 $O(0,0,0)$와 직선 $\dfrac{x+1}{2}=\dfrac{y-2}{3}=\dfrac{z}{3}$을 포함하는 평면의 방정식을 구하여라.

8. 점 $P(0,3,-2)$를 지나고 두 평면

$$x+2y-z+2=0, \qquad 2x-y+z+3=0$$

   에 수직인 평면의 방정식을 구하여라.

9. 점 $P_1(1,2,-1)$과 $P_2(0,3,2)$를 지나고 평면 $x-y+3z+2=0$에 수직인 평면의 방정식을 구하여라.

10. 두 평면

$$x+3y-z+1=0, \qquad 2x+y-z+2=0$$

   의 교선을 포함하고 점 $P(1,1,2)$를 지나는 평면의 방정식을 구하여라.

제 6 장

이차곡면

이 장에서는 일반적인 이차방정식으로 나타나는 곡면에 대하여 탐구한다. 이차방정식의 모든 근들의 집합은 공집합이거나, 한 점이거나, 한 직선, 한 평면, 두 평면으로 나타나기도 하지만 이런 특수한 경우를 제외하면 일반적인 이차방정식의 모든 근은 여러 형태의 곡면으로 나타난다. 이때, 평면에서의 이차곡선에 대한 성질과 비슷한 성질이 이들 곡면에 대해서도 존재함을 확인할 수 있다.

6.1 표준적인 이차곡면의 방정식

공간에서 x, y, z에 대한 이차방정식이 나타내는 곡면을 **이차곡면**이라고 한다. 이 절에서는 표준적인 이차곡면의 방정식을 살펴본다.

6.1.1 구의 방정식

고정된 점 C로부터 일정한 거리 $r_0 > 0$에 놓인 점 P의 자취를 **구면** 또는 간단히 **구**라고 한다. 이때, 고정된 점 C를 **구의 중심**이라고 하고 일정한 거리 r_0을 **구의 반지름의 길이**라고 한다. 구의 중심 C에서 구에 놓인 점 P_1까지의 선분 $\overline{CP_1}$은 구의 **반지름**이라고 하고, 구에 놓인 두 점 P_1과 P_2에 대하여, 선분 $\overline{P_1P_2}$가 구의 중심 C를 지나면 선분 $\overline{P_1P_2}$는 구의 **지름**이라고 한다.

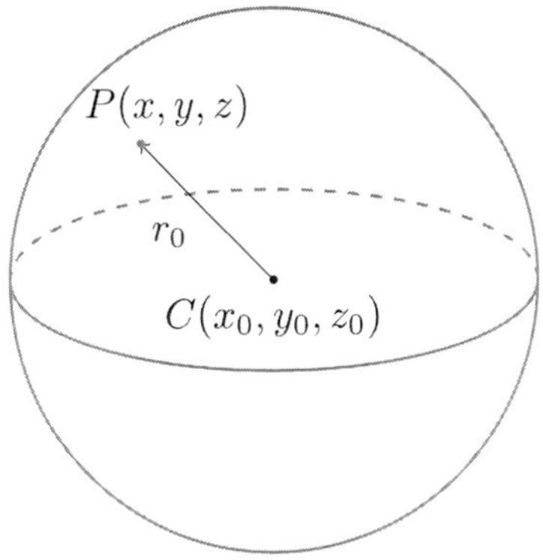

그림 6.1 구

점 $C(x_0, y_0, z_0)$에서 점 $P(x, y, z)$까지의 거리는

$$\overline{CP} = \sqrt{(x - x_0)^2 + (y - y_0)^2 + (z - z_0)^2}$$

이므로, 방정식

$$(x - x_0)^2 + (y - y_0)^2 + (z - z_0)^2 = {r_0}^2 \qquad (6.1)$$

는 중심이 $C(x_0, y_0, z_0)$이고 반지름의 길이가 r_0인 구의 방정식이다. 이 방정식을 전개하면

$$x^2 + y^2 + z^2 - 2x_0x - 2y_0y - 2z_0z + {x_0}^2 + {y_0}^2 + {z_0}^2 - {r_0}^2 = 0$$

이므로, 구의 방정식은 이차방정식

$$x^2 + y^2 + z^2 + 2c_1x + 2c_2y + 2c_3z + d = 0 \tag{6.2}$$

꼴이다.

이차방정식 (6.2) 꼴은 다음과 같이 분류할 수 있다.

정리 6.1: 원의 방정식 꼴의 이차방정식의 분류

이차방정식 (6.2)에 대하여, 다음이 성립한다.

(가) 만약 ${c_1}^2+{c_2}^2+{c_3}^2-d > 0$이면 이차방정식 (6.2)는 중심이 $C(-c_1, -c_2, -c_3)$이고 반지름의 길이가 $\sqrt{{c_1}^2 + {c_2}^2 + {c_3}^2 - d}$인 원의 방정식이다.

(나) 만약 ${c_1}^2+{c_2}^2+{c_3}^2-d = 0$이면 이차방정식 (6.2)는 한 점 $C(-c_1, -c_2, -c_3)$를 나타낸다.

(다) 만약 ${c_1}^2+{c_2}^2+{c_3}^2-d < 0$이면 이차방정식 (6.2)의 근은 존재하지 않는다.

증명 이차방정식 (6.2)를 완전제곱식 형태로 나타내면

$$(x + c_1)^2 + (y + c_2)^2 + (z + c_3)^2 = {c_1}^2 + {c_2}^2 + {c_3}^2 - d$$

이다. 이때, 중심 $C(-c_1, -c_2, -c_3)$에서 점 $P(x, y, z)$까지의 거리는

$$\overline{CP} = \sqrt{(x + c_1)^2 + (y + c_2)^2 + (z + c_3)^2}$$

이므로, (가), (나), (다)가 성립한다. □

예제 6.1. 다음 구의 방정식을 구하여라.

(가) 중심이 $C(1, 0, -1)$이고 반지름의 길이가 2인 구

(나) 중심이 $C(0, 2, 1)$이고 점 $P_1(1, 1, 2)$를 지나는 구

(다) 중심이 $C(2, 1, -1)$이고 xy-평면에 접하는 구

풀이 (가) 점 $C(1,0,-1)$에서 점 $P(x,y,z)$까지의 거리는

$$\sqrt{(x-1)^2+y^2+(z+1)^2}$$

이므로, 구하는 구의 방정식은

$$(x-1)^2+y^2+(z+1)^2=4$$

또는

$$x^2+y^2+z^2-2x+2z-2=0$$

이다.

(나) 중심 $C(0,2,1)$에서 점 $P_1(1,1,2)$까지의 거리

$$\overline{CP_1}=\sqrt{(1-0)^2+(1-2)^2+(2-1)^2}=\sqrt{3}$$

이 구하는 구의 반지름의 길이이므로

$$x^2+(y-2)^2+(z-1)^2=3$$

또는

$$x^2+y^2+z^2-4y-2z+2=0$$

이 구하는 구의 방정식이다.

(다) 구의 중심이 $C(2,1,-1)$이고 구가 xy-평면에 접하므로 구의 반지름이 길이는 1이다. 따라서,

$$(x-2)^2+(y-1)^2+(z+1)^2=1$$

또는

$$x^2+y^2+z^2-4x-2y+2z+5=0$$

이 구하는 구의 방정식이다. □

6.1.2 타원면의 방정식

양의 상수 a, b, c에 대하여, 이차방정식

$$\frac{x^2}{a^2}+\frac{y^2}{b^2}+\frac{z^2}{c^2}=1$$

이 나타내는 곡면은 **타원면**이라고 한다. 이때, 점 $O(0,0,0)$를 주어진 타원면의 **중심**이라고 한다. 오른쪽 그림은 위의 방정식을 나타내는 그래프로서, 점 A, B, C의 좌표는 각각 $(a,0,0)$, $(0,b,0)$, $(0,0,c)$이다.

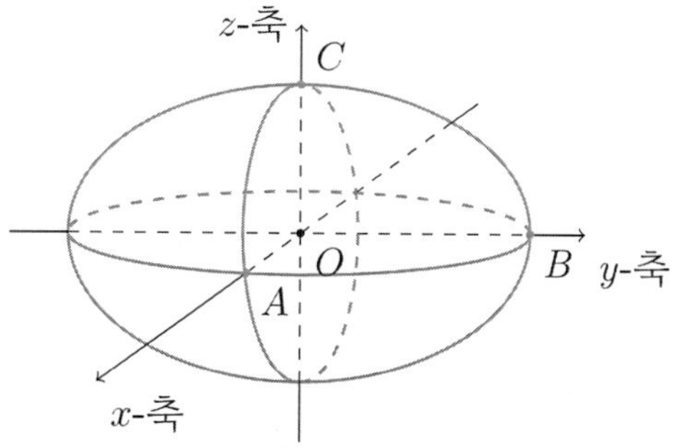

6.1.3 타원쌍곡면의 방정식

양의 상수 a, b, c에 대하여, 이차방정식

$$\frac{x^2}{a^2}+\frac{y^2}{b^2}-\frac{z^2}{c^2}=1$$

이 나타내는 곡면은 **일엽타원쌍곡면**이라고 한다. 이때, 점 $O(0,0,0)$를 주어진 일엽타원쌍곡면의 **중심**이라고 한다. 오른쪽 그림은 위의 방정식을 나타내는 그래프로서, 점 A, B의 좌표는 각각 $(a,0,0)$, $(0,b,0)$이다.

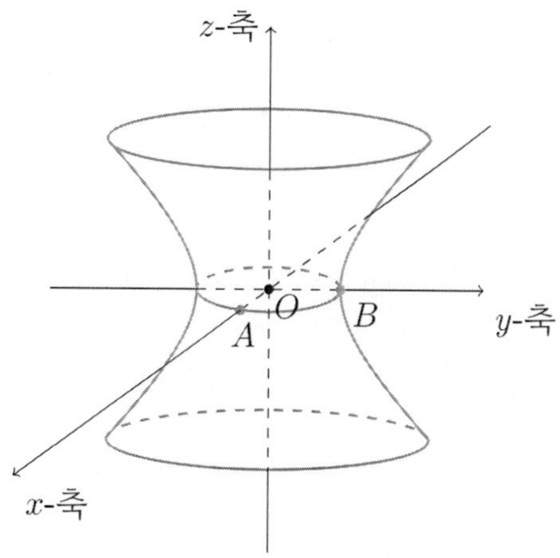

양의 상수 a, b, c에 대하여, 이차방정식

$$\frac{x^2}{a^2}+\frac{y^2}{b^2}-\frac{z^2}{c^2}=-1$$

이 나타내는 곡면은 **이엽타원쌍곡면**이라고 한다. 오른쪽 그림은 위의 방정식을 나타내는 그래프로서, 점 C좌표는 $(0,0,c)$이다.

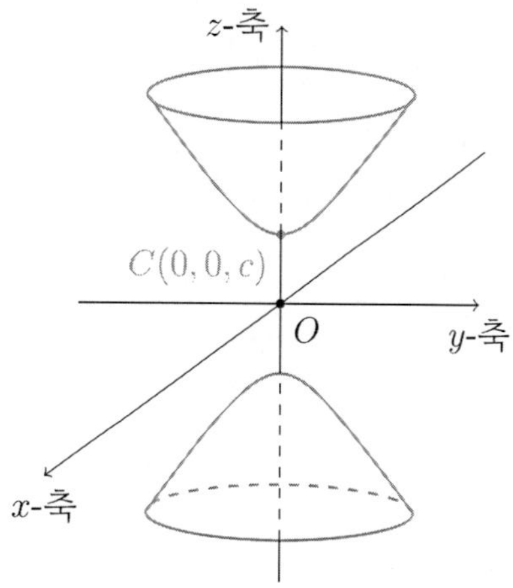

6.1.4 타원뿔

양의 상수 a, b, c에 대하여, 이차방정식

$$\frac{x^2}{a^2} + \frac{y^2}{b^2} - \frac{z^2}{c^2} = 0$$

가 나타내는 곡면은 **타원뿔**이라고 한다. 오른쪽 그림은 위의 방정식을 나타내는 그래프이다.

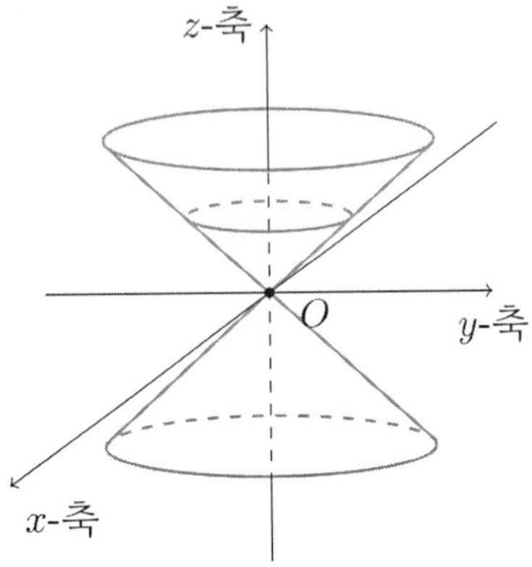

6.1.5 포물면의 방정식

양의 상수 a, b와 영이 아닌 상수 c에 대하여, 이차방정식

$$\frac{x^2}{a^2} + \frac{y^2}{b^2} - 2cz = 0$$

가 나타내는 곡면은 **타원포물면**이라고 한다.

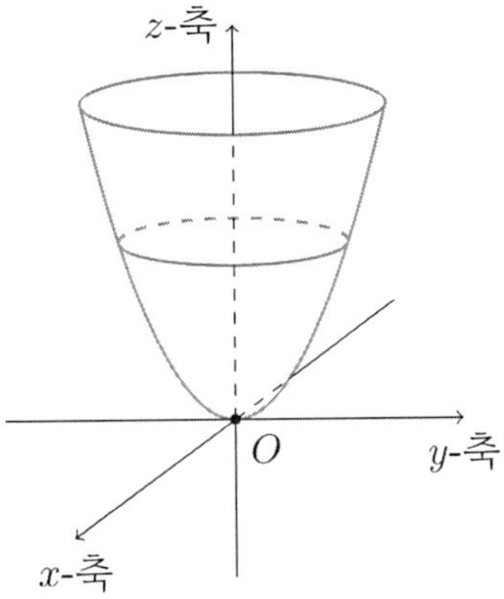

양의 상수 a, b와 영이 아닌 상수 c에 대하여, 이차방정식

$$\frac{x^2}{a^2} - \frac{y^2}{b^2} - 2cz = 0$$

가 나타내는 곡면은 **쌍곡포물면**이라고 한다.

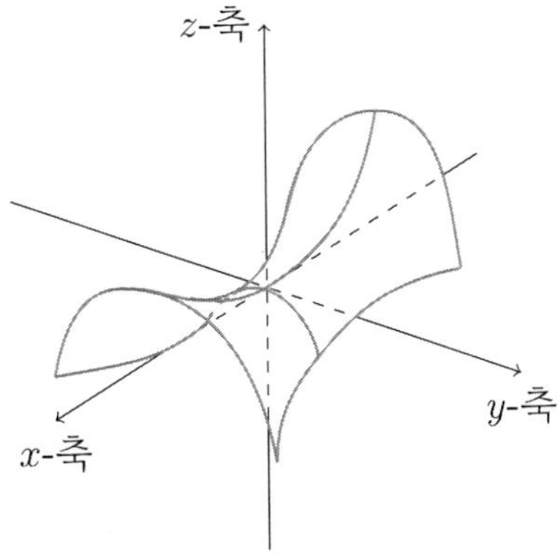

6.1.6 기둥면

z-좌표에 독립적인 이차방정식은 기둥면을 나타낸다.

양의 상수 a, b에 대하여, 이차방정식

$$\frac{x^2}{a^2} + \frac{y^2}{b^2} = 1$$

가 나타내는 곡면은 **타원기둥**이라고 한다.

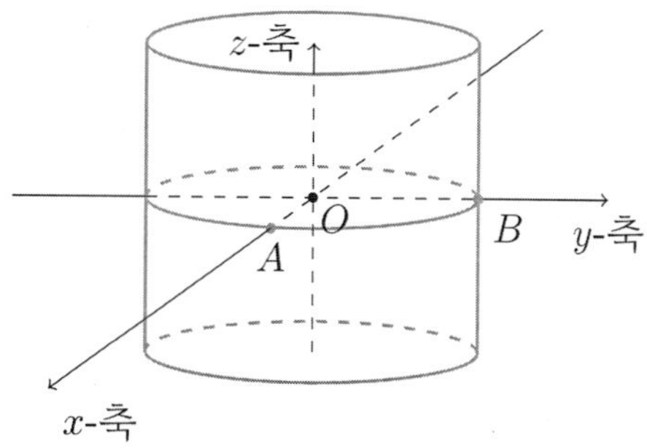

양의 상수 a, b에 대하여, 이차방정식

$$\frac{x^2}{a^2} - \frac{y^2}{b^2} = 1$$

가 나타내는 곡면은 **쌍곡기둥**이라고 한다.

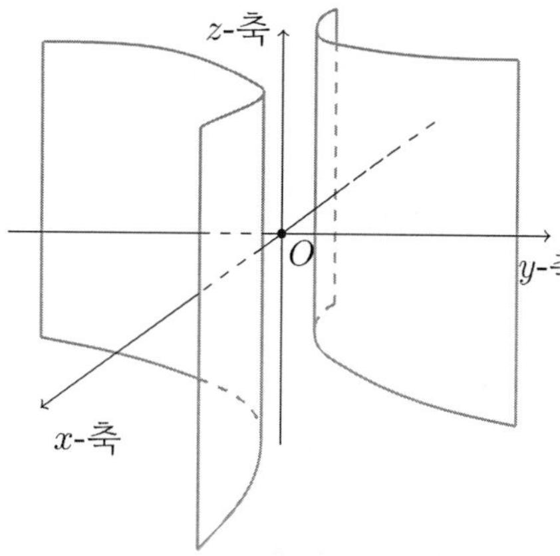

양의 상수 p에 대하여, 이차방정식

$$y^2 = 4px$$

가 나타내는 곡면은 **포물기둥**이라고 한다.

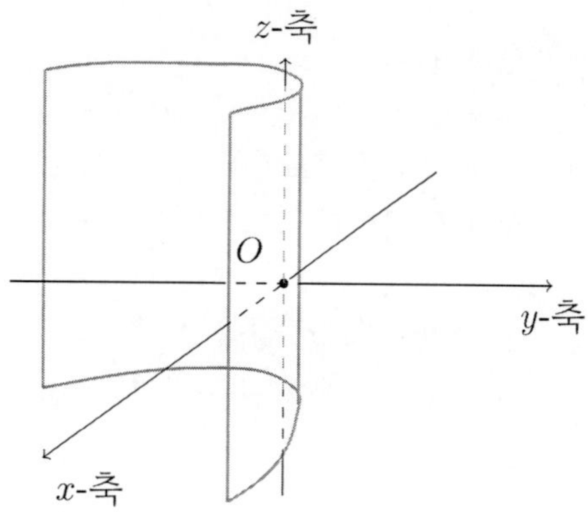

연습문제 6.1

1. 다음 구의 방정식을 구하여라.

   (가) 중심이 $C(2, 1, -1)$이고 반지름의 길이가 3인 구

   (나) 중심이 $C(1, 0, 1)$이고 점 $P_1(3, 1, 2)$를 지나는 구

   (다) 중심이 $C(2, 1, 3)$이고 yz-평면에 접하는 구

2. 중심이 $C(1, 3, -4)$이고 평면 $x - 2y + z - 5 = 0$에 접하는 구의 방정식을 구하여라.

3. 두 점 $A(-2, 0, 2)$와 $B(4, 0, 2)$로부터 거리의 비가 $2 : 3$인 점의 자취의 방정식을 구하여라.

4. 두 점 $A(-2, 0, 2)$와 $B(4, 0, 2)$로부터의 거리의 합이 8인 점의 자취의 방정식을 구하여라.

5. 두 점 $A(-4, 0, 2)$와 $B(4, 0, 2)$로부터의 거리의 차가 6인 점의 자취의 방정식을 구하여라.

6. 점 $P(2, -3, 1)$로부터의 거리가 x-축으로부터의 거리의 2배인 점의 자취의 방정식을 구하여라.

7. xz-평면에 놓인 쌍곡선 $x^2 - 3z^2 = 1$을 z-축을 중심으로 회전하여 만들어진 회전면의 방정식을 구하여라.

6.2 이차곡면의 중심

이 절에서는, 공간에서 변수 x, y, z에 대한 일반적인 이차방정식

$$a_1x^2 + a_2y^2 + a_3z^2 + 2b_1yz + 2b_2zx + 2b_3xy + 2c_1x + 2c_2y + 2c_3z + d = 0 \quad (6.3)$$

로 정의되는 이차곡면의 중심에 대하여 살펴본다.

정의 6.1: 이차곡면의 중심

이차방정식 (6.3)으로 정의되는 이차곡면과 점 C에 대하여, 만약 점 C를 지나는 모든 현에 대하여 점 C가 주어진 현의 중점이면 점 C는 주어진 이차곡면의 **중심**이라고 한다.

중심이 유일하게 존재하는지에 따라서 이차곡면을 분류할 수 있다.

정의 6.2: 중심의 유무에 따른 이차곡선의 분류

중심이 유일하게 존재하는 이차곡면을 **유심이차곡면**[a]이라고 하고, 그렇지 않은 이차곡면을 **무심이차곡면**이라고 한다.

[a] 유심이차곡면을 **중심이차곡면**이라고도 한다.

이차곡면의 중심이 이 점을 지나는 모든 현들의 중점임을 정의로서 이해할 수 있지만, 주어진 이차곡면의 중심을 정의로서만 다루기는 어려운 일이다. 다음에서 점이 이차곡면의 중심이기 위한 조건을 이차곡면의 방정식의 계수로 나타내는 방법을 찾아본다. 이를 이용하여 보다 쉽게 이차곡면의 중심을 찾을 수 있다.

정리 6.2: 점이 이차곡면의 중심이기 위한 필요충분조건

이차방정식 (6.3)으로 정의되는 이차곡면과 점 $C(x_0, y_0, z_0)$에 대하여,

$$\begin{aligned} a_1x_0 + b_3y_0 + b_2z_0 + c_1 &= 0, \\ b_3x_0 + a_2y_0 + b_1z_0 + c_2 &= 0, \\ b_2x_0 + b_1y_0 + a_3z_0 + c_3 &= 0 \end{aligned}$$

이 점 C가 주어진 이차곡면의 중심이기 위한 필요충분조건이다.

증명 주어진 이차곡면의, 점 C를 지나는, 임의의 현의 방향코사인을 (λ, μ, ν)로 놓자. 점 C를 지나고 방향코사인이 (λ, μ, ν)인 직선을 매개변수방정식

$$\begin{cases} x = x_0 + \lambda t, \\ y = y_0 + \mu t, \\ z = z_0 + \nu t \end{cases} \tag{6.4}$$

로 나타낼 수 있다. 주어진 현의 끝점을 구하기 위하여, 식 (6.4)를 이차곡면의 방정식 (6.3)에 대입하면

$$\begin{aligned} &a_1(x_0+\lambda t)^2 + a_2(y_0+\mu t)^2 + a_3(z_0+\nu t)^2 \\ &\quad + 2b_1(y_0+\mu t)(z_0+\nu t) + 2b_2(z_0+\nu t)(x_0+\lambda t) + 2b_3(x_0+\lambda t)(y_0+\mu t) \\ &\quad + 2c_1(x_0+\lambda t) + 2c_2(y_0+\mu t) + 2c_3(z_0+\nu t) + d = 0 \end{aligned}$$

이고, 이를 매개변수 t에 대하여 정리하면

$$\begin{aligned} &(a_1\lambda^2 + a_2\mu^2 + a_3\nu^2 + 2b_1\mu\nu + 2b_2\nu\lambda + 2b_3\lambda\mu)t^2 \\ &\quad + 2\{(a_1x_0 + b_2z_0 + b_3y_0 + c_1)\lambda + (a_2y_0 + b_1z_0 + b_3x_0 + c_2)\mu \\ &\qquad + (a_3z_0 + b_1y_0 + b_2x_0 + c_3)\nu\}t + Q(x_0, y_0, z_0) = 0 \end{aligned}$$

이다. 여기서,

$$\begin{aligned} Q(x, y, z) = a_1x^2 + a_2y^2 + a_3z^2 + 2b_1yz + 2b_2zx + 2b_3xy \\ + 2c_1x + 2c_2y + 2c_3z + d \end{aligned}$$

이다. 근과 계수와의 관계에 따라서, 위의 식에서

$$\begin{aligned} (a_1x_0 + b_2z_0 + b_3y_0 + c_1)\lambda + (a_2y_0 + b_1z_0 + b_3x_0 + c_2)\mu \\ + (a_3z_0 + b_1y_0 + b_2x_0 + c_3)\nu = 0 \end{aligned}$$

은 점 C가 주어진 현의 중점이기 위한 필요충분조건이다. 점 C가 모든 현의 중심이어야 점 C가 주어진 이차곡면의 중심이므로,

$$\begin{aligned} a_1x_0 + b_2z_0 + b_3y_0 + c_1 &= 0, \\ a_2y_0 + b_1z_0 + b_3x_0 + c_2 &= 0, \\ a_3z_0 + b_1y_0 + b_2x_0 + c_3 &= 0 \end{aligned}$$

가 점 C가 주어진 이차곡면의 중심이기 위한 필요충분조건이다. □

예제 6.2. 양의 상수 a, b, c에 대한 타원면

$$\frac{x^2}{a^2}+\frac{y^2}{b^2}+\frac{z^2}{c^2}=1$$

의 중심을 구하여라.

풀이 구하는 중점을 $C(x_0, y_0, z_0)$로 놓으면, 정리 6.2에 따라서

$$\frac{x_0}{a^2}=0, \quad \frac{y_0}{b^2}=0, \quad \frac{z_0}{c^2}=0$$

이므로 $x_0 = y_0 = z_0 = 0$이다. 따라서, 원점 $O(0,0,0)$가 주어진 타원면의 유일한 중심이다. □

위의 예제와 같은 방법으로, 양의 상수 a, b, c에 대한 일엽타원쌍곡면

$$\frac{x^2}{a^2}+\frac{y^2}{b^2}-\frac{z^2}{c^2}=1$$

와 이엽타원쌍곡면

$$\frac{x^2}{a^2}+\frac{y^2}{b^2}-\frac{z^2}{c^2}=-1$$

그리고 타원뿔

$$\frac{x^2}{a^2}+\frac{y^2}{b^2}-\frac{z^2}{c^2}=0$$

은 모두 중심이 원점 $O(0,0,0)$ 하나뿐임을 알 수 있다.

예제 6.3. 양의 상수 a, b와 영이 아닌 상수 c에 대한 타원포물면

$$\frac{x^2}{a^2}+\frac{y^2}{b^2}-2cz=0$$

의 중심을 구하여라.

풀이 구하는 중점을 $C(x_0, y_0, z_0)$로 놓으면, 정리 6.2에 따라서

$$\frac{x_0}{a^2}=0, \quad \frac{y_0}{b^2}=0, \quad -2c=0$$

이어야 하지만 $c \neq 0$이므로 모순이다. 따라서, 주어진 타원포물면의 중심은 존재하지 않는다. □

위의 예제와 같은 방법으로, 양의 상수 a, b와 영이 아닌 상수 c에 대한 쌍곡포물면

$$\frac{x^2}{a^2} - \frac{y^2}{b^2} - 2cz = 0$$

의 중심이 존재하지 않음을 알 수 있다.

예제 6.4. 양의 상수 a, b에 대한 타원기둥

$$\frac{x^2}{a^2} + \frac{y^2}{b^2} = 1$$

의 중심을 구하여라.

풀이 구하는 중점을 $C(x_0, y_0, z_0)$로 놓으면, 정리 6.2에 따라서

$$\frac{x_0}{a^2} = 0, \quad \frac{y_0}{b^2} = 0$$

이므로 $x_0 = y_0 = 0$이고 z_0은 임의의 실수이다. 따라서, 집합

$$\{(0, 0, z) \in \mathbb{R}^3 \,:\, z \in \mathbb{R}\}$$

의 원소가 좌표인 모든 점이 주어진 타원기둥의 중심이다. □

위의 예제와 같은 방법으로, 양의 상수 a, b에 대한 쌍곡기둥

$$\frac{x^2}{a^2} - \frac{y^2}{b^2} = 1$$

와 두 평면

$$\frac{x^2}{a^2} - \frac{y^2}{b^2} = 0$$

의 중심은 z-좌표축에 놓인 임의의 점임을 알 수 있다.

연습문제 6.2

1. 양의 상수 a, b, c에 대한 일엽타원쌍곡면

$$\frac{x^2}{a^2} + \frac{y^2}{b^2} - \frac{z^2}{c^2} = 1$$

의 중심을 구하여라.

2. 양의 상수 a, b, c에 대한 타원뿔

$$\frac{x^2}{a^2} + \frac{y^2}{b^2} - \frac{z^2}{c^2} = 0$$

의 중심을 구하여라.

3. 양의 상수 a, b와 영이 아닌 상수 c에 대한 쌍곡포물면

$$\frac{x^2}{a^2} - \frac{y^2}{b^2} - 2cz = 0$$

의 중심을 구하여라.

4. 양의 상수 a, b에 대한 쌍곡기둥

$$\frac{x^2}{a^2} - \frac{y^2}{b^2} = 1$$

의 중심을 구하여라.

5. 양의 상수 p에 대한 포물기둥

$$y^2 = 4px$$

의 중심을 구하여라.

6.3 이차곡면의 극면과 접평면

공간에서, 변수 x, y, z에 대한 일반적인 이차방정식

$$a_1x^2 + a_2y^2 + a_3z^2 + 2b_1yz + 2b_2zx + 2b_3xy + 2c_1x + 2c_2y + 2c_3z + d = 0 \quad (6.5)$$

로 정의되는 이차곡면과 점 $P(x_0, y_0, z_0)$에 대하여, 만약 점 P가 주어진 이차곡면의 중심이 아니면 정리 6.2에 따라서

$$(a_1x_0 + b_3y_0 + b_2z_0 + c_1, b_3x_0 + a_2y_0 + b_1z_0 + c_2, b_2x_0 + b_1y_0 + a_3z_0) \neq (0,0,0)$$

이므로 방정식

$$\begin{aligned}(a_1x_0 + b_3y_0 + b_2z_0 + c_1)x + (b_3x_0 + a_2y_0 + b_1z_0 + c_2)y \\ + (b_2x_0 + b_1y_0 + a_3z_0 + c_3)z + c_1x_0 + c_2y_0 + c_3z_0 + d = 0\end{aligned}$$

는 평면의 방정식이다. 이 평면의 방정식을

$$\begin{aligned}a_1x_0x + a_2y_0y + a_3z_0z + b_1(y_0z + yz_0) + b_2(z_0x + zx_0) \\ + b_3(x_0y + xy_0) + c_1(x_0 + x) + c_2(y_0 + y) + c_3(z_0 + z) + d = 0\end{aligned}$$

와 같이 나타낼 수 있다. 이 평면을 다음과 같이 정의한다.

정의 6.3: 이차곡면에 대한 점의 극면

이차곡면 (6.5)와 이차곡면의 중심이 아닌 점 $P(x_0, y_0, z_0)$에 대하여, 평면

$$\begin{aligned}a_1x_0x + a_2y_0y + a_3z_0z + b_1(y_0z + yz_0) + b_2(z_0x + zx_0) \\ + b_3(x_0y + xy_0) + c_1(x_0 + x) + c_2(y_0 + y) + c_3(z_0 + z) + d = 0\end{aligned}$$

을 주어진 이차곡면에 대한 P의 **극면**이라고 한다.

이차곡면에 대한 점 P의 극면의 정의로부터 극면의 방정식을 쉽게 알 수는 있지만 이 방정식이 점 P와 무슨 관계인지는 극면의 정의만으로는 쉽게 알 수 없다. 다음에서 점 P의 극면의 기하적인 의미를 찾을 수 있다.

정리 6.3: 이차곡면에 대한 점의 극면의 기하적인 의미

이차곡면 (6.5)와 이차곡면의 중심이 아닌 점 $P(x_0, y_0, z_0)$에 대하여, 점 P를 지나면서 이차곡면과 서로 다른 두 점 A,B에서 만나는 유향직선이 존재하면, 이 직선에 놓인 점 Q에 대하여

$$P, Q; A, B$$

즉

$$\frac{2}{\overrightarrow{PQ}} = \frac{1}{\overrightarrow{PA}} + \frac{1}{\overrightarrow{PB}}$$

은 점 Q가 이차곡면에 대한 P의 극면에 놓여 있기 위한 필요충분조건이다.

증명 주어진 유향직선 ℓ의 방향코사인을 (λ, μ, ν)로 놓으면, 방정식

$$\begin{cases} x = x_0 + \lambda t, \\ y = y_0 + \mu t, \\ z = z_0 + \nu t \end{cases} \tag{6.6}$$

는 유향직선 ℓ의 매개변수방정식이다. 이것을 이차곡면의 방정식에 대입하면

$$\begin{aligned} &a_1(x_0 + \lambda t)^2 + a_2(y_0 + \mu t)^2 + a_3(z_0 + \nu t)^2 \\ &\quad + 2b_1(y_0 + \mu t)(z_0 + \nu t) + 2b_2(z_0 + \nu t)(x_0 + \lambda t) + 2b_3(x_0 + \lambda t)(y_0 + \mu t) \\ &\quad + 2c_1(x_0 + \lambda t) + 2c_2(y_0 + \mu t) + 2c_3(z_0 + \nu t) + d = 0 \end{aligned}$$

이고, 이를 매개변수 t에 대하여 정리하면

$$\begin{aligned} &(a_1\lambda^2 + a_2\mu^2 + a_3\nu^2 + 2b_1\mu\nu + 2b_2\nu\lambda + 2b_3\lambda\mu)t^2 \\ &\qquad\qquad + 2R(x_0, y_0, z_0)t + Q(x_0, y_0, z_0) = 0 \end{aligned}$$

이다. 여기서

$$\begin{aligned} R(x_0, y_0, z_0) &= (a_1x_0 + b_2z_0 + b_3y_0 + c_1)\lambda \\ &\quad + (a_2y_0 + b_1z_0 + b_3x_0 + c_2)\mu + (a_3z_0 + b_1y_0 + b_2x_0 + c_3)\nu \end{aligned}$$

이고

$$Q(x_0, y_0, z_0) = a_1{x_0}^2 + a_2{y_0}^2 + a_3{z_0}^2 + 2b_1y_0z_0 + 2b_2z_0x_0 + 2b_3x_0y_0 \\ + 2c_1x_0 + 2c_2y_0 + 2c_3z_0 + d$$

이다. 유향선분의 길이 $\overrightarrow{PA}$, $\overrightarrow{PB}$가 이 방정식의 두 근이므로, 근과 계수와의 관계로부터

$$\overrightarrow{PA} + \overrightarrow{PB} = -\frac{2R(x_0, y_0, z_0)}{a_1\lambda^2 + a_2\mu^2 + a_3\nu^2 + 2b_1\mu\nu + 2b_2\nu\lambda + 2b_3\lambda\mu},$$
$$\overrightarrow{PA} \cdot \overrightarrow{PB} = \frac{Q(x_0, y_0, z_0)}{a_1\lambda^2 + a_2\mu^2 + a_3\nu^2 + 2b_1\mu\nu + 2b_2\nu\lambda + 2b_3\lambda\mu}$$

이다. 한편

$$\frac{2}{\overrightarrow{PQ}} = \frac{1}{\overrightarrow{PA}} + \frac{1}{\overrightarrow{PB}} = \frac{\overrightarrow{PA} + \overrightarrow{PB}}{\overrightarrow{PA} \cdot \overrightarrow{PB}}$$

이므로, 점 Q에 대한 매개변수 t에 대하여

$$\frac{2}{t} = -\frac{2R(x_0, y_0, z_0)}{Q(x_0, y_0, z_0)}$$

즉

$$R(x_0, y_0, z_0)t + Q(x_0, y_0, z_0) = 0$$

이다. 이 방정식에 $\lambda t = x - x_0$, $\mu t = y - y_0$, $\nu t = z - z_0$를 대입하면

$$(a_1x_0 + b_2z_0 + b_3y_0 + c_1)(x - x_0) + (a_2y_0 + b_1z_0 + b_3x_0 + c_2)(y - y_0) \\ + (a_3z_0 + b_1y_0 + b_2x_0 + c_3)(z - z_0) + a_1x_0^2 + a_2y_0^2 + a_3z_0^2 \\ + 2b_1y_0z_0 + 2b_2z_0x_0 + 2b_3x_0y_0 + 2c_1x_0 + 2c_2y_0 + 2c_3z_0 + d = 0$$

즉

$$a_1x_0x + a_2y_0y + a_3z_0z + b_1(y_0z + yz_0) + b_2(z_0x + zx_0) \\ + b_3(x_0y + xy_0) + c_1(x_0 + x) + c_2(y_0 + y) + c_3(z_0 + z) + d = 0$$

이다. □

보기 6.1. 양의 상수 a, b, c에 대한 포물면

$$\frac{x^2}{a^2} + \frac{y^2}{b^2} + \frac{z^2}{c^2} = 1$$

와 원점이 아닌 점 $P(x_0, y_0, z_0)$에 대하여, 방정식

$$\frac{x_0 x}{a^2} + \frac{y_0 y}{b^2} + \frac{z_0 z}{c^2} = 1$$

은 주어진 포물면에 대한 점 P의 극면의 방정식이다.

위의 정리로부터, 점 P가 이차곡면에 놓인 점 P_1에 다가갈수록 점 P의 극면은 점 P_1에서의 이차곡면의 접평면에 근접함을 알 수 있다.

정리 6.4: 이차곡면에 놓인 점에서의 접평면의 방정식

이차곡면 (6.5)와 이차곡면에 놓인 점 $P(x_0, y_0, z_0)$에 대하여,

$$\begin{aligned} a_1x_0x + a_2y_0y + a_3z_0z + b_1(y_0z + yz_0) + b_2(z_0x + zx_0) \\ + b_3(x_0y + xy_0) + c_1(x_0 + x) + c_2(y_0 + y) + c_3(z_0 + z) + d = 0 \end{aligned}$$

은 점 P에서 이차곡면의 접평면의 방정식이다.

예제 6.5. 이차곡면에 대하여, 점 P_1의 극면 Π_1이 점 P_2를 지나면 점 P_2의 극면 Π_2는 점 P_1을 지남을 보여라.

풀이 이차곡면

$$a_1x^2 + a_2y^2 + a_3z^2 + 2b_1yz + 2b_2zx + 2b_3xy + 2c_1x + 2c_2y + 2c_3z + d = 0$$

에 대하여, 방정식

$$\begin{aligned} a_1x_1x + a_2y_1y + a_3z_1z + b_1(y_1z + yz_1) + b_2(z_1x + zx_1) \\ + b_3(x_1y + xy_1) + c_1(x_1 + x) + c_2(y_1 + y) + c_3(z_1 + z) + d = 0 \end{aligned}$$

은 점 $P_1(x_1, y_1, z_1)$의 극면의 방정식이다. 만약 이 극면이 점 $P_2(x_2, y_2, z_2)$를 지나면

$$\begin{aligned}&a_1x_1x_2 + a_2y_1y_2 + a_3z_1z_2 + b_1(y_1z_2 + y_2z_1) + b_2(z_1x_2 + z_2x_1)\\&\quad + b_3(x_1y_2 + x_2y_1) + c_1(x_1 + x_2) + c_2(y_1 + y_2) + c_3(z_1 + z_2) + d = 0 \qquad (6.7)\end{aligned}$$

이다. 그런데

$$\begin{aligned}&a_1x_2x + a_2y_2y + a_3z_2z + b_1(y_2z + yz_2) + b_2(z_2x + zx_2)\\&\quad + b_3(x_2y + xy_2) + c_1(x_2 + x) + c_2(y_2 + y) + c_3(z_2 + z) + d = 0\end{aligned}$$

이 점 P_2의 극면의 방정식이므로, 식 (6.7)에 따라서 점 P_1은 점 P_2의 극면에 놓여 있다. □

연습문제 6.3

1. 양의 상수 a, b, c에 대한 일엽타원쌍곡면

$$\frac{x^2}{a^2} + \frac{y^2}{b^2} - \frac{z^2}{c^2} = 1$$

에 대한 점 $P(1, 3, -2)$의 극면의 방정식을 구하여라.

2. 양의 상수 a, b와 영이 아닌 상수 c에 대한 쌍곡포물면

$$\frac{x^2}{a^2} - \frac{y^2}{b^2} - 2cz = 0$$

에 대한 점 $P(2, 0, 1)$의 극면의 방정식을 구하여라.

3. 벡터 $(2, 0, 3)$에 수직인, 타원면

$$\frac{x^2}{4} + \frac{y^2}{2} + \frac{z^2}{6} = 1$$

의 접평면을 구하여라.

4. 타원뿔

$$\frac{x^2}{2} + \frac{y^2}{4} - \frac{z^2}{6} = 0$$

의 서로 직교하는 접평면의 교선의 자취의 방정식을 구하여라.

5. 이차곡면 Π와 곡선 ℓ에 대하여, 이차곡면 Π에 대한 직선 ℓ에 놓인 임의의 점의 극면은 모두 한 직선을 포함함을 보여라.

6.4 이차곡면의 지름면

이 절에서는 이차곡선의 지름에 해당하는 이차곡면의 지름면에 대하여 알아본다.

6.4.1 이차곡면의 지름면

평면에서 이차곡선의 지름을 정의하는 방법으로, 다음과 같이 이차곡면의 평행현의 중점의 자취를 정의한다.

정의 6.4: 이차곡면의 지름

이차곡면

$$a_1x^2 + a_2y^2 + a_3z^2 + 2b_1yz + 2b_2zx + 2b_3xy + 2c_1x + 2c_2y + 2c_3z + d = 0$$

와 방향코사인 (λ, μ, ν)에 대하여, 방향코사인이 (λ, μ, ν)인 평행현들의 중점의 자취를 방향코사인이 (λ, μ, ν)인 평행현을 이등분하는 주어진 이차곡면의 **지름면**[a] 이라고 한다. 이때의 평행현을 **종선**이라고 한다.

[a]지름면을 **경면**이라고도 한다.

유심이차곡면에서는 중심이 모든 지름면에 포함된다.

정리 6.5: 이차곡면의 평행현의 중점의 자취

이차곡면

$$a_1x^2 + a_2y^2 + a_3z^2 + 2b_1yz + 2b_2zx + 2b_3xy + 2c_1x + 2c_2y + 2c_3z + d = 0 \quad (6.8)$$

에 대하여, 방향코사인이 (λ, μ, ν)인 종선에 대한 주어진 이차곡면의 지름면은 평면

$$\begin{aligned}\lambda(a_1x + b_3y + b_2z + c_1) + \mu(b_3x + a_2y + b_1z + c_2)&\\ + \nu(b_2x + b_1y + a_3z + c_3) &= 0\end{aligned}$$

에 놓여 있다.

증명 점 $P(x_0, y_0, z_0)$와 방향코사인 (λ, μ, ν)에 대하여, 연립방정식

$$\begin{cases} x = x_0 + \lambda t, \\ y = y_0 + \mu t, \\ z = z_0 + \nu t \end{cases} \tag{6.9}$$

는 점 P를 지나고 방향코사인이 (λ, μ, ν)인 직선 ℓ의 매개변수방정식이다. 이 직선이 곡면과 만나는 점을 찾기 위하여 식 (6.9)을 식 (6.8)에 대입하여 정리하면

$$\begin{aligned} &a_1(x_0 + \lambda t)^2 + a_2(y_0 + \mu t)^2 + a_3(z_0 + \nu t)^2 \\ &\quad + 2b_1(y_0 + \mu t)(z_0 + \nu t) + 2b_2(z_0 + \nu t)(x_0 + \lambda t) + 2b_3(x_0 + \lambda t)(y_0 + \mu t) \\ &\quad + 2c_1(x_0 + \lambda t) + 2c_2(y_0 + \mu t) + 2c_3(z_0 + \nu t) + d = 0 \end{aligned}$$

이고, 이를 매개변수 t에 대하여 정리하면

$$\begin{aligned} &(a_1\lambda^2 + a_2\mu^2 + a_3\nu^2 + 2b_1\mu\nu + 2b_2\nu\lambda + 2b_3\lambda\mu)t^2 \\ &\qquad + 2R(x_0, y_0, z_0)t + Q(x_0, y_0, z_0) = 0 \end{aligned} \tag{6.10}$$

이다. 여기서

$$\begin{aligned} R(x_0, y_0, z_0) &= (a_1x_0 + b_2z_0 + b_3y_0 + c_1)\lambda \\ &\quad + (a_2y_0 + b_1z_0 + b_3x_0 + c_2)\mu + (a_3z_0 + b_1y_0 + b_2x_0 + c_3)\nu \end{aligned}$$

이고

$$\begin{aligned} Q(x_0, y_0, z_0) &= a_1{x_0}^2 + a_2{y_0}^2 + a_3{z_0}^2 + 2b_1y_0z_0 + 2b_2z_0x_0 + 2b_3x_0y_0 \\ &\quad + 2c_1x_0 + 2c_2y_0 + 2c_3z_0 + d \end{aligned}$$

이다. 이때 방정식 (6.10)의 두 근 t_1과 t_2는 점 P로부터의 유향거리를 나타내므로, P가 평행현의 중점이면 $t_1 = -t_2$, 다시 말하면 (6.10)의 일차항의 계수는 0, 즉

$$\begin{aligned} &(a_1x_0 + b_2z_0 + b_3y_0 + c_1)\lambda + (a_2y_0 + b_1z_0 + b_3x_0 + c_2)\mu \\ &\qquad + (a_3z_0 + b_1y_0 + b_2x_0 + c_3)\nu = 0 \end{aligned}$$

이다. 따라서, 평형현의 중점의 자취는 평면

$$\lambda(a_1x + b_3y + b_2z + c_1) + \mu(b_3x + a_2y + b_1z + c_2) \\ + \nu(b_2x + b_1y + a_3z + c_3) = 0$$

에 놓여 있다. □

보기 6.2. 구면 $x^2 + y^2 + z^2 = 1$와 방향코사인이 (λ, μ, ν)인 종선에 대하여,

$$\lambda x + \mu y + \nu z = 0$$

이 주어진 종선에 대한 주어진 구면의 지름면이다.

예제 6.6. 유심이차곡면과 중심이 아닌 점 P에 대하여, 주어진 유심이차곡면에 대한 P의 극면 Π는 중심과 점 P를 연결하는 직선을 종선으로 하는 지름면에 평행함을 보여라.

풀이 유심이차곡면을

$$a_1x^2 + a_2y^2 + a_3z^2 + 2b_1yz + 2b_2zx + 2b_3xy + 2c_1x + 2c_2y + 2c_3z + d = 0$$

로 놓고, 중심을 $C(x_0, y_0, z_0)$로 놓자. 평면

$$a_1x_1x + a_2y_1y + a_3z_1z + b_1(y_1z + yz_1) + b_2(z_1x + zx_1) \\ + b_3(x_1y + xy_1) + c_1(x_1 + x) + c_2(y_1 + y) + c_3(z_1 + z) + d = 0$$

즉,

$$(a_1x_1 + b_3y_1 + b_2z_1 + c_1)x + (b_3x_1 + a_2y_1 + b_1z_1 + c_2)y \\ + (b_2x_1 + b_1y_1 + a_3z_1 + c_3)z + c_1x_1 + c_2y_1 + c_3z_1 + d = 0 \quad (6.11)$$

가 주어진 이차곡면에 대한 점 $P(x_1, y_1, z_1)$의 극면이다. 한편, 평면

$$(x_1 - x_0)(a_1x + b_3y + b_2z + c_1) + (y_1 - y_0)(b_3x + a_2y + b_1z + c_2) \\ + (z_1 - z_0)(b_2x + b_1y + a_3z + c_3) = 0$$

즉,

$$\begin{aligned}\{a_1(x_1-x_0)+b_3(y_1-y_0)+b_2(z_1-z_0)\}x \\ +\{b_3(x_1-x_0)+a_2(y_1-y_0)+b_1(z_1-z_0)\}y \\ +\{b_2(x_1-x_0)+b_1(y_1-y_0)+a_3(z_1-z_0)\}z \\ +c_1(x_1-x_0)+c_2(y_1-y_0)+c_3(z_1-z_0)=0\end{aligned} \tag{6.12}$$

은 점 P와 중심 C를 연결하는 직선을 종선으로 하는 지름면이다. 중심 $C(x_0, y_0, z_0)$에 대하여,

$$\begin{aligned} a_1x_0+b_3y_0+b_2z_0+c_1=0, \\ b_3x_0+a_2y_0+b_1z_0+c_1=0, \\ b_2x_0+b_1y_0+a_3z_0+c_1=0 \end{aligned}$$

이므로, 평면 (6.11)은 평면 (6.12)와 평행하다. □

6.4.2 이차곡면의 주지름면

이차곡면에 대하여, 종선이 지름면에 수직인 경우에 대하여 알아보자.

정의 6.5: 이차곡면의 주지름면

이차곡면의 지름면 중에서 대응하는 종선이 지름면에 수직이면 이 지름면을 **주지름면**[a]이라고 한다.

[a]주지름면을 **주경면**이라고도 한다.

이차곡면

$$a_1x^2+a_2y^2+a_3z^2+2b_1yz+2b_2zx+2b_3xy+2c_1x+2c_2y+2c_3z+d=0 \tag{6.13}$$

에 대하여, 방향코사인이 (λ, μ, ν)인 종선에 대한 지름면의 방정식을

$$\begin{aligned}(a_1\lambda+b_3\mu+b_2\nu)x+(b_3\lambda+a_2\mu+b_1\nu)y \\ +(b_2\lambda+b_1\mu+a_3\nu)z+c_1\lambda+c_2\mu+c_3\nu=0\end{aligned}$$

로 나타낼 수 있으므로,

$$(a_1\lambda+b_3\mu+b_2\nu,\ b_3\lambda+a_2\mu+b_1\nu,\ b_2\lambda+b_1\mu+a_3\nu)=t_0(\lambda, \mu, \nu)$$

즉,

$$\begin{aligned}(a_1 - t_0)\lambda + b_3\mu + b_2\nu = 0,\\ b_3\lambda + (a_2 - t_0)\mu + b_1\nu = 0,\\ b_2\lambda + b_1\mu + (a_3 - t_0)\nu = 0\end{aligned} \tag{6.14}$$

인 영이 아닌 상수 t_0이 존재하는 것은 주어진 지름면이 주지름면이기 위한 필요충분 조건이다. 여기서 다음을 정의하자.

정의 6.6: 이차곡면의 특성방정식

이차곡면 (6.13)에 대하여,

$$\det((a_1 - t, b_3, b_2), (b_3, a_2 - t, b_1), (b_2, b_1, a_3 - t)) = 0$$

을 주어진 이차곡면의 **특성방정식**이라고 한다.

특성방정식의 근 t_0을 구하면, 연립식 (6.14)가 성립하는 (λ, μ, ν)를 구할 수 있다.

이차곡면의 특성방정식의 성질을 살펴보자. 특성방정식이 3차방정식이므로 일반적으로 세 개의 근이 존재한다.

정리 6.6: 이차곡면의 특성방정식의 두 근의 성질

이차곡면 (6.13)의 특성방정식의 두 근 t_1과 t_2에 대하여, $t_1 \neq t_2$이고 $i = 1, 2$일 때

$$\begin{aligned}(a_1 - t_i)\lambda_i + b_3\mu_i + b_2\nu_i = 0,\\ b_3\lambda_i + (a_2 - t_i)\mu_i + b_1\nu_i = 0,\\ b_2\lambda_i + b_1\mu_i + (a_3 - t_i)\nu_i = 0\end{aligned}$$

이면

$$\lambda_1\lambda_2 + \mu_1\mu_2 + \nu_1\nu_2 = 0$$

이다.

증명 특성방정식의 근 t_1에 대하여, 가정에 따라서

$$(a_1 - t_1)\lambda_1 + b_3\mu_1 + b_2\nu_1 = 0, \tag{i}$$

$$b_3\lambda_1 + (a_2 - t_1)\mu_1 + b_1\nu_1 = 0, \tag{ii}$$

$$b_2\lambda_1 + b_1\mu_1 + (a_3 - t_1)\nu_1 = 0 \tag{iii}$$

이므로, (i) $\times \lambda_2 +$ (ii) $\times \mu_2 +$ (iii) $\times \nu_2$은

$$\begin{aligned} a_1\lambda_1\lambda_2 + a_2\mu_1\mu_2 + a_3\nu_1\nu_2 + b_1(\mu_1\nu_2 + \mu_2\nu_1) + b_2(\lambda_1\nu_2 + \lambda_2\nu_1) \\ + b_3(\lambda_1\mu_2 + \lambda_2\mu_1) - (\lambda_1\lambda_2 + \mu_1\mu_2 + \nu_1\nu_2)t_1 = 0 \quad (6.15) \end{aligned}$$

이다. 특성방정식의 근 t_2에 대하여, 같은 방식으로

$$\begin{aligned} a_1\lambda_1\lambda_2 + a_2\mu_1\mu_2 + a_3\nu_1\nu_2 + b_1(\mu_1\nu_2 + \mu_2\nu_1) + b_2(\lambda_1\nu_2 + \lambda_2\nu_1) \\ + b_3(\lambda_1\mu_2 + \lambda_2\mu_1) - (\lambda_1\lambda_2 + \mu_1\mu_2 + \nu_1\nu_2)t_2 = 0 \quad (6.16) \end{aligned}$$

임을 알 수 있다. 식 (6.16)에서 식 (6.15)을 빼면

$$(\lambda_1\lambda_2 + \mu_1\mu_2 + \nu_1\nu_2)(t_2 - t_1) = 0$$

이다. 여기서 $t_1 \neq t_2$이므로

$$\lambda_1\lambda_2 + \mu_1\mu_2 + \nu_1\nu_2 = 0$$

이다. □

위의 정리를 이용하면 특성방정식의 근이 모두 실수임을 확인할 수 있다.

정리 6.7: 이차곡면의 특성방정식의 근의 실수성

이차곡면 (6.13)의 특성방정식의 근은 모두 실수이다.

증명 귀류법을 적용하여, 특성방정식의 근 중에서 실수가 아닌 근 t_0이 존재한다고 가정하자. 그러면 특성방정식의 계수는 모두 실수이므로 t_0의 켤레복소수 $\overline{t_0}$도 특성방정식의 근임을 알 수 있다. 식 (6.14)이 성립하는 $(\lambda, \mu, \nu) \neq (0, 0, 0)$인 (λ, μ, ν)를 택하자. 식 (6.14)에 복소켤레를 적용하면

$$\begin{aligned} (a_1 - \overline{t_0})\overline{\lambda} + b_3\overline{\mu} + b_2\overline{\nu} = 0, \\ b_3\overline{\lambda} + (a_2 - \overline{t_0})\overline{\mu} + b_1\overline{\nu} = 0, \\ b_2\overline{\lambda} + b_1\overline{\mu} + (a_3 - \overline{t_0})\overline{\nu} = 0 \end{aligned}$$

이므로, $(\overline{\lambda}, \overline{\mu}, \overline{\nu})$는 근 $\overline{t_0}$에 대응하는 벡터이다. 특성방정식의 두 근 t_0과 $\overline{t_0}$에 대한 정

리 6.6에 따라서

$$0 = \lambda\overline{\lambda} + \mu\overline{\mu} + \nu\overline{\nu} = |\lambda|^2 + |\mu|^2 + |\nu|^2$$

즉 $(\lambda, \mu, \nu) = (0, 0, 0)$이다. 이것은 $(\lambda, \mu, \nu) \neq (0, 0, 0)$에 모순이므로, 귀류법에 따라서 특성방정식의 근은 모두 실수이다. □

이차곡면의 특성방정식의 근이 모두 실수임을 앞에서 확인하였다. 특히, 특성방정식의 근중에서 0이 아닌 근이 존재함도 확인할 수 있다.

정리 6.8: 이차곡면의 특성방정식의 영이 아닌 근의 존재성

이차곡면 (6.13)의 특성방정식의 근 중에서 0이 아닌 실근이 존재한다.

증명 이차곡면 (6.13)의 특성방정식

$$\det((a_1 - t, b_3, b_2), (b_3, a_2 - t, b_1), (b_2, b_1, a_3 - t)) = 0$$

를

$$t^3 + At^2 + Bt + C = 0$$

로 나타낼 수 있다. 여기서

$$\begin{aligned} A &= -a_1 - a_2 - a_3, \\ B &= a_2a_3 + a_3a_1 + a_1a_2 - {b_1}^2 - {b_2}^2 - {b_3}^3, \\ C &= -\det((a_1, b_3, b_2), (b_3, a_2, b_1), (b_2, b_1, a_3)) \end{aligned}$$

이다. 만약, 특성방정식의 근이 모두 0이면,

$$A = 0, \quad B = 0, \quad C = 0$$

이므로

$$0 = A^2 - 2B = {a_1}^2 + {a_2}^2 + {a_3}^2 + 2{b_1}^2 + 2{b_2}^2 + 2{b_3}^2$$

즉

$$a_1 = a_2 = a_2 = b_1 = b_2 = b_3 = 0$$

이다. 이것은 이차곡면의 방정식이 이차식이 아님을 나타내므로 모순이다. 따라서, 특성방정식의 근 중에서 0이 아닌 실근이 존재한다. □

6.4.3 이차곡면의 분류

이 절에서는 일반적인 이차곡면에 적당한 회전변환과 평행이동을 적용하여 주어진 이차곡면을 표준적인 이차곡면으로 변형시킬 수 있음을 확인할 것이다.

일반적인 이차곡면의 방정식을

$$a_1x^2 + a_2y^2 + a_3z^2 + 2b_1yz + 2b_2zx + 2b_3xy + 2c_1x + 2c_2y + 2c_3z + d = 0$$

로 놓자. 주어진 이차곡면의 특성방정식의 0이 아닌 실근 t_0을 선택하고 이에 대응되는 주지름면을 yz-평면으로 옮기는 회전변환과 평행이동이 존재한다. 따라서, 이차곡면의 방정식을

$$a_1x^2 + a_2y^2 + a_3z^2 + 2b_1yz + 2c_2y + 2c_3z + d = 0$$

로 놓을 수 있다. 이제 x-축에는 독립적으로 yz-평면에 회전변환을 적용하여 yz의 계수를 0으로 놓을 수 있으므로, 주어진 이차곡면의 방정식을

$$a_1x^2 + a_2y^2 + a_3z^2 + 2c_2y + 2c_3z + d = 0$$

로 놓을 수 있다. 여기서, 주어진 이차방정식이

타원면, 한 점, 공집합, 일엽타원쌍곡면, 이엽타원쌍곡면, 타원뿔,
타원포물면, 쌍곡포물면, 타원기둥, x-축, 공집합, 쌍곡기둥, 포물기둥,
한 직선에서 만나는 두 평면, 한 평면

을 나타냄을 확인할 수 있다.

연습문제 6.4

1. 양의 상수 a, b, c에 대한 타원면

$$\frac{x^2}{a^2} + \frac{y^2}{b^2} + \frac{z^2}{c^2} = 1$$

에 대하여, 방향코사인이 (λ, μ, ν)인 종선에 대한 주어진 타원면의 지름면이 포함된 평면의 방정식을 구하여라.

2. 양의 상수 a, b, c에 대한 이엽타원쌍곡면

$$\frac{x^2}{a^2} + \frac{y^2}{b^2} - \frac{z^2}{c^2} = -1$$

에 대하여, 방향코사인이 (λ, μ, ν)인 종선에 대한 주어진 이엽타원쌍곡면의 지름면이 포함된 평면의 방정식을 구하여라.

3. 양의 상수 a, b, c에 대한 쌍곡포물면

$$\frac{x^2}{a^2} - \frac{y^2}{b^2} - 2cz = 0$$

에 대하여, 방향코사인이 (λ, μ, ν)인 종선에 대한 주어진 쌍곡포물면의 지름면이 포함된 평면의 방정식을 구하여라.

4. 이차곡면과 직선 ℓ에 대하여, 주어진 이차곡면에 대한 직선 ℓ에 놓인 모든 점의 극면에 포함되는 직선이 존재함을 보여라.

참고 문헌

[1] Mathematical analysis, Tom M. Apostol, 1974, Addison-Wesley Publishing Company, Inc.

[2] 해석기하학, 박광성과 김대경 지음, 1998, 경문사

[3] 해석기하학, 이론과 연습, Joseph H. Kindle 지음, 이건창과 전재복 편역, 2007, 경문사

[4] 해석기하학개론 (제2판), 박진석과 김향숙 지음, 2009, 경문사

찾아보기

이 선 홍

경상대학교 수학과 교수

– 포항공과대학교 수학과(이학사)

– 포항공과대학교 대학원 수학과(이학석사, 이학박사)

해석기하학

초판2쇄발행 2022년 5월 25일

지은이 이선홍
펴낸이 오판근
펴낸곳 (주) 교우
주 소 서울시 동대문구 약령시로 8 교우빌딩 2층 (주)교우
전 화 02-925-2861 / **팩 스** 02-925-2860, **편집부** 02-925-2825
홈페이지&북스토어 www.kyowoo.co.kr / 이메일 kyowoo@kyowoo.co.kr

등 록 1994년 3월 24일 제1994-000013호
ISBN 979-11-251-0303-5 (93410)

Published by Kyowoo Co., Ltd. Printed in Korea

(주) 교우는 보다 혁신적이고 참신한 도서를 다양하게 기획하고 있습니다.
책으로 펴내고자 하는 아이디어나 원고는 메일로 보내주세요.
(주) 교우는 전과정을 책임지고 최선을 다하겠습니다.

값 24,000원

교우미디어는 (주) 교우의 Imprint 사입니다.
수학정원·과학정원은 (주) 교우의 새로운 브랜드명입니다.

잘못된 책은 구입하신 서점에서 교환해 드립니다.